中国环境保护产业发展报告

（2019）

中国环境保护产业协会　编

气象出版社
China Meteorological Press

内 容 简 介

《中国环境保护产业发展报告（2019）》是中国环境保护产业协会下属各分支机构专家对2018年环保产业各领域发展状况的总结、分析，综合反映了中国环保产业的技术装备水平、专业领域现状、总体技术发展、新技术应用、行业市场特点等，以及行业骨干企业的发展状况；提出了发展环保产业的相关对策建议；对行业的发展趋势进行了展望。

图书在版编目（CIP）数据

中国环境保护产业发展报告. 2019 / 中国环境保护
产业协会编. -- 北京：气象出版社，2019.10
ISBN 978-7-5029-7126-7

Ⅰ.①中… Ⅱ.①中… Ⅲ.①环境保护—产业发展—
研究报告—中国—2019 Ⅳ.①X-12

中国版本图书馆CIP数据核字（2019）第285310号

中国环境保护产业发展报告（2019）
ZHONGGUO HUANJING BAOHU CHANYE FAZHAN BAOGAO（2019）

出版发行：气象出版社

地　址：北京市海淀区中关村南大街46号		**邮政编码**：100081	

电　话：010-68407112（总编室）　010-68408042（发行部）

网　址：http://www.qxcbs.com　　**E-mail**：qxcbs@cma.gov.cn

特约编辑：丁问微

责任编辑：张锐锐　吕厚荃　　　　　　　**终　审**：吴晓鹏

责任校对：王丽梅　　　　　　　　　　　**责任技编**：赵相宁

封面设计：博雅思企划

印　刷：三河市百盛印装有限公司

开　本：889 mm×1194 mm　　　　　　　**印　张**：19

字　数：340千字

版　次：2019年10月第1版　　　　　　　**印　次**：2019年10月第1次印刷

定　价：100.00元

编 委 会

编写说明

《中国环境保护产业发展报告》由中国环境保护产业协会编制，每年出版1册。

《中国环境保护产业发展报告（2019）》是中国环境保护产业协会下属各分支机构专家对2018年环保产业各领域发展状况的总结、分析，综合反映了中国环保产业的技术装备水平、专业领域现状、总体技术发展、新技术应用、行业市场特点，以及行业骨干企业发展状况；提出了发展环保产业的相关对策与建议；对行业的发展趋势进行了展望。

全书共16篇报告。2018年中国环境保护产业发展综述由王玉红、王莺莺、孟晨、王晓玲、李屹撰写，水污染治理行业2018年发展报告由胡华清、段晓宇、许丹宇、张磊撰写，电除尘行业2018年发展报告由舒英钢、刘学军、胡汉芳撰写，有机废气治理行业2018年发展报告由王喜芹、李京芬、栾志强、郝郑平撰写，袋式除尘行业2018年发展报告由姚群、宋七棣、陈志炜撰写，脱硫脱硝行业2018年发展报告由田恬、程茜、赵雪撰写，固体废物处理利用行业2018年发展报告由刘丽丽、许晓芳、李金惠撰写，噪声与振动控制行业2018年发展报告由朱亦丹、魏志勇、刘晶撰写，环境监测仪器行业2018年发展报告由迟颖、郭炜撰写，机动车污染防治行业2018年发展报告由方茂东、王计广、马辉撰写，土壤与地下水修复行业2018年发展报告由李书鹏、刘阳生、王艳伟、邢轶兰、张娟、衣靖、胡钟莘莘撰写，环境影响评价行业2018年发展报告由苏艺、张倩倩、孙凯撰写，城镇污水处理行业2018年发展报告由郑江、葛勇涛、卢鹏飞撰写，生态环境监测行业2018年发展报告由高晓晶、靳秋、廖小卿撰写，2018年中国环保产业政策综述由辛璐、赵云皓、卢静、徐志杰、王志凯、陈鹏撰写，2018年中国环保产业投融资专题分析由刘苏阳、徐洪峰、王政撰写。

注：报告中涉及的全国数据，除特殊注明外，均未包括香港特别行政区、澳门特别行政区和台湾省数据。

目 录

2018 年中国环境保护产业发展综述

1 中国环保产业发展的总体情况

2018 年是中国改革开放 40 周年，也是全面贯彻党的十九大精神的开局之年。在这一年里，全国生态环境保护大会胜利召开，习近平生态文明思想日益深入人心，污染防治攻坚战全面启动，打赢蓝天保卫战，打好柴油货车污染治理、城市黑臭水体治理、渤海综合治理、长江修复保护、水源地保护、农业农村污染治理七场标志性重大战役以及组织推进固体废物进口管理制度改革实施方案、打击固体废物及危险废物非法转移和倾倒、垃圾焚烧发电行业达标排放、"绿盾"自然保护区监督检查四项专项行动有效推进，首轮中央环保督察整改情况"回头看"取得显著效果，推动解决了一大批长期以来悬而未决的生态环境问题。

2018 年，中国环保产业发展呈现以下态势。

（1）产业规模保持较快增长，下行压力增大。尽管环保产业营收增速有所放缓，但仍保持了较高增速。据测算，2018 年全行业营收总额超过 1.5 万亿元，同比增长 11.1%。中国环境保护产业协会依据 A 股及港股上市公司公布的 2018 年年报，筛选出环保业务营收占主营业务收入比例大于 50% 的 51 家 A 股上市环保公司，比例小于 50% 但环保业务营收超 1 亿元的 49 家 A 股上市环保公司，以及环保业务营收 1 亿元以上的 27 家港股上市环保公司共 127 家上市环保公司进行分析。这 127 家上市环保公司共实现营收 7057.4 亿元，同比增长 9.3%，约七成企业营收和环保营收有增长。2018 年上市环保公司的发展总体保持正向、积极，但受宏观经济形势、政府和社会资本合作（PPP）政策调整、金融去杠杆、中外二级市场系统性风险等多重因素影响，上市环保公司业绩增速下滑，获利水平有所下降，部分企业现金流压力凸显，行业整体负债水平有所上升。

（2）产业及市场结构持续调整。2018 年，A 股涉足环保产业的上市公司已有 120 多家，新三板环保企业近 300 家，创新型企业充满生机活力，产业集中度逐步提高；小流域生态环境综合治理、非电行业超低排放改造、危险废物处理处置、机动车污染防治、环境监测等市场增长强劲；环境服务方面，新业态、新模式不断涌现，区域流域治理、第三方治理运营、社会化监测等得到推广应用，综合服务能力显著提升，服务业收入占比超过 60%。

（3）企业创新能力继续增强。环保工艺和技术装备水平稳步提升，部分领域达到国际先进水平，非电行业烟气超低排放、污水处理厂提标改造、污泥处理处置、固废危废安全处置与资源化、污染治理设施远程控制和自动运行等一批新技术、新工艺、新产品得到推广应用。

2 中国环保产业各领域市场发展概况

2.1 水污染防治

2018 年，中央财政支持污染防治及生态环境保护的资金约 2555 亿元，比 2017 年增长 13.9%。其中，水污染防治方面投入约 190 亿元。就城镇污水而言，按《"十三五"全国城镇污水处理及再生利用设施建设规划》的要求，中国"十三五"期间的城镇新增污水处理设施投资金额将达 1500 多亿元，污水处理能力将从 2.17 亿 m³/d 提升至 2.68 亿 m³/d。2018 年 5 月，生态环境部联合住房和城乡建设部启动了 2018 年城市黑臭水体整治环境保护专项行动。从结果来看，针对黑臭水体的督察进一步凸显了城镇污水治理中控源截污、管网和面源治理等方面仍是短板，未来城市面源污染控制将是水环境治理的重点方向之一。而农村污水治理作为新增领域，正逐渐受到行业重视，近年来一直处于爆发式增长状态。

据分析，2018 年 43 家 A 股水污染防治和 13 家港股上市公司共实现营收 2560 亿元[①]，同比增长 3.6%，但净利润仅 276.5 亿元，同比下滑 17.5%。

总体来说，2018 年，水污染防治领域虽受益于《水污染防治行动计划》（简称《水十条》）的全面推进以及碧水保卫战的实施，但也受到 PPP 项目清库的影响，其获利表现不及 2017 年。未来两年黑臭水体治理工作会持续开展，农村污水治理市场前景广阔，但污泥处置工作依然任重道远。

2.2 大气污染防治

据分析，2018 年 22 家大气污染防治 A 股与 2 家港股环保上市公司共实现营收 1179.4 亿元[②]，同比下降 3.9%，净利润仅 11.0 亿元。因燃煤电厂超低排放改造市场萎缩、非电行业市场尚未完全开启且项目规模相对较小等因素影响，其获利能力不及预期。

2018 年 7 月，国务院印发了《打赢蓝天保卫战三年行动计划》，钢铁超低排放、烟气脱白等成为关注热点；钢铁行业迎来规模最大、执行力度最强的环保限控；全国达到超低排放限值的煤电机组约 8.1 亿 kW，占煤电总装机容量的 80%，累计完成节能改造

①　中国环境保护产业协会筛选出的 2018 年 127 家上市环保公司中有 43 家 A 股和 13 家港股水污染防治公司。
②　中国环境保护产业协会筛选出的 2018 年 127 家上市环保公司中有 22 家 A 股与 2 家港股大气污染防治公司。

6.5亿kW，提前完成2020年改造目标，大气治理正朝着从燃煤电厂到非电行业的方向改变；电除尘和袋式除尘企业利用政策利好机会，发展迎来新机遇。电除尘行业发展整体稳定，在煤电行业超低排放工作中取得了不俗的成绩，仍是燃煤电厂的主导除尘设备。此外，电除尘行业集中度不断增强，市场越来越往品牌、资质、业绩、信誉、服务好的企业倾斜。袋式除尘行业2018年总产值约178亿元，利润约19亿元。在执行大气污染物特别排放限制的背景下，行业产量虽然增长明显，但整体盈利水平低下，本大利薄，产值增长不及产量增长；受制于挥发性有机物（VOCs）污染排放的特点，VOCs治理企业整体规模不大。2018年产值超过1亿元的企业估计有50～60家，超过2亿元的估计有20～30家，少数企业超4亿元。由于VOCs治理行业正处于快速发展时期，虽然企业数量众多，但尚未形成具有显著影响力的龙头企业，一些较大型的企业（产值超亿元的企业）处于齐头并进的竞争发展阶段。

机动车污染防治方面，随着国家生态环境主管部门对新车和在用车排放执法监管力度的不断加大和政策措施的逐步落地，机动车污染防治行业的潜在市场需求也在加速到来。2018年，机动车环保产业链上相关企业依然保持130余家，机动车污染防治产品的主要生产基地集中在华东地区。产业除了在传统的新车和在用车污染控制装置领域发展外，还需要通过车载自动诊断系统（OBD-Ⅲ）（远程监控）、遥感遥测、黑烟抓拍等先进在线远程监控技术手段对机动车排放进行在线监管，特别是针对排放超标的车辆加强监管，进而推动产业发展。

由于外部环境的不断改善，消费群体对健康问题关注度的提升，以及室内污染问题的频发，室内环境监控及净化类民用市场也在快速发展之中。

2.3 固体废物处理处置

2018年，固体废物处理处置行业整体发展火热，所涉及的废物类型主要包括一般工业固体废物、危险废物和生活垃圾，类型众多，量大面广。据分析，2018年22家A股和11家港股固废处理与资源化上市环保公司共实现营收2888.9亿元[①]，同比增长19.0%。其中工业固体废物综合利用是节能环保产业的重要板块，随着产品标准要求的逐渐升高，市场需求将倒逼产业创新发展和转型升级，促进大宗工业固体废物综合利用向高技术加工、高性能化、高值化方向发展。

危险废物处理处置存在地区发展不平衡，企业规模小等问题。随着越来越多的政策出台，以及不断强化的督察，中国危险废物处理能力将会有大幅度提高，处置价格也会

---

① 中国环境保护产业协会2018年筛选出的127家上市环保公司中有22家A股和11家港股固体废物处理与资源化环保公司。

回落到正常水平，市场也会实现更加规范和良性发展。

2018 年出台的诸多政策为垃圾分类相关产业的蓬勃发展增添助力，生活垃圾分类受到党和政府高度重视，地方将会大力推进分类收集，并建立相应的生活垃圾处理处置设施，统一收运，分类处理处置各类垃圾。同时推进废塑料的源头分类和减量，提升焚烧比例、降低填埋量。

2.4 土壤污染防治

土壤污染防治方面，2018 年，随着《中华人民共和国土壤污染防治法》（简称《土壤污染防治法》）正式颁布，各省（区、市）政府迅速做出反应，陆续出台"土壤污染防治攻坚三年作战方案（2018—2020 年）"等文件，从而推动了各省（区、市）土壤及地下水修复行业的发展。2018 年，财政部关于下达土壤污染防治专项资金预算的通知中，共计拨付资金约 35 亿元，与 2017 年 65.35 亿元的执行数相比，呈下降趋势。从前期资金拨付情况来看，各地重点基本都集中在土壤污染数据详查及历史遗留矿渣、冶炼厂、农药厂等项目的修复上。

自 2013 年以来，中国工业污染场地修复项目数量及投资额度均呈逐年上升趋势。通过中国采购与招标网、中国采招网等公开途径的不完全统计，2018 年，工业污染场地修复工程类项目仍为行业主要部分（200 个项目约 61.6 亿元），资金规模愈来愈集中于大项目。目前土壤修复市场空间主要集中于中央财政专项转移支付的修复项目以及一二线城市受污染地块的修复增值项目。

2.5 噪声污染防治

噪声污染防治方面，工程噪声控制难度的提高促进了行业技术的发展，轨道交通噪声、振动控制领域的市场份额产生了井喷式增长。但整体而言，由于入行门槛低、招投标不规范、甲方工程尾款拖欠现象普遍等原因，噪声、振动控制领域的不利因素也日渐彰显。

根据中国环境保护产业协会噪声与振动控制委员会的测算，2018 年，全国噪声与振动控制行业的总产值约为 133 亿元。通过对网上招标信息的统计，2018 年 1—10 月全国噪声控制及声屏障招标项目总计 447 条，招标金额 33.7 亿元，其中声屏障项目工程量最大，占所有项目的 84.7%。江苏省噪声振动控制类招标项目最多（83 个），江、浙、沪三地的招标项目占全国总数的 33.6%。

2.6 环境监测

环境监测方面，受益于环保政策驱动和社会资本青睐，环境监测的重要性正日益凸显，环境监测行业也迎来突飞猛进的发展。据分析，2018 年 8 家环境监测与检测 A 股上市环保公司共实现营收257.4亿元[①]，同比增长71.4%，净利润31.7亿元，同比增长62.8%。预计到2020年全行业将实现900亿～1000亿元的市场规模，五年复合增速约为20%。

近年来，国家高度重视大气环境监测与治理工作，针对各类大气污染源及空气颗粒物（PM），持续加严相关政策，提高排放治理标准，并且由于京津冀大气污染传输通道的"2＋26"城市（含北京、天津以及河南、河北、山东、山西的26个城市）大气污染治理任务的影响，很多相关省（区、市）财政的重点转向大气监测，但随着《水污染防治行动计划》《"十三五"国家地表水环境质量监测网设置方案》等政策的推动以及监管力度的逐渐加大，水质监测也迎来了发展良机。2018年国家投资16.8亿元用于水质监测站的建设和运维，这标志着水质监测站市场已经进入了快速发展期。

在智慧环境领域，监测网络从传统的"三废"监测发展为覆盖全国各省（区、市），涵盖多领域多要素的综合性监测网。环境监测机构加快构建多级联动的生态环境监测大数据平台，将空气、水、土壤、污染源、生态等环境相关因素汇集于一个平台监测。

2.7 环境影响评价

随着国家简政放权政策的推行，环境管理模式调整的信号明显。环评审批权限逐年下放，《环境影响评价技术导则 总纲》（HJ 2.1—2016）简化了对环评报告内容的要求，2018年4月再次修订的《建设项目环境影响评价分类管理名录》，进一步降低了环评的门槛。

尽管环评市场整体萎缩，环评咨询仍处于项目投产前端，环评机构可以在项目初期就合理介入项目相关环保配套设施的规划，对项目可能造成的环境影响进行分析和评估，可以有效推动环境治理类业务的拓展。因此，这一领域吸引了综合咨询机构和诸多上市企业的青睐。很多环评机构也开始从长远发展考虑，正逐步向综合咨询服务转型发展，以"环保管家"为代表的环境综合服务正在如火如荼开展，服务的对象从建设单位扩展到城市、园区、企业、乡镇；服务的内容也不限于环评验收、监理等传统业务，更多是贴近需求的定制化、个性化服务。

3 中国环保产业技术水平发展情况

3.1 水污染防治

目前中国污／废水的治理突破了化工、轻工、冶金、纺织印染、制药等重点行业污染控制关键技术，为流域水环境质量的改善提供了技术支撑。在工业园区、城镇聚集区层面，除大中型污水处理厂提效改造、提标改造等方面以外，重点突破了以小城镇、农

---

① 中国环境保护产业协会筛选出的2018年127家上市环保公司中有8家环境监测与检测公司。

村、风景区、高速公路收费站、居民生活小区等为代表的分散式污水收集与处理技术及装备。

3.2 大气污染防治

在大气污染防治技术中，近年来 VOCs 治理技术得到了快速发展和提升。主流的治理技术，如吸附技术、焚烧技术、催化技术不断发展和完善，生物治理技术的适用范围不断拓宽，一些新的治理技术，如常温催化氧化技术、光解技术、光催化技术等也在不断地发展完善过程中。针对不同的污染源，各类集成净化技术和组合净化工艺逐渐得以完善。

随着超低排放政策推动，电力行业污染物得到妥善控制，污染物减排成效显著。大气污染物减排重点行业转向以钢铁行业为代表的非电燃煤领域。选择性催化还原技术（SCR）烟气脱硝逐步成为非电领域的主流技术，高硫煤超低排放技术有所突破，中国首个超超低排放电厂已经诞生。除尘器行业在技术创新方面成效显著，除湿式电除尘外，低低温电除尘、高频电源供电电除尘、超净电袋复合除尘、袋式除尘等技术也得到快速发展和广泛应用。

3.3 固体废物处理处置

2018 年，为推动固体废物领域污染防治技术进步，满足污染治理对先进技术的需求，生态环境部组织筛选了一批固体废物处理处置先进技术，编制形成《国家先进污染防治技术目录（固体废物处理处置领域）》，其中 15 项为技术推广类型，14 项为技术示范类型。针对危险废物、生活垃圾、餐厨垃圾、医疗废物和生活垃圾焚烧飞灰等典型且产生量大的固体废物，代表性技术主要有：危险废物回转式多段热解焚烧及污染物协同控制关键技术、生活垃圾机械生物预处理和水泥窑协同处置技术、餐厨垃圾两相厌氧消化处理技术、医疗废物高温干热灭菌处理技术、水泥窑协同处置生活垃圾焚烧飞灰技术等。

3.4 土壤修复

对土壤修复技术而言，各项目修复技术的选择受场地污染类型、污染物物理化性质、资金落实情况、技术成熟度及修复效果等多种因素影响。对于重金属污染场地，应用最多的为固化/稳定化修复技术，其次为填埋/安全处置修复技术；对于有机污染场地，应用最多的为化学氧化修复技术。近年来，随着政府及公众环保意识的提高，修复行业得到发展，国际上一些先进修复技术、修复设备被引进并国产化，热解吸、原位热脱附、土壤气相抽提（SVE）等技术的应用逐渐增多，不过目前仍受资金情况、技术水平及装备水平等限制。总体来看，2018 年修复技术应用次数较多的为固化/稳定化、化学氧化、水泥窑协同、填埋/安全处置技术，异位热解吸、原位热脱附技术等的应用也显著提高。

3.5 噪声污染防治

2018 年，为推动噪声领域污染防治技术进步，生态环境部组织筛选了一批环境噪声与振动控制先进技术，编制形成《国家先进污染防治技术目录（环境噪声与振动控制领域）》。其中，阵列式消声器、阻尼弹簧浮置道床隔振系统、噪声地图绘制技术、集中式冷却塔通风降噪技术、全采光隔声通风节能窗、电抗器隔声技术等 6 项被列为推广技术，是经工程实践证明了的成熟技术，治理效果稳定，经济合理可行，鼓励推广应用；预置短板浮置减振道床、橡胶基高阻尼隔声技术、水泵复合隔振技术、应用微型声锁结构技术的隔声门、尖劈错列阻抗复合消声器、页岩陶粒吸声板降噪技术等 6 项被列为示范技术，具有创新性，技术指标先进、治理效果好，基本达到实际工程应用水平，具有工程示范价值。除此以外，随着电子技术的不断完善，有源降噪技术在管道乃至空间的应用逐渐兴起。

3.6 环境监测

监测技术体系及质控体系基本建成。基本建成满足现代环境管理需要的环境监测技术体系，以科学的方法、手段、标准支撑监测业务高效开展。目前已确立了环境空气、地表水、噪声、固定污染源、固体废物、土壤、生物等要素的监测技术路线；建立了采样传输、实验室分析、现场检测、自动在线监测、流动监测、遥感监测等多手段点、线、面立体空间相结合的监测技术方法；形成了环境监测领域技术标准 1030 余项，基本实现了环境质量标准和污染源排放标准控制指标的全覆盖。逐步建立完善了全覆盖的质量控制体系，包括内部质量控制体系及外部质量监测体系。

4 中国环保产业存在的问题

4.1 债务事件暴发，部分企业陷入经营危机

在经济下行和金融去杠杆的大背景下，受信贷收紧、PPP 政策调整、中外二级市场系统性风险等多重因素影响，2018 年环保企业债务事件频发，盛运环保、神雾环保、凯迪生态等债务违约和东方园林发债失利等一系列事件导致了资本市场信心的波动。

部分上市环保公司业绩增速出现大幅度回落，应收账款回款难，企业负债率快速上升，一些重资产环保企业资金流持续紧张。此前在国家政策驱动下，环保行业整体规模高速扩张，但 2016 年发行的大量信用债直接导致 2018 年企业面临债券回售与到期的较大压力；前两年受到热捧的 PPP 项目也在 2017 年底财政部发布《关于规范政府和社会资本合作（PPP）综合信息平台项目库管理的通知》后，于 2018 年遇冷。执行中的 PPP 项目因投资规模大、回款周期长，而融资困难，严重影响了相关环保企业资金链的正常

运转。

4.2 融资难、融资贵问题加剧

2017 年下半年以来，A 股环保板块股价的持续下跌使得上市环保公司股权质押融资受阻，市场资金短缺导致环保企业发债融资难度加大。2018 年，中外整体经济形势发展的不确定性继续增强，PPP 政策受到重大调整，加之部分环保企业的债务问题，资本市场整体的风险偏好降低，对于环保企业融资投放更加紧缩，加剧了环保企业融资难、融资贵的问题。

环保企业融资成本高、融资压力大，导致财务成本快速上升。部分企业深陷高负债、高杠杆的泥潭，有的已经无法正常开展经营活动或是利润出现负增长。

尤其对于中小环保企业来说，由于集中度不高，缺乏核心竞争力，同质化竞争严重，抵御政策及市场的影响和冲击能力较差，信用贷款和信用担保规模本就有限，普遍缺乏合格抵押品，自 2018 年以来融资更加困难。

4.3 市场不公平竞争严重

一是低价恶性竞争问题依然突出。个别大型企业不计后果、竞相降价的跑马圈地行为，已经严重损害了环保产业的整体利益。低价中标现象普遍，造成了不少的"垃圾工程""半拉子工程"，一旦低价中标环保项目后续运营出现问题，不仅影响当地环境质量的改善，也将导致政企矛盾的集中爆发。

二是民营环保企业在与央企国企的竞争中处于明显的弱势。除了在融资方面遭遇不平等对待，在政府作为甲方的生态环境项目中，地方政府明显倾向于央企国企。

三是在设备采购中国产设备处于劣势。目前在很多项目环保设备采购中，即使国产设备的质量与性能达到或者已经超过了进口设备的水平，在竞标时往往还是得不到认可。尤其在选购核心设备时，甲方更加青睐进口品牌。长此以往，国产先进设备难以在市场中得到规模化应用，不利于通过市场量化降低成本和实现技术升级，将严重影响中国环保产业高质量发展。

4.4 核心竞争力不足

长期以来，中国环保产业领域主流技术多源于发达国家，企业自主创新能力不足，缺乏专有技术，企业核心竞争力不强，难以在市场竞争中建立稳固优势。

技术成果的转化效率也依然有待提高，产学研结合还需加强。大量科技成果形成于科研机构，由于体制及配套政策等原因，难以转化和在企业中实现产业化应用。再者，缺乏鼓励环境科技创新、成果转化、新技术推广应用的针对性政策，也影响了创新成果的推广应用。

水污染治理行业 2018 年发展报告

1 2018 年水污染治理行业发展环境

党的十九大对生态文明建设提出了一系列新理念、新要求、新目标、新部署，明确要求推进绿色发展、着力解决突出环境问题、加大生态系统保护力度、改革生态环境监管体制。2018 年是深入学习贯彻习近平新时代中国特色社会主义思想和党的十九大精神、落实各项工作部署的开篇之年。4 月初召开的中央财经委员会第一次会议明确提出，未来三年要打赢蓝天保卫战，打好柴油货车污染治理、城市黑臭水体治理、渤海综合治理、长江保护修复、水源地保护、农业农村污染治理七大攻坚战，其中涉"水"攻坚战有 5 项。2018 年 5 月举行的全国生态环境保护大会明确指出，要"加大力度推进生态文明建设、解决生态环境问题，坚决打好污染防治攻坚战，推动我国生态文明建设迈上新台阶"。2018 年，国家及各级地方政府继续加大对水污染治理的力度，排污许可制度实施、中央环保督察推进、环境监管不断收严，都进一步促进了水污染治理产业市场发展的持续完善。

1.1 国家层面政策密集发布，奠定环保产业黄金发展主基调

2018 年是实施新修订的《中华人民共和国水污染防治法》（简称《水污染防治法》）和《中华人民共和国环境保护税法》的第一年，也是《水污染防治行动计划》（《水十条》）全面推进的一年。根据新修订的《水污染防治法》和国家"十三五"相关规划的要求，2018 年国家和各级地方政府相继出台了一系列与水污染治理相关的政策、法规和管理制度，对应开展了一系列专项行动。此外，国家积极推进排污许可管理、第三方治理等制度的落实，对水污染的治理都具有重要的现实意义。

工业废水治理方面，为推动污染防治技术进步，改善环境质量，2018 年生态环境部先后发布了《饮料酒制造业污染防治技术政策》《船舶水污染防治技术政策》，并制定了屠宰及肉类加工、制浆造纸、制糖、陶瓷、炼焦化学、玻璃制造等行业污染防治技术指南。此外，自 2018 年 2 月原环境保护部发布《排污许可证申请与核发技术规范总则》后，又制定发布了农副食品加工、酒和饮料制造、畜禽养殖、肥料制作、水处理等多个行业的排污许可证申请与核发技术规范，科学有效地指导了各类工业废水的排放和治理。

农村污水整治方面，2018 年 2 月，中共中央办公厅、国务院办公厅印发了《农村人

居环境整治三年行动方案》，提出要梯次推进农村生活污水治理。推动城镇污水管网向周边村庄延伸覆盖，逐步消除农村黑臭水体，将农村水环境治理纳入河长制、湖长制管理。2018 年 9 月，生态环境部与住房和城乡建设部联合发布了《关于加快制定地方农村生活污水处理排放标准的通知》，提出要根据农村不同区位条件、村庄人口聚集程度、污水产生规模、排放去向和人居环境改善需求，按照分区分级、宽严相济、回用优先、注重实效、便于监管的原则，分类确定控制指标和排放限值，并要求各地方在 2019 年 6 月底前抓紧制定完成地方农村生活污水处理排放标准。此外，随着 2018 年 10 月《农业农村污染治理攻坚战行动计划》的颁布，四川、辽宁、陕西等省相继制定了农村污染治理行动方案，为农村水环境的改善提供了政策支持。

流域环境和近岸海域综合治理方面，2018 年 2 月原环境保护部通过了《"绿盾 2018"国家级自然保护区监督检查专项行动方案》《全国集中式饮用水水源地环境保护专项行动方案》及《2018 年黑臭水体整治和城镇、园区污水处理设施建设专项行动方案》，集中对自然保护区、饮用水水源地及城镇、园区污水处理设施进行专项监督检查，还印发了《全国集中式饮用水水源地环境保护专项行动包保协调工作方案》等一系列配套文件。同时发布了《中国地表水环境水体代码编码规则》（HJ 932—2017），依据国家基础地理信息数据，将全国河流划分为 7 个流域片 63 个分区，以河流河段及湖泊、水库为基本编码对象，制定了统一的编码规则，规范环保系统河流河段及湖泊、水库代码的使用和管理，加强水体标识的基础工作，促进和提高水环境管理的信息化水平。此外，在近岸海域综合治理方面，2018 年 12 月，生态环境部、国家发展和改革委员会、自然资源部联合印发了《渤海综合治理攻坚战行动计划》，提出要通过三年综合治理，大幅度降低陆源污染物入海量，明显减少入海河流劣 V 类水体，实现工业直排海污染源稳定达标排放。并且针对船舶水污染物排放控制，制定了《船舶水污染物排放控制标准》（GB 3552—2018），推进了船舶污染物接收与处理设施建设和船舶及相关装置制造业绿色发展。

1.2 地方层面配套机制日趋完善，为环保产业健康发展提供有力保障

在京津冀地区，围绕保护和改善海河流域水环境质量，北京市发布了《北京市水污染防治条例》，公开征求对北京市地方标准《农村生活污水处理设施 水污染物排放标准》的意见，进一步促进了农村人居环境改善和美丽乡村建设；天津市新修订《天津市水污染防治条例》，并实施地方标准《污水综合排放标准》（DB 12/356—2018），增设了 70 项污染物控制指标，同时收严了部分污染物排放限值，并增加协商排放的规定；河北省对辖区内重要生态功能区建设项目的环评文件实施提级审批管理，并编制了《河北省排

污单位排污许可证执行报告审核技术指南（征求意见稿）》，确保排污许可制度落实到位。此外，为打通地上和地下，形成地表水和地下水环境治理合力，河北省还制定了《河北省地下水管理条例（修订草案）（征求意见稿）》，加强了地下水管理和保护，促进了地下水可持续利用。

在长江经济带，围绕长江流域水环境质量改善、恢复水生态、保障用水安全，生态环境部、国家发展改革委联合印发《长江保护修复攻坚战行动计划》，确定了8个专项行动，其中涉水的达6项，即：长江流域劣V类国控断面整治专项行动、长江入河排污口排查整治专项行动、长江自然保护区监督检查专项行动、长江经济带饮用水水源地专项行动、长江经济带城市黑臭水体治理专项行动和长江经济带工业园区污水处理设施整治专项行动。通过攻坚行动，要使长江干流、主要支流及重点湖库的湿地生态功能得到有效保护，生态用水需求得到基本保障，生态环境风险得到有效遏制，生态环境质量持续改善。水体环保由单点控制向流域治理升级，水体治理开始从全流域环境容量角度考虑流域内排污口设置，监管升级方向明显，同时黑臭水体治理也由36个城市增加到300多个地级及以上市。

此外，沿长江各级地方政府也相继出台了配套的政策和整治计划，特别提出了针对本地污染特征指标的控制要求和工作重点，如：对贵州乌江、清水江，四川岷江、沱江，湖南洞庭湖等水体，要加强涉磷企业综合治理，控制总磷；对湘江、沅江等开展重金属污染治理；对太湖、巢湖、滇池入湖河流污染实施氮磷总量控制，减少蓝藻水华发生频次及面积等。地方性的流域标准也相继推出，如：湖北省制定了《湖北省汉江中下游流域污水综合排放标准》，规定了化学需氧量、氨氮、总氮等16种污染因子浓度限值，并将汉江中下游流域划分为特殊保护水域、重点保护水域、一般保护水域三类控制区，用新标准加强对流域内的监督管理，促进流域产业结构优化和空间布局合理调整。

在东北三省及内蒙古自治区，围绕辽河、松花江两大流域水环境质量改善，辽宁省制定了《辽宁省重污染河流治理攻坚战实施方案》，黑龙江省和内蒙古自治区编制并印发《2018年黑龙江省"治污净水"行动实施方案的通知》《内蒙古自治区2018年度水污染防治计划》，吉林省制定了地方标准《湿地生态监测技术规程》和《沼泽湿地恢复技术规程（征求意见稿）》。其中提出对辽河流域，要大幅度降低石化、造纸、化工、农副食品加工等行业污染物排放强度，持续改善大凌河、太子河、浑河、条子河、招苏台河、东辽河、辽河、亮子河等水体的水质；对松花江流域，要持续改善阿什河等污染较重水体水质，重点解决石化、酿造、制药、造纸等行业污染问题，加强额尔古纳河、黑龙江、乌苏里江、图们江、绥芬河、兴凯湖等跨国界水体保护以及拉林河、嫩江等左岸省界河流省际间水污染协同防治。

在广东、福建等地，围绕改善珠江、闽江、九龙江等流域水环境质量，分别制定了《广东省打好污染防治攻坚战三年行动计划（2018—2020年）》《福建省水源地保护攻坚战行动计划实施方案》《九龙江口和厦门湾生态综合治理行动计划攻坚战实施方案》以及《闽江流域山水林田湖草生态保护修复攻坚战实施方案》等行动计划和实施方案。此外，广东省为加强珠三角等重点城市黑臭水体治理，持续改善茅洲河等重污染水体水质，还制定实施了广东分流域、分区域重点行业限期整治方案，并印发了《广东省打赢农业农村污染治理攻坚战实施方案》《关于进一步加强工业园区环境保护工作的意见》和《广东省农村"厕所革命"行动方案》，深化工业和农村污染物的排放管理，推进西江中游红水河段及北江重金属污染防治，修复上游抚仙湖等高原湖泊生态保护，保障珠三角城市群供水安全，并建立健全广东、广西、贵州、云南等省（区）跨区联防联控体系，推进九洲江、汀江、东江等流域上下游生态保护联动。

在其他各省市及地区，围绕黄河流域、淮河流域以及西南、西北诸河，从陕西、宁夏、甘肃到山东、河南、安徽等省（区）都制定了地方水污染治理行动方案，主要集中对黑臭水体、辖区典型行业特征水体污染物、农村污水治理等方面开展治理，如：控制造纸、煤炭和石油开采、氮肥化工、煤化工及金属冶炼等行业废水处理；推进河南等地污水管网建设，内蒙古自治区、宁夏回族自治区等地污泥处理处置设施建设以及加强农业节水和煤炭等矿区矿井水综合利用。

2 水污染治理行业发展分析

2.1 行业发展的基本状况

为了评估2018年行业的市场发展状况，估算2018年行业收入总额，2018年底至2019年初，中国环境保护产业协会水污染治理委员会（简称"水委会"）对本行业部分环保企业进行了2018年度市场情况的抽样调查，此次抽样调查共采集了46家中小骨干企业的年度销售数据。另外，为更好评估行业发展，水委会根据各上市企业发布的2018年度发展报告，收集整理了24家主板上市水务企业和45家新三板上市企业的收入和盈利情况。透过这些企业在水污染治理市场不同领域开展经营活动的表现，可折射出中国水污染治理行业及相应领域的市场经营状态和销售发展趋势。

水污染治理行业各细分领域的行业销售收入结构如图1所示。其中水污染治理设计施工收入约占行业总收入的17.5%，水污染治理设施运营收入约占39.8%，水污染治理产品生产销售约占34%，其他领域约占8.7%。

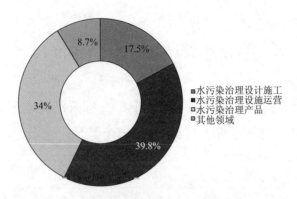

8.7%
17.5%
34%
39.8%

水污染治理设计施工
水污染治理设施运营
水污染治理产品
其他领域

图1 2018水污染治理领域企业产业结构分布图

2.2 行业经营状况及主要（骨干）企业发展情况

2.2.1 沪深两市涉水环保上市企业

2.2.1.1 基本概况

截至2018年底，沪深两市上市企业共计3583家，总市值48.59万亿元。涉水上市环保企业作为中国水污染治理行业的主力军，具有融资能力强、政府资源好、运营管理高效、技术水平领先等多方面竞争优势，本节筛选出主营业务涉水（包括供水、污水处理工程及设备的生产和销售）的部分上市环保企业，它们占沪深两市上市企业总数的0.33%。

选出的部分涉水环保上市企业2018年资产总值达4555.81亿元，同比增长16.01%；营收总额2205.98亿元，同比增长19.32%；归属于上市公司股东的净利润总额达106.91亿元，同比下降1.80%。

这些涉水环保企业的平均总资产额为379.65亿元，最高为2182.09亿元；平均营收183.83亿元，最高1006.26亿元；平均净利润8.91亿元，最高46.58亿元。

2.2.1.2 经营情况

为了解上市企业的年度经营情况，需要客观、全面地对各财务指标进行综合分析，并分别与历年营业情况和同行业企业进行对比。本报告根据沪深两市部分涉水环保上市企业披露的2018年年度报告经营数据，力图通过资产负债率、净利润率、净资产收益率和每股收益等指标分析2018年涉水沪深上市企业的发展经营情况。

（1）资产负债率。资产负债率是期末负债总额除以资产总额的百分比。资产负债率反映了在总资产中有多大比例是通过借债来筹资的，也被称为举债经营比率，是评价企业负债水平的综合指标。国际上，通常认为企业适宜负债率是60%。一般来说，负债占总资产比率超过80%被认为经营风险过高。如果资产负债率达到100%或超过100%，说明企业已经没有净资产或资不抵债。相反，较低的负债率虽然降低了企业的风险，但也反映出企业对财务杠杆运用不足。

　　通过这部分上市企业 2018 年资产负债率分段统计占比（图 2）可以看出，未见资产负债率在 25% 以下的企业。有一半企业资产负债率高于 25% 低于 50%，说明可开发的举债潜力较大。若按资产负债率 60% 上下浮动 10%，即资产负债率 50% ～ 70%，有 25% 的企业在此范围内，负债水平正常。

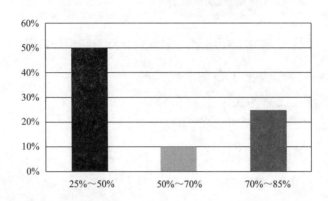

图 2 沪深两市部分涉水环保上市企业 2018 年资产负债率分段统计

　　（2）净利润率。净利润率是扣除所有成本、费用和企业所得税后的利润率，是反映公司盈利能力的一项重要指标。水污染治理行业的综合净利润率多年来一直保持在 10% ～ 15%，总体水平不高。通过这部分上市企业 2018 年的净利润率分段统计（图 3）可以看出，净利润率在 10% 以下（低于正常）、10% ～ 20%（正常）和 20% 以上（高于正常）的企业分别占 75%、17% 和 8%，说明大多数上市公司相比 2017 年，2018 年盈利状况不佳。

　　（3）净资产收益率。净资产收益率（ROE）是企业税后利润除以净资产得到的百分比，反映了股东权益的收益水平，体现了自有资本获得净收益的能力，用以衡量企业运用自有资本的经营效率。指标越高，说明投资带来的收益越高。从投资角度来看，ROE 在 15% 以上的企业可以说是非常好的投资标的。从图 4 可以看出，所整理的部分上市企业 2018 年净资产收益率在 5% 以下的企业占 17%；净资产收益率 5% ～ 15% 的企业占 66%；净资产收益率在 15% 以上的企业仅占 17%。

　　（4）每股收益。每股收益即每股盈利（EPS），指税后利润与股本总数的比率，用来反映企业的经营成果，是投资者等信息使用者据以评价企业盈利能力、预测企业成长潜力、进而做出相关经济决策的重要财务指标之一。所整理的部分上市企业 2018 年

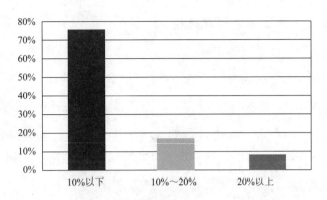

图 3 沪深两市部分涉水环保上市企业 2018 年净利润率分段统计

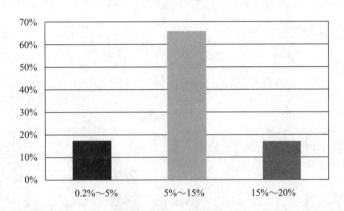

图 4 沪深两市部分涉水环保上市企业 2018 年净资产收益率分段统计

每股收益最低的是 0.01 元 / 股，最高的是 1.17 元 / 股；每股收益在 0.2 元以下的企业占 25%；每股收益 0.2 ～ 0.5 元的企业占 58%，每股收益 0.5 元以上的企业占 17%（图 5）。

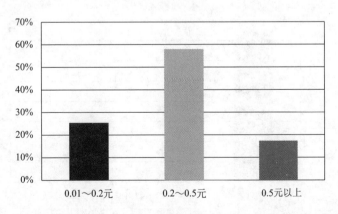

图 5 沪深两市部分涉水环保上市企业 2018 年每股收益分段统计

2.2.2 香港联合证券交易所上市涉水环保企业

2.2.2.1 基本概况

本报告筛选出部分在香港联合证券交易所主板上市的涉水环保企业作为研究对象。所选出的部分香港上市涉水环保企业 2018 年资产总额达 4561.19 亿港元，同比增长 6.63%；营收总额 1275.14 亿港元，同比增长 12.51%；净利润总额 189.17 亿港元，同比增长 18.08%。平均总资产 380.10 亿元，最高 1744.96 亿元；平均营收 106.26 亿元，最高 677.65 亿元；平均净利润 15.76 亿元，最高 75.77 亿元。

2.2.2.2 经营情况

（1）资产负债率。通过这部分上市企业 2018 年资产负债率分段统计（图 6）可以看出，多数企业资产负债率高于 50% 低于 70%，负债水平正常。

（2）净利润率。通过这部分上市企业 2018 年的净利润率分段统计（图 7）可以看出，在所抽取的样本中，净利润率在 10% 以下（低于正常）、10%～20%（正常）和

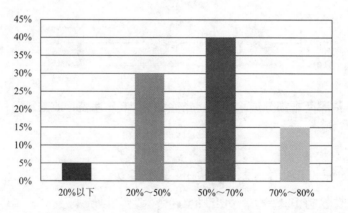

图 6 部分香港上市涉水环保企业 2018 年资产负债率分段统计

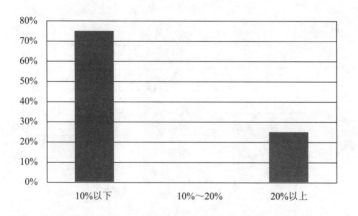

图 7 部分香港上市涉水环保企业 2018 年净利润率分段统计

20%以上（高于正常）的企业分别占75%、0%和25%，说明大多数上市公司相较于去年，盈利状况不佳。

（3）净资产收益率。所整理部分的上市企业2018年净资产收益率在5%以下的企业占25%；净资产收益率5%～15%的企业占58%；净资产收益率15%以上的企业仅占17%（图8）。

（4）每股收益。所整理部分的上市企业2018年每股收益最低为负值，最高的是6.00元；每股收益在0.2元以下的企业占42%；每股收益在0.2～0.5元的企业占42%，每股收益在0.5元以上的企业占16%（图9）。

2.2.3 新三板挂牌涉水环保企业

2.2.3.1 基本概况

筛选出主营业务涉水的新三板挂牌企业共450家，取其中部分新三板水务企业作为研究对象。

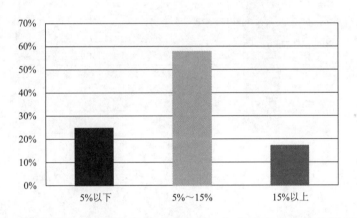

图8 部分香港上市涉水环保企业2018年净资产收益率分段统计

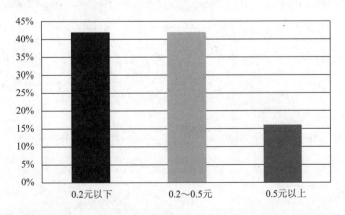

图9 部分香港上市涉水环保企业2018年每股收益分段统计

部分涉水新三板企业 2018 年总资产额 169.55 亿元，同比增长 15.39%；营收总额 103.11 亿元，同比增长 8.87%；净利润总额 14.63 亿元，同比增长 1.29%。

2.2.3.2 经营情况

根据部分涉水新三板挂牌环保企业披露的 2018 年年度报告经营数据，通过资产负债率、净利润率、净资产收益率和每股收益等指标分析了 2018 年涉水新三板挂牌环保企业的发展经营情况。

（1）资产负债率。通过部分涉水新三板挂牌企业 2018 年资产负债率分段统计占比（图 10）可以看出，资产负债率 1%～50% 的企业占多数（62%），同样，若按资产负债率 60% 上下浮动 10%，即资产负债率 50%～70%，有 30% 的企业在此范围内，负债水平正常。有 8% 的企业资产负债率高于 70%，该类企业风险较高。

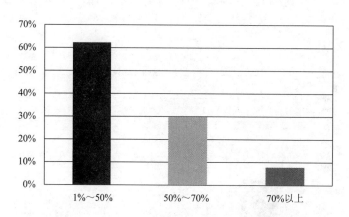

图 10 部分新三板涉水企业 2018 年资产负债率分段统计

（2）净利润率。通过部分涉水新三板挂牌企业 2018 年的净利润率分段统计（图 11）可以看出，有 15% 的企业 2018 年亏损，净利率 0%～10% 的企业占 45%，净利率 10%～20% 企业占 30%，净利润率在 20% 以上的企业占 10%。

（3）净资产收益率。从统计来看，部分涉水新三板挂牌企业 2018 年净资产收益率为负的企业占 12%，0%～5% 和 5%～15% 的企业分别占 22% 和 36%，净资产收益率大于 15% 的企业占 30%（图 12）。

（4）每股收益。根据部分涉水新三板挂牌企业 2018 年每股收益分段统计（图 13），每股收益 0～0.5 元的企业占 68%，每股收益在 0.5 元以上的企业占 14%；而每股收益为负的企业占 18%。

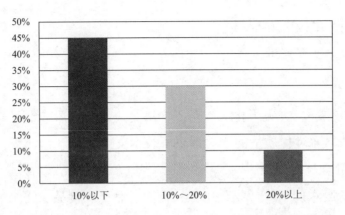

图 11 部分新三板涉水企业 2018 年净利润率分段统计

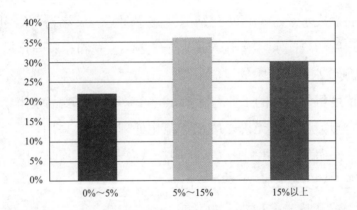

图 12 部分新三板涉水企业 2018 年净资产收益率分段统计

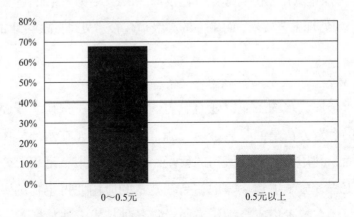

图 13 部分新三板涉水企业 2018 年每股收益分段统计

 水污染治理行业2018年发展报告

3 水污染治理行业技术的发展

3.1 基本概况

3.1.1 污 / 废水治理

在行业及企业层面，突破了化工、轻工、冶金、纺织印染、制药等重点行业污染控制关键技术，为流域水环境质量的改善提供了技术支撑。

3.1.1.1 高盐废水处理技术的发展

主要排放高盐废水的工业行业有化工、石油、制药、食品、纺织、染料等。除了常规的废水脱盐技术外，重点发展柱塞流填充床电解装置、改性纳滤膜资源化处理工艺、耐盐生物载体流化床工艺等；采用耐高盐工业废水生化处理高效复合菌种处理高盐化工废水。对化工等行业产生的高浓盐水，首先根据高盐废水的软化程度选择合适的软化方法，经软化后的高盐废水经过"超滤＋纳滤"或"超滤＋反渗透"等组合膜分离工艺进行脱盐处理，处理后的浓盐水可选用压缩蒸发、热泵蒸发和相应固化措施回收盐。

3.1.1.2 高浓度氨氮废水处理技术的发展

主要排放高浓度氨氮废水的工业行业有煤化工、屠宰、食品发酵、制药、石油化工和有机合成等。重点发展高浓无机氨废水资源化处理技术。采用"蒸馏／精馏＋生物处理""吹脱＋生物处理""物化强化（氨吸附、低温蒸氨）"和"化学氧化＋生化强化"等工艺，实现工业高浓度氨氮废水的资源化处理。

3.1.1.3 难生物降解有机废水处理技术的发展

主要排放高浓度难降解有机废水的工业行业有酿造、造纸、制药（包括中药）、石化／油类、纺织／印染、有机化工、油漆等。重点发展了高浓度难降解有机废水强化预处理技术，其中两种或多种强化氧化的协同催化氧化技术能快速大量产生强氧化性的羟基自由基，能够满足此类废水预处理工艺要求，而单一的高级氧化技术处理此类废水的效果有待进一步提高。

3.1.1.4 含重金属废水处理技术的发展

主要排放含重金属废水的工业行业有电镀、金属冶炼、选矿、线路板制造等。治理重金属废水污染的有效方法是回收重金属资源，防止重金属在水环境中的迁移转化。在生物处理技术方面，利用微生物和植物的絮凝、吸收、积累、富集等作用处理重金属废水，并通过基因工程、分子生物学等生物高端技术的应用使得生物的吸附、絮凝、整治修复能力不断增强。在技术集成与优化方面，集各种技术方法之所长，满足日益严格的环保标准要求，实现废水回用和重金属回收。例如，采用胶束增强超滤集成技术去除水溶液中的铜离子，采用络合 - 超滤 - 电解集成技术处理重金属废水，超滤浓缩液的电解法回收重金属技术，微波化学处理与高聚复配絮凝剂沉淀处理技术，采用二甲基二烯丙基氯化铵与聚合硅酸硫酸铁改性复配形成高聚复核絮凝剂，提高对重金属的捕集与沉降效果。在清洁生产技术方面，大力促进重点行业的重金属污染治理，如：在电镀行业，重点推行无氰化镀铜技术、无氰无甲醛镀铜液在线生产循环技术及资源回收技术工艺、高压脉冲电絮凝技术、兼氧膜生物反应（FMBR）技术、生物反应器技术。在印制电路板（PCB）行业，重点推行蚀刻液循环再生系统及资源回收工艺、高压脉冲电絮凝技术、兼氧FMBR技术、XYMBR膜 - 生物反应器技术，并对废弃PCB和含重金属污泥（渣），推行微生物法金属回收技术。

在工业园区、城镇聚集区层面，除大中型污水厂提效改造、提标改造等方面以外，重点突破了以小城镇、农村、风景区、高速公路收费站、居民生活小区等为代表的分散式污水收集与处理技术和装备。

围绕污水处理厂"提标改造"的要求，广泛应用膜技术、高效节能曝气技术、生物膜法污水处理工艺，物化 - 生化法脱氮除磷工艺，确保重点流域、环境敏感地区和二级污水处理厂升级改造。同时，推广应用臭氧氧化技术及大型臭氧发生器、好氧生物流化床成套装置、好氧膜生物反应器成套装置、溶气供氧生物膜与活性污泥法复合成套装置、污泥床、膨胀床复合厌氧成套装置等设备和装备。重点进行园区污水处理厂的优化运行和节能降耗技术的研发，主要包括：污水处理系统的在线监测技术、精确曝气技术、化学除磷及反硝化碳源的加药控制技术及污水处理工艺优化运行模型等。

围绕小城镇、农村、风景区、高速公路收费站污水治理需求，重点开发了分散式污水收集与处理技术，提升了装备的自动化及智能化水平。如：智能型MBR、移动床生物流化床填料（MBBR）、逸出气体分析（EGA）等技术。

3.1.2 污泥处理处置

中国污泥处理处置工艺多样化和资源化利用得到一定程度的加强，在污泥深度脱水技术、污泥厌氧消化组合技术、污泥干化技术、污泥焚烧技术及污泥堆肥技术上均取得了一定的进展，一方面进一步完善生物固体的处理技术，另一方面重视污泥的处置与资源化利用。

污泥处理技术方面，相继开发研究了好氧厌氧两段消化、酸性发酵 - 碱性发酵两相消化及中温 - 高温双重消化等新工艺，还开发研究了新的污泥处理技术，有污泥热处理 - 干化处理技术、污泥低温热解处理技术、污泥等离子处理技术、污泥超声波处理技术等。

　　污泥资源化利用方面，研发了一些新的技术，如低温热解制油、提取蛋白质、制水泥、改性制吸附剂；通过污泥裂解可制成可燃气、焦油、苯酚、丙酮、甲醇等化工原料。其他处置方法还包括用于建筑材料、制备合成燃料、制备微生物肥料、用作土壤改良剂。利用污泥生产建筑材料除污泥制陶粒、制砖、制生态水泥以外，污泥制纤维板、融熔微晶玻璃的生产以及铺路的应用也有一些研究成果。污泥的资源化利用，变废为宝，有利于建立循环型经济，符合可持续发展的要求。

　　随着科学技术的发展，污泥资源化利用速度明显加快，推广力度正在加强。污泥原位减量技术也得到了大规模应用，可减量到原有污泥产量的 10% ～ 50%，持续脱水技术得以应用。

3.2 技术研究热点及趋势

　　中国水污染治理技术的研究方向主要集中在去除难降解有机物、深度脱氮、除磷、除盐等相关技术的集成和优化，解决重点废水处理稳定达标与高效回收利用问题；开发污水污泥无害化处置与资源化利用关键技术，以及高效、经济的污水处理与再利用技术等。

　　在技术研究方面，开展科技攻关，着眼于重点工业行业难处理废水，高浓度难降解有机废水的生物处理技术，高含氮、高含硫废水的物化处理技术，适合高盐度、高浓度含混酸盐废水的物化处理技术。其中：废水生物处理技术领域应攻克难降解高毒废水处理的微生物菌种分离选育、高效微生物菌株的固定方法、高效脱氮菌剂分离与培育、高含氮有机废水的高负荷生物脱氮、优化脱氮除磷组合工艺等技术关键；废水物化处理技术领域要重点发展高效凝聚技术和新药剂、精细过滤技术和新材料、抗污染、抗堵塞、耐高温、耐高压的膜分离技术和新型膜材料、强氧化技术，特种吸附技术和新型吸附材料以及高效分离技术的优化与集成。此外，优化高耗水、重污染行业的废水回用和"零排放"技术参数，降低运行成本。

　　在装备开发方面，污水处理厂剩余活性污泥的干化设备、垃圾渗滤液应急处理成套装备、渗坑处理技术及装备、电解凝聚技术及电解凝聚装置、臭氧氧化技术及大型臭氧发生器、高效沉淀技术及沉淀装置、好氧生物流化床技术及成套装置、好氧膜生物反应器技术及成套装置、溶气供氧生物膜与活性污泥复合技术及成套装置、污泥床、膨胀床复合厌氧技术及成套装置、船舶压舱水油污染治理技术和成套装置、港口油污染废水处理工艺技术及装置、港池油污染应急处理技术及装置等。

　　此外，各种组合工艺技术的研究与应用，尤其是物化处理与生物处理相结合的组合处理工艺技术及其深度优化，将成为废水处理技术发展的必然趋势。

4 水污染治理行业发展存在的主要问题

2018 年，水污染治理行业虽然取得了一定的发展，但就目前行业发展的现状来看，仍存在很多问题，严重影响着行业发展进步。具体表现在以下几个方面。

4.1 创新能力制约了行业核心竞争力的提升

（1）难以获得高新技术，整体技术装备水平不高，重复建设严重，市场竞争能力差。多数企业技术创新能力有限，难以在下一轮竞争中取得对行业发达国家的技术优势。目前，中国水污染治理创新的超前性较差。知识产权保护不力也是影响企业研发积极性和创新超前性的重要因素。

（2）缺少高层次的专业技术人才，企业自主创新能力不足。水污染治理技术基础研究与发达国家存在较大差距，核心理论、方法和技术多源于发达国家，原创性技术不多，形成的专利、核心产品和技术标准等重大创新成果较少。

（3）技术成果的转化效率不高，产学研结合还需加强。大量科技成果形成于科研机构。由于体制及配套政策等原因，难以在企业中实现产业化应用。缺乏鼓励环境科技创新、成果转化、新技术推广应用的针对性政策，影响了创新成果的推广应用。

4.2 市场建设与营商环境亟待改善

目前水污染治理市场不规范的问题还很严重，导致企业发展困难，阻碍了技术进步，主要问题有。

（1）难以营造有序竞争的市场。行业中大多数企业产品雷同，习惯通过传统的方式获得技术和以过低的成本进入市场，在竞争中脱离产品质量、技术水平、优质服务等，导致整个行业的利润畸形下降，严重损害了企业的自身发展和自有资金的积累。国内污水处理项目一般采用市场招投标方式，有些地方项目可能由于资金问题，在项目招投标时并不完全注重企业的产品、技术、质量和服务，而是低价中标，致使出现竞相压价，恶性竞争。一些小企业并不考虑技术、质量运行成本、运行周期，以质次价低的产品进入市场，施工时压缩成本，严重影响施工质量，这造成国内水污染治理行业的新技术、新工艺难以发展，产品质量不稳定。此外，污染治理专业化服务企业准入标准的欠缺，地区差距和价格战等都使污染治理市场秩序还较混乱。

（2）在与国外跨国公司的竞争中处于劣势。由于国内市场秩序混乱，国外企业乘虚而入。一些关键设备常常是指定进口，进口产品以几倍的高价垄断了高端市场。一些著名跨国公司和一些专业公司根据其全球化的战略，把有巨大潜力的中国环保装备市场作为目标市场，不仅要保持其在高端设备中的垄断地位，还发挥其资金和技术优势，相继在中国成立合资公司和技术中心，寻求制造合作伙伴，利用国内人才优势和成本优势，调整价格政策来争夺国产设备市场占有率较大的中等规模企业的市场。以高昂价格销售国内市场空缺的关键设备部件，对国产设备能替代的关键部件和通用部件则以相近价格销售。

（3）地方保护主义较重。县、市、省层层手续复杂，包括水污染治理等领域的项目前期隐性投入高，严重影响外省企业参与正常竞争。优胜劣汰的市场机制难以真正发挥功能，其结果是保护了落后，阻碍了技术进步。

（4）污水处理行业的投融资体制改革已逐步扩大，但水污染治理项目带有公益性特征，盈利能力不强，不同项目的投资回报机制和盈利渠道差异较大，不能依靠最终用户买单，部分项目对政府投资、付费和补贴依赖度较高，政府有限的财力制约了水污染治理行业的进一步发展。

（5）多方面问题阻碍企业扩大市场、扩大再生产。有些污水处理厂项目由于资金不到位、工程周期长致使设备安装就位后多年不能正式调试运转，拖欠生产企业的设备款很多，造成企业资金周转太慢，对企业的扩大再生产和新产品研发都造成很大影响。企业融资难度较大，扩建项目缺乏资金。特别是没有严格的市场准入制度，竞争企业鱼龙混杂，导致竞争不规范，使企业在扩大市场方面受挫。而用地紧张、技术工人缺乏也是企业在扩大再生产方面的主要困难。

4.3 产品标准化、规模化进程仍需规范和统一

尽管水污染治理产品标准化和规模化程度已经有了一定提高，但还是存在着产业发展速度快与产品标准化、规模化进程慢的矛盾。目前仍然大范围地存在非标、单件、小批量生产方式。环境技术管理体系是环境标准制定与实施的技术支撑。但是，长期以来，由于缺少经过科学评估、示范验证、成熟可靠的最佳可行技术的支持，难以保证所编标准体现污染控制要求和技术经济可行的统一，造成一方面排放标准限值没有可靠的达标技术保障，另一方面标准所依据的控制技术落后于环境技术发展，标准制定有的宽严失度，从而影响了标准的科学性和严肃性，进而影响了标准实施的有效性。由于环保产品涉及面广，与多个学科交叉，在产品标准方面，多个部委都在自己的范畴内制定了相关的标准，目前并没有统一。

4.4 污染治理设施社会化运营仍需规范

目前，水污染治理设施社会化运营已经有了相当规模的发展，社会化运营模式表现出强大优势，拥有广阔的市场前景。但是，社会化运营在中国还处发展阶段，法规制度不健全、缺乏激励扶持政策、市场不规范等基础性问题尚待解决。主要表现出：仍然有

不少的生产企业对社会化运营存在抵触情绪，社会化运营管理缺少法制保障，运营合同不规范，设施运行管理相关的法制建设不到位，运营监管能力偏弱、力度偏小。

5 对策及建议

5.1 提升水污染治理行业创新能力

（1）在资金、政策等方面，加大对水污染治理技术的支持力度，加速提升技术创新能力。针对今后国际和国内水污染市场发展的特点、需求和技术应用的经济成本，超前部署具有未来市场需求和市场竞争力的研发任务。

（2）加强水污染治理技术创新与应用，提高行业竞争力。鼓励企业自主研发、引进消化国外技术，形成自主知识产权的技术专利和标准。加大知识产权保护的执法力度，支持水污染治理新技术、新工艺、新产品的示范推广。

5.2 逐渐规范市场建设与营商环境

（1）继续加强规范水污染治理市场，完善相关法律体系，严格监管招投标、工程设计、建设施工、运行等各个环节。

（2）改革投融资体制，吸引多方资金投入水污染治理行业，支持行业发展壮大。积极推进资源组合开发模式，推行资源化处理技术，将水污染治理与周边收益创造能力较强的资源开发项目组合，拓宽水污染治理项目投资收益渠道。

（3）改变最低价中标的做法，全面推行合理底价。规范行业信息发布，防止不当或错误信息误导市场。

5.3 推进水污染治理装备及产品标准化、规模化

（1）发展水污染治理技术服务业，加快技术创新体系建设，完善技术管理政策。政府应加强技术发展方向的指导，加大对水污染治理技术与产品研发的扶持力度。

（2）研发确实可行的实用技术和产品，注重污染设施运行和产品生产使用过程的节能减排。加强和加快标准化工作，建立健全技术装备标准体系。

5.4 大力发展水污染治理设施市场化运营

（1）大力发展水污染治理设施市场化运营，通过建立政策和法规支持并规范水污染治理设施运营，进一步推进运营管理服务业专业化、市场化和社会化，依靠技术进步和先进管理来获取污染治理设施运营的高效率、高水平、低成本和高效益。

（2）针对设施运营领域的拖欠款现象，引入独立于合同甲乙方、受政府监管的第三方担保支付平台，预留合理的质保金，在环保达标的条件下及时完成运营费支付结算。

电除尘行业 2018 年发展报告

1 2018 年电除尘行业发展概况

1.1 政策法规标准持续驱动电除尘行业发展

2018 年 1 月 1 日，中国第一部专门体现"绿色税制"、推进生态文明建设的单行税法——《中华人民共和国环境保护税法》正式实施。环保税征收后，将增强执法刚性，倒逼和激励企业加大环保投入。其中，大气污染物税额为每污染当量 1.2 ～ 12 元，京津冀普遍确定了较高的具体适用税额。

2018 年 1 月 15 日，原环境保护部印发《关于京津冀大气污染传输通道城市执行大气污染物特别排放限值的公告》（公告 2018 年第 9 号），执行地区为京津冀大气污染传输通道城市行政区域。文件要求：对于新建项目，自 2018 年 3 月 1 日起执行大气污染物特别排放限值；对于现有企业，即火电、钢铁、石化、化工、有色（不含氧化铝）、水泥行业现有企业以及在用锅炉，自 2018 年 10 月 1 日起，执行二氧化硫（SO_2）、氮氧化物（NO_x）、颗粒物（PM）和挥发性有机物（VOCs）特别排放限值；炼焦化学工业现有企业，自 2019 年 10 月 1 日起，执行 SO_2、NO_x、PM 和 VOCs 特别排放限值。地方有更严格排放控制要求的，按地方要求执行。

2018 年 5 月 17 日，生态环境部发布《钢铁企业超低排放改造工程（征求意见稿）》（环办大气函〔2018〕242 号），提出钢铁企业烧结机头烟气、球团焙烧烟气在基准含氧量 16% 条件下，PM、SO_2、NO_x 小时均值排放浓度分别不高于 10 mg/m³、35 mg/m³、50 mg/m³；其他污染源 PM、SO_2、NO_x 小时均值排放浓度分别不高于 10 mg/m³、50 mg/m³、150 mg/m³。

2018 年 7 月 3 日，国务院发布《打赢蓝天保卫战三年行动计划》，提出重点区域持续开展大气污染防治行动，综合运用经济、法律、技术和必要的行政手段，坚决打赢蓝天保卫战，实现环境效益、经济效益和社会效益多赢。经过 3 年努力，大幅度减少主要大气污染物排放总量，协同减少温室气体排放，进一步明显降低细颗粒物（$PM_{2.5}$）浓度，明显减少重污染天数，明显改善环境空气质量，明显增强人民的蓝天幸福感。

2018 年 9 月 19 日，河北省正式发布《钢铁工业大气污染物超低排放标准》，烧结（球团）烟气中 PM、SO_2、NO_x 小时均值排放浓度分别不高于 10 mg/m³、35 mg/m³、50 mg/m³，主要工艺颗粒物排放限值 10 mg/m³，拉开了全国钢铁行业超低排放改造的大幕。北京、天津、内蒙古等20多个省（区、市）相继发布了"蓝天保卫战"相关行动计划和具体实施方案。针对钢铁、水泥、电力、化工和有色等高污染行业，各地提出了更为严格的地方排放标准和具体实施方案，这为电除尘行业的技术进步与产业发展带来了难得的机遇。

自2016年1月起，已有上海、天津、河北、浙江等多个省（区、市）要求燃煤锅炉采取有效措施，消除"石膏雨"及有色烟羽。其中4省（区、市）要求必须实施烟气冷凝，3省（区、市）要求必须实施烟气加热，2省（区、市）提出了视觉要求，但多个省（区、市）的标准、政策无具体指标。国外均无"脱白"要求，但美国、新加坡等国对燃煤电厂三氧化硫（SO_3）提出了排放限值要求。上海市的《大气污染物综合排放标准》（DB 31/933—2015）、北京市的《大气污染物综合排放标准》（DB 11/501—2017）中SO_3的排放限值为5 mg/m³。此外，还有多项旨在引导、规范燃煤电厂电除尘技术发展的相关标准、政策出台，如生态环境部印发的《燃煤电厂超低排放烟气治理工程技术规范》（HJ 2053—2018）。

2018年12月，中央经济工作会议强调做好"打赢蓝天保卫战"等工作，进一步为电除尘行业的发展和技术进步定了基调。

1.2 宏观环境利好电除尘行业发展

2018年，各级政府、部门持续释放强劲环保信号，大气污染物排放标准不断趋严。政策的趋紧激发了市场，非电大气治理市场进一步扩展，大气污染治理改造需求将持续升温，大气污染治理行业保持高景气，利好电除尘行业的发展。

2 电除尘行业经营状况

2.1 电除尘行业发展的主要特点

2.1.1 行业核心竞争力持续增强

目前，电除尘行业已成为中国环保产业中能与国际厂商抗衡且最具竞争力的行业之一。近年来电除尘在煤电行业超低排放工作中取得了显著的成绩，低低温电除尘、湿式电除尘等新技术的快速应用为煤电行业超低排放甚至近零排放提供了坚实的技术装备保障，有效保障了燃煤机组长期稳定、持续超低排放运行，在燃煤电厂除尘中占据绝对的主流位置。电除尘器依然是燃煤电厂的主流除尘设备，低低温电除尘技术几乎成为国内燃煤电厂超低排放的"标配"，真正意义上确立了中国在世界上的电除尘强国地位。

电除尘企业正进一步利用煤电行业超低排放取得的技术成果和经验，在钢铁、建材、有色、工业锅炉等非电行业超低排放中发挥重要作用。

2.1.2 行业发展整体保持稳定，挑战大于机遇

2018 年，环保行业总市值缩水幅度较大，环保行业经历了较困难的一年。煤电行业大气治理增长乏力，非电行业的份额受到袋式除尘的挤压，行业龙头企业已发出"凛冬将至"的警示。从 2016 年始，钢材价格持续上涨，人工成本增加，应收账款回收不畅，大幅度挤压了盈利空间，电除尘企业利润大幅度下降，一批项目执行亏损。部分企业技术创新和经营管理的能力较弱，企业经营风险加剧等。上述原因均给电除尘行业带来了挑战。

2.1.3 产业集约化发展加速，龙头企业的引领作用得到彰显

①产业集约化发展加速。主要企业的产值约占电除尘行业总产值的 85%，产业集中度不断加强。②行业龙头表现强劲。行业龙头企业在科技攻关、技术创新、市场引领、装备制造、海外拓展中不断彰显出引领能力。③市场竞争力加强。市场越来越往品牌、资质、业绩、信誉、服务好的企业倾斜。效益较好、盈利能力强的企业具有自主研发技术能力和创新能力，在创新上也舍得资金投入，这类企业的市场竞争力不断加强，市场占有率进一步提高。

2.2 行业生产经营情况

2018 年中国环境保护产业协会电除尘委员会对电除尘行业中的 49 家主要（骨干）企业的经营状况进行了统计分析，结果见表 1。

表 1　2018 年电除尘行业主要企业经营状况统计

项目	本体 / 亿元	电源及配套件 / 亿元	合计 / 亿元
合同总额	212.151 0	17.311 6	229.462 6
总产值	179.262 0	11.187 2	190.449 2
环保销售收入	155.500 6	13.495 2	168.995 8
环保纳税	11.655 5	1.187 1	12.842 6
环保利润	8.658 9	1.578 8	10.237 7
环保出口	6.666 5	1.212 6	7.879 1

参与调查的企业中，本体企业 28 家，合同额达到 212.151 0 亿元，总产值 179.262 0 亿元，环保销售收入 155.500 6 亿元，出口额 6.666 5 亿元；电源及配套件企业 21 家，合同额 17.311 6 亿元，总产值 11.187 2 亿元，环保销售收入 13.495 2 亿元，出口额 1.212 6 亿元。49 家企业的产值约占全国电除尘行业总产值的 85%，2018 年全行业总产值约 224.057 8 亿元，全行业环保出口额 9.269 5 亿元。

电除尘行业的骨干企业多数实行多种经营，故电除尘器产品以占环保销售收入的60%计，则2018年全国电除尘销售收入约119.2912亿元。

统计数据显示：2018年全国电除尘行业的销售收入同比下降13.23%，本体产值同比下降17.09%，电源产值同比上升5.01%；出口额同比上升12.05%。具体分析如下：

（1）2018年度电除尘器总销售收入相比2017年度有所下降，电源及出口额略有提高，分析如下：2018年是燃煤电厂超低排放要求实施以来的第五年，电力行业的电除尘市场需求出现了低谷。电除尘的主要市场——燃煤电厂设备需求出现了明显下跌，大部分合同是以往项目的延续。（2）冶金、建材等非电行业市场出现热点，但电除尘技术在这些行业的市场占有率不高。冶金行业只有烧结、球团、转炉一次烟气等工序的粉尘治理应用电除尘技术，其他工序应用不多。（3）2018年改造市场占有较大比例，高频及脉冲等新型高压电源的应用是市场热点，电源产值较上年度略有提高。（4）2018年度电除尘行业市场需求下降，大多数企业的产值有所下降。少数企业因拥有专有技术保持了较好的专项市场占有率，大型企业在市场竞争中依然处于优势。（5）2018年全国电除尘行业销售收入同比下降13.23%，排名前13的企业环保销售收入同比下降4.54%，说明电除尘市场的集中度越来越高。（6）国际市场的电除尘销售份额略有提高，出口是未来企业应重点关注的市场。

2.3 行业成本费用及盈利能力分析

据对2018年电除尘行业排名前13的骨干企业的经营数据进行分析，行业的平均利润率低于10%，盈利能力不足。

主要原因为：（1）大多数企业的资金能力不足，通过贷款等方式维持企业发展的情况较为普遍。项目本身利润不高，加上项目回款普遍不能与项目进度同步，这是造成企业利润率低的一个主要因素。（2）尽管市场朝着品牌、资质、业绩、信誉、服务好的企业倾斜，但恶性竞争、低于成本价竞标等现象仍普遍存在，行业利润率得不到提高，同时也制约了产业发展。（3）效益较好、盈利能力强的企业具有自主研发技术能力和创新能力，企业也在创新上增大投入。电除尘行业大部分企业在技术创新和产品创新等方面有待进一步提高，竞争技术含量不高，造成一些项目处于低水平竞争。（4）上市公司因资金能力较强，利润率相对较高。（5）少数企业拥有专利技术，市场占有率相对较高，利润率也较高。（6）有些项目延期执行，尤其是延期一年以上的项目，因钢材涨价、人工成本增加、应收账款回收不好等原因，大幅度挤压了盈利空间，导致电除尘行业多数企业利润下降，一些项目执行亏损。（7）中国电除尘器已出口到多个国家，但绝大部分是美元合同。随着人民币的升值，对电除尘出口业务的盈利有一定影响。

3 电除尘行业的技术发展

3.1 总体技术进展

中国燃煤电厂电除尘技术日臻完善，现已达到国际水平，跻身电除尘强国之列。冶金、水泥、工业锅炉等非电领域，随着超低排放工作的不断推进，电除尘技术也获得了进一步发展，电除尘技术在非电行业所起的作用不断得到认可。

3.1.1 电除尘器国家标准呼之欲出

多年来，电除尘器一直采用的是行业标准以及合编的其他国家标准等。依据《国家标准化管理委员会关于下达2018年第三批国家标准制修订计划的通知》（国标委发〔2018〕60号），电除尘器国家标准已进入编制关键阶段。电除尘器国家标准的出台将规范电除尘器技术参数、考核指标；将增强标准约束力、执行力及影响力，形成完整的大气污染控制装备国家标准；也将大幅度促进电除尘器制造能力提升，拓展国际市场，与国际厂商竞争时能有法可依，维护电除尘技术和产品在国际上的地位和形象。

3.1.2 高效控制$PM_{2.5}$电除尘技术与装备引领行业技术进步

电除尘器一直是燃煤电厂颗粒物控制的主流设备，典型的颗粒物超低排放技术包括低低温电除尘技术和湿式电除尘技术，现已形成了以低低温电除尘技术为核心的烟气协同治理技术路线和湿式电除尘技术路线。低低温电除尘技术通过烟气冷却器降低烟气温度至酸露点以下，降低粉尘比电阻，同时使低低温电除尘器击穿电压升高、烟气量减小，除尘效率大幅度提高，且低低温电除尘器的出口粉尘粒径将增大，可大幅度提高湿法脱硫的协同除尘效果。湿式电除尘技术可实现极低的颗粒物排放浓度，根据其布置方式，有卧式与立式两种；根据极板的材料可分为三种类型，即金属极板、导电玻璃钢和柔性极板。在燃煤电厂中与干式电除尘器配套使用的湿式电除尘器通常布置在脱硫设备后，与干式电除尘器不同之处在于湿式电除尘器采用液体冲洗电极表面清灰，具有不受粉尘比电阻影响，无反电晕及二次扬尘等特点，可有效除去烟气中的$PM_{2.5}$、SO_3、汞及烟气中携带的脱硫石膏雾滴等污染物。

在国家"863"计划课题、浙江省重大科技专项等支持下，由浙江菲达环保科技股份有限公司牵头，浙江大学和申能股份共同参与的《高效控制$PM_{2.5}$电除尘技术与装备》项目，针对中国燃煤电厂$PM_{2.5}$治理，实施"机理研究—关键技术—装备开发工程应用—标准研制"技术路线，开发出$PM_{2.5}$电凝聚、低低温电除尘、湿式电除尘3项$PM_{2.5}$高效控制技术，有效解决了电除尘对$PM_{2.5}$捕集的难题。经由院士等专家组成的鉴定委员会鉴定，产品总体技术处于国际先进水平，部分技术处国际领先水平。该项目实现了煤电行业PM$_{2.5}$的大幅度减排，树立了行业技术标杆，引领了行业技术进步，引导规范了行业秩序，带动了产业集群发展，提升了中国电除尘装备的国际竞争力，促进了中国由电除尘大国向强国的迈进。该技术荣获2018年度中国机械工业科学技术一等奖。

低低温电除尘技术和湿式电除尘技术在稳定实现超低排放的同时，可协同治理多种污染物，已在业内得到广泛认可。由菲达环保牵头编制的《低低温电除尘器标准（JB/T 12591—2016）》荣获2018年度中国机械工业科学技术二等奖。福建龙净环保股份有限公司申报的"一种复式卧式湿式电除尘器"荣获福建省专利一等奖。

3.1.3 钢铁行业转炉煤气干法净化电除尘技术取得创新突破

随着转炉炼钢生产的发展，炼钢工艺的日趋完善，相应的除尘技术也在不断发展完善。目前，转炉炼钢的净化回收主要有两种方法，一种是煤气湿法（OG法）净化回收系统，一种是煤气干法（LT法）净化回收系统。煤气干法除尘技术比煤气湿法除尘技术有更高的经济效益和环境效益。该系统具有能耗低、除尘效率高的特点，并取消了污泥系统，转炉煤气与粉尘均得到了综合利用，还可以部分或完全补偿转炉炼钢过程的能耗，有望实现转炉负能耗炼钢的目标，因而获得世界各国的普遍重视和采用。到目前为止，转炉煤气干法净化回收在中国应用的总数已超过250套。

转炉煤气干法除尘系统工艺流程为：约1550 ℃的转炉烟气在ID风机的抽引作用下，经过烟气冷却系统（活动烟罩、热回收装置及汽化冷却烟道），使温度降至800～1200 ℃后进入蒸发冷却器。蒸发冷却器内有若干个双介质雾化冷却喷嘴，对烟气进行降温、调质、粗除尘，烟气温度降低到150～200 ℃，同时约有40%的粉尘在蒸发冷却器的作用下被捕获，形成的粗颗粒粉尘通过链式输送机输入粗灰料仓。经冷却、调质和粗除尘后的烟气进入圆筒形静电除尘器，烟气经静电除尘器除尘后含尘量降至10 mg/m^{3}以下。静电除尘器收集的细灰经过扇形刮板器、底部链式输送机和细灰输送装置排到细烟尘仓。经过静电除尘器精除尘的合格烟气通过煤气冷却器降温到70～80 ℃后进入煤气柜，氧含量大于2%的煤气通过火炬装置放散。整套系统采用自动控制，与转炉的控制相结合。

圆筒形静电除尘器是转炉煤气干法除尘系统中的关键设备，其主要的技术特点是优异的极配形式。由于转炉煤气的含尘量较高，在进入电除尘器时一般为40～55 g/m^3，而除尘器出口的排放浓度要求小于10 mg/m^3。这就要求电除尘器具有非常高的除尘效率，而除尘效率高低的主要因素取决于其极配设计的合理性，同时要求设备具有良好的安全防爆性能。由于转炉煤气属于易燃易爆介质，对设备的强度、密封性及安全泄爆性提出了很高的要求。该除尘设备采用了抗压的圆筒外形，并在锥形进出口各装有可靠的泄爆装置，可保证除尘器长期运行的安全可靠性。电除尘器内部的刮灰装置是电除尘器中重要的组成部分，电除尘器排灰是否顺利，会影响整个系统的正常运转。该除尘器的刮灰装置采用齿轮带动弧形齿条传动，并采用干油集中润滑，保证了刮灰装置的顺利运行。电除尘设备的除尘效率高，所以有大量的灰需要即时输送出去。该设备采用耐高温链式输送机进行输灰，确保了输灰顺畅。

经过西安西矿环保科技有限公司、西安建筑科技大学等单位多年来在传统技术上不断地攻关和创新，彻底解决了业内普遍担心的系统频繁泄爆、高温高浓度粉尘深度净化以及粗灰粉尘原位回用等技术难题和工艺运行安全问题，形成了"高效净化—资源回收—节能降耗—精准控制"一体化净化技术；集成创新了煤气智能预警分析及安全连锁控制技术、除尘粗灰原位回炉炼钢循环利用技术、系统"多阶段调速＋炉口微差压调速"双模式控制技术、基于新型香蕉弯的蒸发冷却器、自闭式多级弹簧泄爆阀、新型圆筒电除尘器、除尘细灰气力输送等七项技术和装备，系统具有高效、节能和资源利用三大优势，符合国家节能减排、绿色发展的产业政策，具有可观的经济效益、社会效益和环境效益，市场前景广阔。该技术获得了国家 2018 年度环境保护技术进步二等奖。

3.1.4 电除尘仍是钢铁超低排放的关键技术和设备

钢铁行业，电除尘技术主要用于烧结机烟气除尘、球团烟气除尘、转炉煤气净化等工艺。

钢铁行业的现役电除尘技术和设备仍有潜力可挖，消除本体缺陷，使旧有电除尘器实现设计期望的排放目标，是提质增效的前提。对现役电除尘技术和设备进行挖潜可从以下几方面入手：增加收尘面积、降低风速、采用高效供电、增设辅助收尘拦截逃逸粉尘、消减电场外区域的粉尘逃逸、改善振打、烟气调质措施等方式。多年来的环保升级与电除尘技术发展，以湿电为标志的超低排放指标，以高频电源为标志的供电水平，以低低温电除尘为标志的烟气调质增效措施，都使电除尘的实际效果和客户信任度有了较大幅度提升。

2018 年 5 月，生态环境部发布《钢铁企业超低排放改造工程（征求意见稿）》，提出钢铁企业烧结机头烟气、球团焙烧烟气在基准含氧量 16% 条件下，PM、SO_2、NO_x 小时均值排放浓度分别不高于 10 mg/m³、35 mg/m³、50 mg/m³。钢铁行业烧结、球团烟气末端治理技术是控制大气污染物切实可行的方式之一，目前的防治技术主要侧重于除尘和脱硫脱硝，然而单一污染物的控制难以有效改善当前中国大气区域性复合型污染的严峻形势。超低排放实施中通过对 PM、SO_2、NO_x 等单一污染物的治理转变为对多污染物的综合治理，从而实现环境效益和经济效益的最大化。电除尘器作为多污染物协同控制的关键设备，由于其低阻力、高性能，并可长期稳定运行，因此仍是钢铁行业超低排放中的关键技术和设备。

3.1.5 高温电除尘技术在水泥行业超低排放中发挥至关重要的作用

目前，国家大力推行污染物减排工作，水泥行业实施超低排放对促进经济持续发展至关重要。水泥窑烟气尘硝一体化治理技术已推广应用。其中电除尘关键技术——高温静电除尘技术受到关注。针对水泥工艺技术及烟气特点，采用"高温电除尘+SCR脱硝"的技术路线可实现水泥行业的超低排放。采用高温电除尘技术和装置可大幅度降低烟气粉尘浓度，有效提高催化剂的机械及化学寿命，降尘后的烟气进入SCR脱硝系统脱除氮氧化物，大幅度降低了氨水用量和氨逃逸，实现SCR脱硝装置与水泥窑系统的有机结合。

西安西矿环保科技有限公司将该技术应用于河南宏昌水泥烟气超低排放示范工程，表明水泥行业烟气污染物深度减排整体技术切实可行，对中国水泥行业的超低排放有积极作用。

3.1.6 电除尘技术在有色金属氧化铝熟料窑烟气治理中占据绝对优势地位

氧化铝熟料窑工况特点为：粉尘浓度高（≥ 30 g/m³，甚至更高），烟气温度高（正常 210～230 ℃，最高可达 280 ℃），粉尘湿度高（正常 ≥ 30%），粉尘黏性特别强（特别是点火起炉阶段数小时内，烟气温度处于露点温度以下时，烟气湿度几乎处于饱和状态，高湿度的氢氧化铝粉尘可以黏住所有烟气流经的金属构件，造成后续粉尘越黏越多），其他除尘技术在该工艺流程中不能正常稳定长期运行。但电除尘技术可以适应其工况条件，仅需对现役常规电除尘器进行优化改造，就可实现长期稳定超低排放的目标。

充分利用现役常规电除尘器的场地条件和空间布局进行全方位优化和升级改造：在进口喇叭处加装三角翼湍流器流场导流优化系统，前3个常规电场阴极系统采用顶部电磁振打和小分区供电，第4电场采用通透型百叶式变流电场和顶部电磁振打，第5电场采用横向旋转极板和钢刷摩擦清灰系统，选用新型三相高效脉冲节能高压电源，采用高低压一体化智能振打控制系统，加装远程移动终端实时监控系统。有效克服了气流分布不均、振打清灰不彻底、微细粉尘捕集效率低、机械振打产生二次扬尘等多项技术瓶颈，从而保障新型高效电除尘器实现长期稳定超低排放的目标。

由厦门绿洋环境技术股份有限公司开发的氧化铝熟料窑电除尘超低排放技术，已成功应用于中铝中州铝业有限公司等氧化铝熟料窑中，出口粉尘的排放值 ≤ 10 mg/m³。

3.1.7 其他高效电除尘技术不断发挥作用

旋转电极式电除尘、电凝聚电除尘、化学团聚电除尘、导电滤槽高效收尘装置、机电多复式双区电除尘、离线振打电除尘、新型高压电源技术等高效电除尘技术，在实际工程中，分别发挥了重要作用。

中钢集团天澄环保科技股份有限公司采用化学团聚强化除尘技术，成功应用于国电丰城发电有限公司、国电长源电力股份有限公司等电除尘超低排放工程，处理后颗粒物浓度 ≤ 10 mg/m³。中钢集团天澄环保科技股份有限公司和南京国电环保科技有限公司采用导电滤槽高效收尘、改造高频电源和脉冲电源等技术，成功应用于国电九江发电有限公司等电除尘超低排放工程。

3.1.8 供电电源技术取得长足进步

中国的电除尘技术现已达到国际先进水平，成为电除尘强国，其中供电电源和控制技术功不可没。中国的电源及配件技术一直是最活跃、最具创新力的，从工频电源、高频电源、三相电源、恒流电源，到脉冲电源、等离子电源等，技术和产品不断推陈出新，实现从单一的电源控制到电除尘器的整体控制，以及环保岛协同控制，电源技术的进步不断推动电除尘整体技术的进步。如何让电除尘能够达到长期稳定高效的超低排放，未来还有很长的路要走，行业需要研发出更加高效、节能、智能化的电源产品。

脉冲电源技术取得了突破，得到了较广泛应用。脉冲高压电源技术往窄脉冲方向发展，而微秒级和纳秒级的窄脉冲电源拥有更高的脉冲峰值功率、更陡的脉冲前沿。

3.2 新技术开发应用

3.2.1 电除尘装备技术的开发研究

2018年度，电除尘方面的国家重点研发计划课题有"高灰煤超低排放技术与装备集成及应用""燃煤电厂新型高效除尘技术及工程示范""基于多场团聚机制的 PM$_{2.5}$ 控制关键技术和装备""低成本超低排放技术与高端制造装备"等，这些课题正在对电除尘装备技术开展更加深入的研究。

3.2.2 脉冲等离子体烟气脱硫脱硝除尘脱汞一体化技术（PPCP 技术）

该技术是利用高压脉冲电晕放电产生的高能活性粒子，将烟气中的 SO$_2$ 和 NO$_x$ 氧化为高价态的硫氧化物和氮氧化物，最终与水蒸气和注入反应器的氨反应生成硫酸铵和硝酸铵。该技术具有一次性投资较低、运行维护操作简单等优点，主要应用于烟气多污染物协同控制实现超低排放。该技术的研究及应用备受业内关注。

3.2.3 离子风电除尘技术

离子风是两个相邻高压电极间发生电晕放电时因电子雪崩引起高速离子射流而诱导出的空气流动现象。离子风是影响电除尘器性能的重要因素之一。离子风一方面会对电除尘通道中的含尘气流产生强烈的扰动，形成电风二次扬尘，导致粉尘捕集效率降低；另一方面又有助于粉尘荷电及粒子向捕集极的沉降，对粉尘捕集产生有利影响。

湖北邵一环保公司采用离子风除尘技术、高频振打及气锤振打技术、全流场净化技术、电密封技术、单通道封闭停电振打技术、内收尘技术六大项技术，在鄂钢烧结整粒电除尘改造中只改一个电场，实现了粉尘排放浓度＜ 10 mg/m³，并已稳定运行三个多月。

3.2.4 消白烟技术

燃煤电厂消白烟技术在市场的推动下得到发展，主要包括管式间壁式冷凝、烟气喷淋降温、浆液冷却、烟气再加热及其相互组合等特色技术，部分消白烟设备已在京津冀等地陆续投运。

3.3 电除尘技术发展趋势

经过数十年的研究与应用，针对各行业环保排放标准的要求，中国相关公司及机构在技术路线的选择及整体部署方面已基本达成共识，预计未来电除尘技术将向低排放、节能降耗、协同控制、智能化、标准化、国际化方向发展。

①将从"通用技术"向"难、特""协同"技术转型，主要为高灰煤超低排放技术、SO_3、$PM_{2.5}$、气溶胶、汞等多种污染物协同脱除控制技术。②从"粗放"向"效能"转型，主要包括节能技术改造、优化运行、降耗技术。③从传统行业向相关行业延伸，主要包括非电行业、生物质发电、工业烟尘处理等。④基于电晕放电层，电除尘技术有向微观方向进行深度研究的趋势。⑤中国煤质水平参差不齐，现投运的超低排放机组多燃用优质煤，但仍有较多燃用劣质煤的电厂；同时大部分煤电机组利用小时数持续下降，许多机组在低负荷下持续运行，因此开展电除尘在多煤种、宽负荷、变工况下实现超低排放的技术应用及研究，具有深切的现实意义和深远的历史意义。⑥在役电除尘器大都能够通过改造达到 ≤ 20 mg/m³ 甚至更低，新建电除尘技术更没有问题，但现有部分项目为了尽快达到粉尘排放浓度 ≤ 10 mg/m³，对设备优化和运行费用考虑较少，因此电除尘器需进一步挖掘潜力，开发超低粉尘排放的技术、低负荷下的降耗技术、节水型的湿式电除尘技术。⑦新型供电电源与电除尘技术实现优化配合，充分发挥各自优势，以实现节能减排目标。随着等离子体电源技术取得突破，有利于电除尘脱硫脱硝一体化技术的发展。

4 电除尘行业市场特点及重要动态

4.1 电力行业

燃煤电厂超低排放改造将近完成。同时，由于煤电增长趋缓，新建燃煤机组容量大幅度减少，2018—2020 年煤电新增超低排放机组量十分有限，且全国尚未完成超低排放改造机组中大部分机组已经签订合同，故未来计入超低排放改造合同的机组容量将更少。值得一提的是，随着天津、上海等城市消白烟政策的出台，直接带动消白烟改造市场的兴起。

4.2 非电行业

煤电行业污染物持续减排的同时，超低排放要求已从电力行业扩展到非电行业。目前，相比煤电行业污染物持续减排，非电行业对大气污染物排放的贡献占比越来越大。中国钢铁产量占世界的 50%、水泥占 60%、平板玻璃占 50%、电解铝占 65%，且有 40 多万台量大面广的燃煤锅炉，众多的城中村、城乡接合部和农村的采暖用煤数量更是惊人，以上诸方面二氧化硫、氮氧化物、烟尘的排放量占全国四分之三以上。

随着非电大气污染物排放超低标准陆续出台，推进了工业企业加快治污设施的建设和加强治污设施的运行管理。如钢铁烧结机全面建设脱硫设施、新型干法水泥熟料生产线全面建成脱硝设施，大部分平板玻璃生产线建设脱硫脱硝设施等。国家下一步将充分利用电力行业超低排放改造的技术成果和经验方法，带动引领其他行业环保技术进步，推动冶金、建材、燃煤锅炉三个重点行业实施污染治理的升级改造。

4.3 "一带一路"参与国家仍有市场空间

中国从事电除尘器生产的企业有 200 多家，还有一批高校、科研院所，一批骨干企业产品质量可与全球知名厂商相媲美，中国生产、使用电除尘器的数量均居全球首位，在该领域的全球科技排名也位居前列。电除尘行业已成为中国环保产业中能与国际厂商抗衡且最具竞争力的一个行业，电除尘技术水平已步入强国行列。电除尘技术和设备在"一带一路"参与国家仍有市场空间，浙江菲达环保科技股份有限公司、福建龙净环保股份有限公司、河南中材环保有限公司、中钢集团天澄环保科技股份有限公司等企业的电除尘设备已出口海外多个国家。此外，随着东南亚国家对于燃煤机组和其他生物质锅炉排放要求趋于严格，电除尘器改造和新建市场也将逐步兴旺。

4.4 市场预测

4.4.1 政策方面

2018 年底召开的中央经济工作会议强调要"打好污染防治攻坚战"，要坚守阵地、巩固成果，聚焦做好"打赢蓝天保卫战"等工作，加大工作和投入力度，同时要统筹兼顾，避免处置措施简单粗暴。这次会议再次强调了"打赢蓝天保卫战"，说明大气治理仍是 2019 年环保的重点工作。

非电烟气治理改造需求预期持续升温，各地陆续出台非电行业超低排放的地方标准，推进钢铁行业超低排放改造。同时资金面逐渐放宽，民营企业融资难融资贵等问题将得到较大改善。随着生态环境治理体系建设、生态环境损害赔偿机制、环境执法监督机制等的完善，环保产业将步入强监管阶段，这将助推大气环保市场的景气度，利好电除尘器生产企业。

4.4.2 市场方面

2018年底，北方地区的雾、霾再度来袭，大气污染治理力度继续加大。京津冀、汾渭平原、长三角重点区域督察维持高压态势，各省（区、市）也相继出台"蓝天保卫战"计划，大气治理板块迎来机遇。

随着燃煤电厂超低排放改造工作的基本完成，新上机组也非常有限，煤电行业的超低排放治理呈回落趋势。但由于前期超低排放政策发布以来，时间紧、任务重，有一批最低价中标导致质量下降的项目，预计未来几年将有一批超低排放二次改造项目机遇；同时火电厂除尘第三方治理已有业绩，其市场的扩大已趋必然。

2019年非电领域烟气治理市场将进一步释放，其市场空间较大。随着钢铁、水泥、平板玻璃、电解铝、石化等非电行业的烟气治理超低排放改造持续推进，为电除尘产业带来了一定的发展机遇。其中电除尘技术特别是提效改造技术发展有较大空间。

海外市场仍然是以"一带一路"参与国家的基础建设为主轴，按照建设国的环保要求，提供中国先进适用的环保设备，对海外总包市场进行分包仍然是环保设备的海外市场主要供应渠道；随着国际环保法规的趋严，2019年除了东南亚生物质锅炉除尘市场外，印度尼西亚、印度、越南等国家的燃煤电站电除尘器、脱硫脱硝系统的改造和新建将是市场的热点，本土化、技术转让、技术合作等或将成为市场的方向。

4.4.3 电除尘主要企业转向高质量发展已成共识

电除尘企业目前面临"宏观政策利好，微观艰难前行"的发展困惑。因此，企业要主动求变，从追求规模向追求效益转变，不断加强创新能力建设，提高核心竞争力和盈利能力，通过技术创新和管理创新来创造价值、挖掘增值空间。企业要走高质量发展的道路，要回归尊重科学、尊重市场规则的道路。企业发展一定要量力而行，不要盲目扩张，在发展的过程中要综合考虑技术能力、资本能力、人才储备能力、跨区域发展能力、管理能力等；要为客户提供最佳性价比的解决方案和产品，绝对不能偷工减料减性能，要做良心工程。

5 电除尘行业主要企业发展情况

近年来，电除尘的技术创新在煤电行业超低排放工作中取得了显著的成绩，有效保障了燃煤机组的长期稳定运行和持续超低排放运行，在燃煤电厂除尘中占据了绝对的主流位置。燃煤电厂的电除尘器应用比例从1990年的30%发展到2000年的80%，2005—2010年，占比维持在95%，随后受袋式除尘和电袋复合除尘技术的冲击，占比有所下降。据中国电力企业联合会统计，截至 2018 年 12 月，电除尘的市场占有率约为 66.2%。电除尘器依然是燃煤电厂的主流除尘设备，低低温电除尘技术几乎成为中国燃煤电厂超低排放的"标配"。

电除尘行业按企业营收排名前 13 的主要企业 2005 年至 2018 年的工业总产值及环保销售收入如图 1 所示，经营状况见表 2，该数据基本稳定在行业总量的 60% 以上，绝大部分电除尘产品销往燃煤电厂。2014 年超低排放市场启动后，市场容量可观，至 2016年，全行业电除尘器国内年销售收入平稳增长，但随着超低排放改造将近尾声，2017 年已现拐点，2018 年销售收入有所下降。

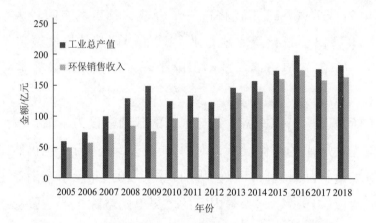

图 1　13 家电除尘主要企业 2005—2018 年经营情况

表 2　13 家电除尘主要企业经营状况表

年份	工业总产值 / 亿元	环保销售收入 / 亿元	出口 / 亿元	环保销售比上一年增幅 /%
2005	63.860 0	50.216 6	1.571 0	27.22
2006	76.429 0	58.435 8	6.066 1	14.38
2007	101.429 0	73.013 7	8.372 0	27.12
2008	130.687 1	86.693 4	95.522 8	18.73
2009	150.867 6	83.832 9	110.156 0	−3.40
2010	118.979 3	96.956 0	21.432 3	15.79
2011	128.225 0	99.506 6	21.496 4	2.60
2012	118.552 2	101.585 7	10.494 7	2.10
2013	150.533 9	144.344 1	16.131 6	42.09
2014	160.493 5	145.542 3	8.498 0	0.83

年份	工业总产值 / 亿元	环保销售收入 / 亿元	出口 / 亿元	环保销售比上一年增幅 /%
2015	171.481 7	160.934 7	9.929 9	10.58
2016	204.202 0	172.511 4	4.288 2	7.19
2017	180.296 3	156.896 0	5.342 8	−9.05
2018	170.502 7	149.772 1	6.334 6	−4.54

2018 年，电除尘行业排名前 13 的骨干企业主要业务包括本体、电源、输灰、除尘器达标改造以及绝缘配件等，年末从业人员合计 15 807 人，全年工业总产值合计 170.502 7 亿元、环保销售收入合计 149.772 1 亿元、环保利润总额 9.032 4 亿元，环保出口总额 6.334 6 亿元。

2018 年，电除尘行业排名前 13 的骨干企业环保销售收入同比下降 4.54%，出口同比上升 18.56%。

6 电除尘行业企业竞争力状况

6.1 主要除尘企业

国外除尘技术企业中影响力较大的有三菱重工（MHI）、日立（HITACHI）、通用电气（GE）等。国内电除尘技术企业以浙江菲达环保科技股份有限公司、福建龙净环保股份有限公司为龙头。根据中国环境保护产业协会电除尘委员会 2018 年的调研数据，除少数企业外，大部分除尘行业厂家的产值有所下降。

6.2 行业部分骨干企业新技术、新产品开发情况

6.2.1 浙江菲达环保科技股份有限公司（简称"菲达环保"）

①与浙江大学合作共同申报成功 2018 年度浙江省重点研发计划项目"工业废气有色烟羽消除及多污染物协同控制技术研究与工程示范"，以消除有色烟羽并协同治理 PM、SO_3、石膏液滴等污染物为目标，共同开发喷淋式烟气冷凝技术、换热式烟气冷凝和再热技术，实现系统集成和工程应用，为中国即将启动的有色烟羽消除提供技术装备支撑。

②继续推进国家重点研发计划"高灰煤超低排放技术与装备集成及应用""大气环保产业园创新创业政策机制试点研究""新型高效静电除尘装备"项目建设。

③2018 年研制的电解铝"超低排放"技术在内蒙古创源金属有限公司投入运行，经第三方测试，SO_2 排放浓度 16.5 mg/m³，氟化氢排放浓度 0.22 mg/m³，粉尘排放浓度 2.98 mg/m³，满足超低排放要求，为铝电行业烟气治理奠定了基础。项目针对电解铝烟气

中含有粉尘、氟化物、SO_2 和 CO 等污染物，通过耦合式湿法脱硫协同脱氟工艺开发与优化，改进铝电解槽工艺和烟气净化系统，采用湿法脱硫协同脱氟、除尘技术方案，深度处理电解铝烟气污染物，实现高效脱硫、深度去氟、协同除尘、节能降耗一体化目标。

④与鄂尔多斯电力二公司签订 4 台旋转喷吹布袋除尘器改造项目合同，标志着菲达环保旋转清灰技术项目取得首台套的突破。

⑤菲达环保承担的宁波珠山风力发电厂及中电海盐风力发电厂的风电机组运维工程顺利通过验收，并得到业主好评。标志着菲达环保成功进入风电运维市场，使菲达品牌实现全新领域的突破。

⑥完成验收中央预算投资项目 2 项："年产 10 套燃煤电站配套大型电袋复合除尘器项目"和"燃煤电站 $PM_{2.5}$ 预荷电及低温微颗粒控制装备产业化项目"。浙江省协同制造项目 1 项："浙江省现代装备制造业协同制造试点示范项目（北疆电厂）"。浙江省循环经济项目 1 项："大气污染防治工程研究中心建设项目"。

⑦受生态环境部委托，与生态环境部环境工程评估中心、国电环境保护研究院等单位共同编制《燃煤电厂超低排放烟气治理工程技术规范》，为燃煤电厂超低排放烟气治理工程建设及运行提供了技术规范。

⑧2018 年获授权专利 39 项，其中发明 3 项，参与起草已颁布实施的行业标准 10 项。

⑨研发的"高效控制 $PM_{2.5}$ 电除尘技术与装备"荣获 2018 年中国机械工业科学技术一等奖；制定的《低低温电除尘器》（JB/T 12591—2016）行业标准荣获 2018 年中国机械工业科学技术二等奖；"湿式电除尘器"和"低低温电除尘器"技术入选《2018 年重点环境保护实用技术名录》；"湿式相变凝聚除尘及余热回收利用集成装置"入选《2018 国家先进污染防治技术目录》。

6.2.2 福建龙净环保股份有限公司（简称"龙净环保"）

① 2018 年《国家鼓励发展的重大环保技术装备目录》（工业和信息化部、科学技术部公告）依托单位名单发布，龙净环保为 16 项环保技术的依托单位，居全国同行榜首。工业和信息化部装备司发布 2018 年第 1 期重大技术装备简报，对龙净环保研制的全球首套烧结烟气干式协同超净装备进行了专题报道。

②承担"低成本超低排放技术与高端制造装备""耦合增强电袋复合除尘装备"等国家重点研发计划课题 2 项及子课题 3 项，"燃煤烟气高温除尘脱硝超低排放一体化技术与装备的研发及应用"等省市重大科技项目 8 项。参与大气重污染成因与治理攻关总理基金项目子课题 1 项。

③组织实施企业技术开发项目 20 多项，覆盖烟气治理、废水处理、污泥处置等领

域。开发成功流线型低阻烟风道、湿法脱硫后有色烟羽治理、高温超净电袋、陶瓷滤筒尘硝一体化、VOCs废气治理等重大新技术新产品，已投入工业应用。

④完成"低低温静电除尘技术研发"国家科技支撑计划子课题、"静电除尘用脉冲高压电源研究开发"福建省区域发展项目等国家、省市科技项目验收。完成"湿法脱硫装置流场 CFD 模拟和物模试验技术研究"等 10 项企业技术开发项目验收。

⑤自主研发的"一种复式卧式湿式电除尘器"获福建省专利奖一等奖，"一种烟气除尘系统及其电除尘器"获第 18 届中国专利优秀奖，"WBE 型湿式电除尘器"获福建省标准贡献奖一等奖，"转炉煤气 HLG 干法深度净化与烟尘原位回用集成技术与应用"获环境保护科学技术奖二等奖；参与完成的"燃煤电站污染物超低排放协同控制技术及工程应用"获湖北省科技进步一等奖，"燃煤烟气汞及其他污染物协同控制技术研究与应用"获高等学校科学研究优秀成果奖技术发明奖二等奖，"新型烟气超低排放技术的研究与应用"获电力建设科学技术进步奖一等奖；自主研发的"LPC 型圆管带式输送机"获福建省首台（套）重大技术装备认定。

⑥ 2018 年关键核心技术新增授权专利 83 项，其中发明专利 16 项；新增制修订国家标准 1 项、行业标准 11 项。

6.2.3 中钢集团天澄环保科技股份有限公司（简称"中钢天澄"）

作为中国较早"走出去"的环保企业之一，中钢天澄积极开拓海外市场，在竞争激烈的国际市场中准确定位，增强自己的实力。2018 年，中钢天澄承接的土耳其 ISDEMIR 钢铁公司烧结机电除尘项目竣工，运行稳定。2018 年，中钢天澄承接的印度尼西亚德信钢铁有限公司年产 350 万 t 钢铁项目 2×230 m² 烧结工程烧结机头 2×480 m² 静电除尘项目，现正处实施阶段。针对烧结机头电除尘灰，进行资源化利用，从机头电除尘灰中提取氯化钾，同时富集回收铁铅银等金属元素，消除烧结灰中有害元素对钢铁生产的不利影响，实现烧结机头电除尘灰无害化资源化。该技术 2018 年受到钢厂的普遍关注。

6.2.4 浙江天洁环境科技股份有限公司（简称"浙江天洁"）

2018 年，浙江天洁对造纸碱回收黑液锅炉尾气超低排放系统、冷却凝聚高效除雾器、烧结机烟气消白系统、镍铁冶炼尾气处理超低排放系统 4 项产品进行研发，取得良好效果。"浙江省外国专家工作站"已正式落户浙江天洁，为企业高质量发展提供了有力保障。

6.2.5 南京国电环保科技有限公司（简称"南环科技"）

新一代的高频脉冲电晕在 VOCs 治理工程中得到应用，效果显著。南环科技自主研发的智慧脱硝、智能喷氨系统示范项目投入使用。在脱硝喷氨、除尘管理等方面，南环科技引入智能管控技术。纳秒级电源研发，已有实验室样机，2019 年将有工程应用。

6.2.6 兰州电力修造有限公司（简称"兰州电力"）

兰州电力自主研发的"无机膜法烟汽水回收利用技术"中试效果较为理想，目前正在靖远电厂进行工程验证，实验效果达到市场推广要求，已开展市场推广工作。

6.2.7 上海激光电源设备有限责任公司（简称"上海激光"）

高频恒流电源已形成主导产品，在湿除行业有很好的口碑和品牌效应。2018 年上海激光在砖瓦行业除尘配套方面取得很好的业绩。在各大钢铁集团超低排放改造配套运行。2018 年市场竞争激烈，钢厂除尘器改造成为销售热点，企业的 MEC（本体、电控、烟气调质）电除尘器 10 mg/m³ 达标排放改造已在多条 5000 t/d 水泥窑头的达标改造中取得长期稳定运行。2018 年企业加大投入纳秒级脉冲电源研发，已生产出首台样机，并开始工业化应用。

6.2.8 厦门绿洋环境技术股份有限公司（简称"厦门绿洋环境"）

①旋转极板电除尘技术从 2017 年示范应用后，2018 年已成为标配应用，共投运 9 台电除尘项目。截至 2018 年底，最长无故障运行达 13 个月。系统性设计及工艺、加工制作和现场安装技术已完全满足大规模推广要求。

②氧化铝熟料窑电除尘超低排放改造技术出口排放 ≤ 10 mg/m³，已经第三方检测机构达标案例 6 台，测试结果最低排放值 1.6 mg/m³，其中连续运行一年后的测试结果仍 ≤ 5 mg/m³，充分证明采用纯电除尘技术完全能满足排放 ≤ 10 mg/m³ 的改造要求。

③设备云助手远程移动终端监控技术已应用 4G 网络平台，通过手机 APP 实时监控各个电除尘项目的高低压电源运行数据，在电脑端远程设置调整控制参数，已在该公司的改造项目中普及应用。

6.2.9 广州广一大气治理工程有限公司（简称"广一大气"）

①2018 年，广一大气完成了广州市科技计划项目产学研协同创新重大专项产业技术研究专题项目"具有超高过滤精度的节能电膜除尘器的研究与开发"的研究开发。

②一种高精度高效率的电膜除尘器获得国家知识产权局实用新型专利授权以及广东省高新技术产品称号；"一种高效净化 PM$_{2.5}$ 的可清洗电膜空气净化机""一种锅炉烟气多种污染物深度治理装置"分别获得国家知识产权局实用新型专利授权。

③广州市珠江科技新星专项《专用于烟气超洁净排放处理系统的智能控制装置及配套电源的开发》获得政府立项。

6.2.10 河南中材环保有限公司（简称"河南中材环保"）

河南中材环保成功研发水泥厂 SCR 除尘脱硝一体化技术。

6.2.11 浙江佳环电子有限公司（简称"浙江佳环"）

浙江佳环主要研发和生产推广等离子脉冲电源、变频高压电源、适用于高温环境的高可靠性高频电源。

7 电除尘行业发展面临的问题及解决措施

7.1 共性问题

7.1.1 市场增量不足以支撑行业快速发展的需求

主要应用电除尘的煤电行业，其超低排放工作已趋于尾声，带来的市场增量不足以支撑行业快速发展的需求，行业发展重点将倾向非电行业。随着非电超低排放的工作推动，在钢铁行业电除尘技术主要应用于烧结机机头除尘、转炉干法一次除尘、球团回转窑主除尘和鼓干除尘、脱硫后湿法电除尘、转炉煤气湿法电除尘工艺，其他工艺应用电除尘的份额逐渐下降；近年来电除尘在水泥行业的市场占有率也呈现下降趋势。尽管非电行业超低排放为电除尘产业带来了一定的发展机遇，但电除尘如何满足非电行业标准、规范的要求，如何适应非电行业超低排放的需求，对电除尘产业提出了较大的挑战。

7.1.2 钢材大幅度涨价影响电除尘行业的生存发展

2016年1月至2018年10月，钢材价格涨幅超过100%，这对以钢材为主要原材料（约占90%）且供货周期较长的电除尘行业带来了极大的影响，使原本就处于微利的电除尘产品不仅无利可图，甚至出现合同越多亏损额越大的严重后果，极大影响了行业的生存发展。

7.1.3 市场竞争不规范制约了行业发展

市场低价竞争、缺乏规范，行业的利润较低，盈利能力不足。尽管市场越来越往品牌、资质、业绩、信誉、服务好的企业倾斜，但恶性竞争、低于成本价竞标等现象依然存在，使得行业利润率不高。存在部分厂家低价中标后设备质量和性能较差，长期运行不稳定，这给使用电除尘器的用户带来不好的使用体验，从而片面地认为电除尘技术不行，制约了产业发展。

7.1.4 在非电行业的应用受到一定的限制

随着排放标准的不断提高，电除尘技术在非电行业的应用受到一定的限制。国家及地方逐步加强非电行业的烟尘控制，但相应的电除尘技术的开发、创新速度不够快，针对非电行业烟尘特性的专项技术发展有待加快。

7.1.5 国际市场开拓不够

电除尘企业在海外市场开拓不够。主要原因是电除尘器对安装质量的要求较高，相对国内，国外的施工条件没有国内方便。受众多因素的影响，电除尘企业在海外市场抵御风险、赢利的能力偏弱。

7.2 解决措施

7.2.1 发挥行业协会的作用

中国环境保护产业协会电除尘委员会将充分发挥行业协会的作用，加大电除尘技术在非电行业的宣传力度，为电除尘技术厂家和非电厂家建立沟通桥梁，同时推广中外电除尘技术的成功应用案例，鼓励技术厂家加快电除尘技术的创新步伐，通过技术进步占领市场。

7.2.2 行业自救

针对钢材价格对行业长期带来的影响，行业直面危机，统一思想，进行行业自救。

2018 年 8 月 8 日，中国环境保护产业协会电除尘委员会召开第二十次主要企业法人联谊会。与会代表认为，连续上涨并居高不下的钢材价格已造成全行业普遍面临亏损的局面，需进行行业维权，并提出企业的共同诉求：一是对 2016 年 1 月以后签订（或之前签订但 2018 年执行）的除尘产品供货合同进行合理调价；二是在后续供需方签订的合同中允许加入因主要原材料价格变动而调整合同价格的"价格修正条款"，保障高质量地建设、运行大气污染治理设施，保证中国除尘技术装备行业的健康发展。

经过大量调研，并组织行业内的企业反复商讨，中国环境保护产业协会携手中国环保机械行业协会于 2018 年 11 月 8 日联名向国家发展和改革委员会、工业和信息化部、生态环境部和国有资产监督管理委员会呈报了《关于因钢材大幅涨价请求对除尘器产品调价予以支持的紧急报告》。

7.2.3 建立行业合理价格新体系

对于原材料涨价，中国环境保护产业协会电除尘委员会呼吁各企业要积极主动与用户沟通，将电除尘器调价的原因和企业及行业目前面临的困境充分与用户交流，争取各业主对电除尘器调价的理解和认同。业内各企业要协调一致采取调价行为，并通过此次调价，建立电除尘器行业新的、合理的价格体系，在此基础上，促进行业的有序竞争，将电除尘器产业引向良性循环轨道，达到业主和企业双赢、多赢的目标。业内企业共同努力，通过媒体的宣传及其他措施，引起政府有关部门及各业主对电除尘器行业产品低价位的高度关注，为建立行业合理价格新体系打下基础。

7.2.4 缓解低价竞争问题

低价竞争问题有望随着《政府采购货物和服务招标投标管理办法》《招标投标法》《招标投标法实施条例》等文件的出台得到有效缓解，但仍需国家相关部门进一步加大规范市场招标的力度，引导企业注重技术及结果，实现市场良性竞争。各企业应在激烈的市场竞争中做好自身的定位，有选择性地承接适合企业发展的项目。

7.2.5 发挥电除尘技术的优势

在非电行业，电除尘技术应与其他技术结合起来，走综合治理的技术路线，发挥电除尘技术的优势。

7.2.6 整合行业管理资源

整合行业管理资源，为行业会员在经营风险管控方面提供合理的建议。

附录：电除尘行业主要企业简介

1. 浙江菲达环保科技股份有限公司

浙江菲达环保科技股份有限公司是全球知名的燃煤电站除尘设备供应商，是中国环境保护产业协会电除尘委员会主任委员单位、中国环保机械行业协会理事长单位、环保机械行业标准化技术委员会主任委员和秘书处单位。公司主要从事燃煤电站及工业锅炉烟气环保岛大成套及固废处置、污水治理等环保工程 EPC、BOT、PPP 建设。2002 年公司股票在上海证券交易所发行上市（股票名称代码：菲达环保，600526）。公司注册资本 5.47 亿元，占地 2500 亩①，职工总数 3992 人，在美国、印度、新加坡等国家以及中国杭州、江苏等地设有研究院和产业基地，初步构建了国际化布局。

公司建有国家认定企业技术中心、国家级工业设计中心、全国示范院士专家工作站等创新平台，已承担实施国家"863"计划、国家重点研发计划等省、部级及以上项目 30 多项，获国家科技进步二等奖 1 项、省部级科技进步一等奖 11 项，拥有国家专利 175 项，起草国家、行业和浙江制造标准 115 项，牵头编制行业专著 3 部。公司产品已出口 30 多个国家和地区，100 万 kW 超超临界机组电除尘器国内市场占有率 60% 以上，荣获"全国单项冠军产品"称号。

2. 福建龙净环保股份有限公司

福建龙净环保股份有限公司是全国生态环保产业龙头企业之一，是国际知名的大气污染治理企业。公司创建于 1971 年，40 余年来专注于环保技术装备的研发、设计、制造、安装、调试、技术服务等，自主研制的电除尘、电袋除尘、袋式除尘、干法脱硫、湿法脱硫、烟气脱硝以及供电电源、节能系统、物料输送等环保装备广泛应用于电力、冶金、建材等领域的重点工程，全面达到国际水平。工业废水治理、VOCs 治理、固渣处理、生态修复、智慧环保、环保新材料等新业务快速发展。龙净环保股票 2000 年在上海证券交易所上市（股票代码：600388），成为全国除尘行业首家上市公司。公司现有资产总额 188 亿元，在北京、上海、西安、武汉、天津、宿迁、盐城、厦门等地建立了研发和生产基地，形成了东、西、南、北、中辐射全国的产业布局。

龙净环保是国家创新型企业、国家技术创新示范企业、全国知识产权示范企业、全国制造业单

---

① 1 亩≈666.67 m²，下同。

项冠军示范企业，建有国家企业技术中心、国家环境保护工程技术中心、国家地方联合工程研究中心、国际科技合作基地、博士后科研工作站等创新平台，先后承担了国家"863"计划、国家科技支撑计划、国际合作计划、国家重点研发计划以及福建省科技重大专项等 70 多项省、部级及以上攻关任务，核心技术获授专利 882 项（其中发明专利 210 项），起草并已发布实施国家和行业标准 97 项，获国家科技进步奖 2 项、省部级科学技术奖 43 项。

3. 中钢集团天澄环保科技股份有限公司

中钢集团天澄环保科技股份有限公司（中钢天澄）是中国环境保护产业协会骨干企业，科学技术部、国有资产监督管理委员会、全国总工会认定的创新试点企业，国家"火炬"计划重点高新技术企业，由中钢国际（SZ 000928）控股。

中钢天澄是中国环境保护产业协会电除尘专业委员会、袋式除尘专业委员会单位。拥有"国家工业烟气除尘工程技术研究中心""国家环境保护工业烟气控制工程技术中心""烟气多污染物控制技术与装备国家工程实验室"。

中钢天澄拥有生态建设和环境工程咨询甲级、环境工程（大气污染、固废）专项设计甲级、环境污染治理设施运营甲级等国家环境保护咨询、设计、总承包资质以及进出口、海外工程总承包、CE 认证资质等，是国内大型钢厂知名的烟气治理设备供货商，电力、建材、市政、石化行业主要环保设备供货商之一；在钢铁、电力、石化、建材、有色、市政等行业建成了数十项环境保护及清洁能源示范工程。

4. 浙江天洁环境科技股份有限公司

浙江天洁环境科技股份有限公司是综合大气污染防治解决方案的供应商，从事环保设备制造 20 余年，公司股票于 2015 年 10 月 12 日在香港联合交易所主板成功挂牌上市（股票代码：01527·HK）。

公司主要从事燃煤烟气超低排放一站式处理系统和工业废气超低排放一站式处理系统，产品包括：（干式、湿式、移动极板、高温、低低温）电除尘器、布袋除尘器、电袋复合除尘器，（干法、半干法、湿法）脱硫系统，（SCR、SNCR、氧化法）脱硝系统，烟气脱白系统，气力输送系统及造纸碱回收系统和工业废水零排放系统。公司的大气污染防治设备广泛应用于越南、韩国、泰国、印尼、马来西亚、印度、智利、巴拿马、俄罗斯等十余个国家。

公司拥有 ISO 9001 国际质量管理体系认证证书，GB/T 28001—2011/OHSAS 18001：2007 职业健康安全管理体系以及 GB/T 24001—ISO14001：2004 环境管理体系认证。美国机械工程师协会（The American Society of Mechanical Engineers）颁发的根据 ASME 锅炉和压力容器规范（ASME Boiler and Pressure Vessel Code）规定制造压力容器授权证书。CEM International Ltd.（CE 认可的权威认证机构或评测公司）颁发的 CE 合格证，确认公司的静电除尘器及袋式除尘器符合电磁兼容性指令的相关规定以及机械指令的相关必须健康和安全规定。

5. 西安西矿环保科技有限公司

西安西矿环保科技有限公司（西矿环保）总部位于西安市高新技术开发区，是专业从事工业烟气治理设备研发、设计、制造、安装、运营一条龙服务的大型环保企业，是中国环保产业骨干企业、国家高新技术企业，建有"陕西省工业烟尘治理技术研究中心"，通过了 ISO 9001、ISO 14001、ISO 45001 等体系认证及欧盟 CE 认证，获得多项国家级及省、部级荣誉和奖励。西矿环保制造基地位于西安经济技术开发区，年产能超 10 万 t，可为广大客户提供专业、快捷、周到的服务。

西矿环保在引进、消化德国鲁奇公司除尘、脱硫、脱硝技术的基础上，不断创新，持续改进，先后研发出静电除尘、布袋除尘、电袋复合除尘、高温除尘、转炉煤气 HLG 干法深度净化与烟尘原位回收及应用技术，以及烟气脱硫、脱硝系统等核心技术，可针对水泥、钢铁、电力、化工等不同工况，提供烟气超低排放治理岛全套技术及服务，为客户量身定制环境治理解决方案，全方位满足国家最新的"超低排放"要求。

6. 兰州电力修造有限公司

兰州电力修造有限公司隶属于中国能源建设集团装备有限公司，成立于 1965 年，主要经营燃煤电厂锅炉、钢铁高炉、化工供热、水泥炉窑等行业高压静电除尘器设计、制造、安装、大修、调试测试，备品配件供应，环保及电力技术开发、咨询、服务等业务。企业的电除尘器产品遍布全国 29 个省（区、市），并出口到印尼等东南亚国家。年销售额 4 亿～5 亿元，生产加工能力 5 万 t 以上，产值 5 亿元以上。公司 1996 年通过 ISO 9001 质量体系认证。2010 年被中国环境保护产业协会认定为环境保护产业骨干企业；2014 年通过了环境管理体系和职业健康安全管理体系认证；2015 年获得甘肃省高新技术企业；公司技术研发中心 2016 年获得"甘肃省企业技术中心"称号。

公司电除尘器产品曾荣获国家科技进步二等奖、国家优质产品金质奖、国家技术开发优秀奖、国家优秀新产品金龙奖、国家环保最佳实用 A 类技术、原水利电力部科技进步一等奖以及甘肃省优质产品等多项国家和省、部级奖励，起草并制定了中国电力行业燃煤电厂《电除尘器》（DL/T 514）标准；拥有实用新型专利 21 项，生产技术资质 16 项。公司可为客户提供设计、生产、技术咨询、售后服务等全方位的"一站式"服务。

7. 江苏科行环保股份有限公司

江苏科行环保股份有限公司是一家由上市公司广东科达洁能股份有限公司（股票代码：600499）控股的大气污染防治综合服务公司。专业从事电力、化工、建材、冶金、垃圾及生物质发电等行业烟气除尘除灰、脱硫脱硝等超低排放环保技术装备研制、工程设计、项目运营、工程总承包和第三方治理业务的国家重点高新技术企业。公司建有国家级企业技术中心、烟气多污染物控制技术与装备国家工程实验室、国家环境保护工业炉窑烟气脱硝工程中心、江苏省企业院士工作站、江苏省新型环保重点实验室等研发平台，获得国家专利 140 多项，并分别在江苏省盐城市、宁夏回族自治区石嘴山市建成占地 20 万 m² 的东部环保产业化基地、占地 13 万 m² 的西部环保产业化基地。

在发展战略方面，公司全力打造工业烟气综合治理一线品牌。在服务质量方面，公司以"精心设计、精益制造、精品上市、精诚服务"的质量方针、三级质量保障体系、全程跟踪服务机制等打造了多个精品工程。

8. 河南中材环保有限公司

河南中材环保有限公司是中国中材装备集团有限公司控股全资子公司，是中国环保产业骨干企业，先后获得全国环保科技先进企业、国家鼓励发展的重大环保技术依托单位、河南省创新型企业、河南省出口创汇先进企业、河南省高新技术企业、河南省文明单位等荣誉。公司通过 ISO 9001 质量体系认证、ISO 14000 环境体系认证、GB/T 28001—2001 和欧盟 CE 产品认证。公司自主研发的"LJP 长袋脉冲袋式除尘器"系列产品荣获"国家重点新产品""国家重点环保实用技术""河南省科技进步一等奖"等。

公司在大气除尘研究、产品开发、设备制造和安装领域具有优势，主导产品"中材环保牌"电收尘器和袋收尘器，能达到当代国际先进环保标准。公司产品广泛应用于建材、电力、冶金、化工等行业工业窑炉含尘气体的净化除尘，可为1万t/d新型干法水泥生产线和10万~90万kW火电机组配套环保除尘工程和装备。产品拥有16大系列156个规格型号，畅销全国并出口美国、德国、意大利、澳大利亚、马来西亚、津巴布韦等40多个国家和地区。

9. 浙江大维高新技术股份有限公司

浙江大维高新技术股份有限公司是一家研发、设计、生产和销售智能高压供电控制装置的高新技术企业。公司以高压电力电子智能控制技术为核心，依托能量智能优化软件和大功率高压电力电子技术，结合工程应用工艺，不断拓展高端应用领域。经过多年发展，公司的技术进步迅速，市场开拓连创新高，2018年实现主营业务收入2.5亿元，纳税3112万元，总资产超4亿元，员工人数216人。

公司是国家高新技术企业、省级专利示范企业、省级"守合同重信用"企业、中国环境保护产业协会电除尘委员会常委单位、大气净化标准化委员会委员单位，建有省级企业研究院、企业技术中心、高新技术企业研发中心和博士后工作站，持有住房和城乡建设部机电工程总承包和环保工程专业承包三级、住房和城乡建设部环境工程专项设计乙级资质。公司研发流程体系和实验设施完备，研发投入比重高，已承担各类科技计划30余项，获得授权各类专利90项，其中授权发明专利13项。研发完成的产品荣获各类奖项20余项，参与制定国家标准2项，行业标准3项，主导制定浙江制造标准1项。公司以现有产品为基础，立足于粉尘超低排放、等离子多种污染物协同脱除等应用领域，巩固产品在工业节能减排、超低排放、零排放治理领域的优势地位，持续加强新技术的融合创新，通过资本运作、人才资源整合，积极寻求并开发高性能多系列高压供电装置产品在更多领域的应用。

10. 南京国电环保科技有限公司

南京国电环保科技有限公司（南环科技）位于南京市国家级高新技术产业开发区，致力于提供锅炉烟气治理和过程监测、废水零排放等相关产业的产品、技术和整体解决方案，是中国电除尘器高频电源、脉冲电源以及烟气监测技术的领军企业。

南环科技坚持以科技创新引领企业发展，参与和承担了"燃煤电站多污染物综合控制技术研究与示范"等国家"863"计划，"二次细颗粒物主要前体物监测仪器开发与应用示范"等国家重大科学仪器设备开发专项，"电除尘高频电源研制"等国家重大产业技术开发专项等国家和省部级重点科技项目20余项。南环科技的多项研发技术先后获得了中国电力技术发明奖一等奖、中国电力科学技术进步一等奖、国家能源科技进步奖二等奖等省、部级奖励几十项；获得国家发明、实用新型专利等110余项；与中国科学院、中国环境监测总站、东南大学和南京航空航天大学等联合开展技术开发，共建了江苏省企业研究生工作站、研究生联合培养基地、校企联盟等。南环科技是科学技术部国家"火炬"计划重点高新技术企业、全国首批环保装备专精特新企业、中国环境保护产业骨干企业。公司产品被认定为高新技术产品。公司拥有环保工程总承包、环境治理设计和安全生产许可等资质，通过了三标体系认证。

11. 上海激光电源设备有限责任公司

上海激光电源设备有限责任公司是中国科学院上海光学精密机械研究所控股的高新技术企业，主要承担高功率激光装置能源系统恒流电源的研发、生产和现场集成。

恒流电源的核心技术源于激光装置能源系统中的单元技术。工频恒流电源的核心技术源于中国第一代神光-I高功率激光装置能源系统充电机技术；高频恒流电源的核心技术源于神光-II高功率激光装置能源系统充电机技术。公司掌握工频、高频恒流高压直流电源的核心技术，自有多项技术的发明专利，拥有30多年恒流电源设计、生产、配套的经验，是恒流源首创和行业标准的制定者。公司自主研发的高频恒流电源2008年开始应用于国家重大项目；2009年首创并致力于推广的电收尘MEC升级改造技术，是以最少的投入实现环境标准的升级优选途径。工频、高频恒流高压直流电源除在国家高功率激光装置上应用外，还在电力、建材、钢铁、有色、化工行业等静电沉积领域有广泛的应用。公司致力于为客户提供高效可靠的电源设备及静电除尘高、低压供电解决方案，产品畅销中外。

12. 厦门绿洋环境技术股份有限公司

厦门绿洋环境技术股份有限公司（股票代码：873025），始创于1996年，历经20多载执着追求与专注创新，已成为电除尘行业骨干企业，厦门市高新技术企业。拥有住房和城乡建设部颁发的环境工程乙级设计资质，建筑机电安装三级资质，安全生产许可证书。现任中国环境保护产业协会电除尘专业委员会常委委员单位，中国机械联合会大气净化设备技术标准委员会委员单位。

公司核心人员连续从事电除尘技术领域超过30年，曾发表学术论文30余篇，持有20项电除尘核心专利技术。涵盖了电除尘本体结构优化、流场优化、三相高效脉冲节能电源、智能振打控制以及远程智能手机在线监控等方面的综合技术创新。可为各种空间扩容受限的工程项目量身定制达标改造方案。已在中铝旗下氧化铝熟料窑全面实施，现已完成8台窑，排放值约5 mg/m^3，剩余4台窑正在实施；钢铁烧结机头电除尘改造工程，第三方检测结果为12.2 mg/m^3，持续稳定运行排放值≤15 mg/m^3。电除尘主营业务：2018年合同金额16 000万元，销售收入11 000万元。

13. 南京兴泰龙特种陶瓷有限公司

南京兴泰龙特种陶瓷有限公司前身为南京泰龙特种陶瓷有限公司，成立于1992年，是生产特种精密陶瓷的高新技术企业。公司的技术力量雄厚，生产工艺完善，测试手段齐全，是集科研、生产与经营于一体的先进陶瓷企业。

公司生产的"95% ～ 99%瓷"产品广泛用于军工、电力、冶炼、航空、电子、通讯、建材、铁路交通、广播电视、石油化工、机械等领域。特别适用于各种高强腐蚀条件下作耐磨、耐高温、耐高电压的绝缘构件和密封件；亦可在数十万伏的电位差之下用作各种运动机构的传力构件。产品销往北美、欧洲、南美、澳大利亚、印度、韩国、沙特、越南、南非、中东等国家和地区，在海内外享有较好声誉。

公司是国家绝缘子标准化技术委员会委员单位、全国环保产品标准化技术委员会环境保护机械分技术委员会委员单位及中国环境保护产业协会电除尘委员会配件专业组组长单位。公司于2001年由江苏省科技厅授予江苏省科技型企业、高新技术企业，2002年通过ISO 9001：2000质量体系认证，2009年通过ISO 9001：2008质量体系认证，获得美国英业捷/贝尔国际验证机构颁发的认证证书。2010年荣获6项实用新型专利证书，2012年获1项发明专利。

有机废气治理行业 2018 年发展报告

1 行业发展概况

自 2013 年国家发布《大气污染防治行动计划》（以下简称"大气十条"）以来，挥发性有机物（VOCs）污染防治逐渐成为中国大气污染防治的中心工作之一，VOCs 减排与控制工作取得了长足进步。2015 年修订的《大气污染防治法》，2016 年发布的《重点行业挥发性有机物削减行动计划》和《"十三五"节能减排综合工作方案》中都明确提出了 VOCs 减排控制要求及重点行业 VOCs 综合治理和配套政策标准的制定计划。2017 年原环境保护部、国家发展和改革委员会等六部门联合下发的《"十三五"挥发性有机物污染防治工作方案》，是目前实施挥发性有机物减排的指导性文件，方案指出以改善环境空气质量为核心，以重点地区为主要着力点，以重点行业和重点污染物为主要控制对象，持续推进 VOCs 减排工作，明确提出到 2020 年建立健全以改善环境空气质量为核心的 VOCs 污染防治管理体系，实施重点地区、重点行业 VOCs 污染减排，排放总量减少 10% 以上。

1.1 有关政策法规

1.1.1 国务院发布《打赢蓝天保卫战三年行动计划》

2018 年 7 月，国务院发布了《打赢蓝天保卫战三年行动计划》（以下简称《三年行动计划》）。该计划确定以京津冀及周边地区、长三角地区、汾渭平原等区域（以下称重点区域）为重点，持续开展大气污染防治行动，目标是经过三年努力，大幅度减少主要大气污染物排放总量，协同减少温室气体排放，进一步明显降低 $PM_{2.5}$ 浓度，提出到 2020 年 $PM_{2.5}$ 未达标地级及以上城市比 2015 年下降 18% 以上。《三年行动计划》强调推进重点行业污染治理升级改造，2018 年底前京津冀及周边地区基本完成治理任务，长三角地区和汾渭平原 2019 年底前完成，全国 2020 年底前基本完成；重点区域 SO_2、NO_x、PM、VOCs 全面执行大气污染物特别排放限值，强化工业企业无组织排放管控，大力推进 VOCs 和 NO_x 协同治理。

与国家政策相呼应，各地相继出台了适应本地区的省市级行动计划，确定了各地的控制重点区域，提出重点区域的重点污染物控制目标，重点在于推进产业布局调整，整治"散乱污"企业，强化工业挥发性有机物专项治理，加强工业企业无组织排放管理，科学制定应急减排和错峰生产措施，加强区域联防联控，严格禁止"一刀切"。上海、广东、四川、湖南、湖北、浙江、天津等省（市）还专门出台了针对挥发性有机物污染防治的行动实施方案。作为$PM_{2.5}$和臭氧（O_3）形成的关键前体物之一，在《三年行动计划》中VOCs的污染防治占有重要的地位。

1.1.2 秋冬季大气污染综合整治

秋冬季是大气污染较严重的时段，抓好秋冬季大气污染的综合治理是打赢"蓝天保卫战"的关键。2018年9月生态环境部等12部门联合北京、天津、河北、山东、山西、河南6省（市）制定了《京津冀及周边地区2018—2019年秋冬季大气污染综合治理攻坚行动方案》，该方案第一次提出秋冬季大气质量改善目标，即"2+26"城市（北京、天津以及河南、河北、山东、山西共计28个城市）$PM_{2.5}$平均浓度和重污染天数双双同比下降15%以上。相较于往年，2018年的大气治理行动方案没有统一规定限产比例，而是由各地根据产业结构、企业污染排放绩效情况，制定错峰生产实施方案，根据空气质量预报，灵活调整限产时间，对污染排放绩效水平高的环保标杆企业给予不限产等优惠举措，因地制宜、因企制宜，科学性和灵活性更强。

《天津市2018—2019年采暖季工业企业错峰生产工作方案》《天津市2018—2019年采暖季重点行业差别化错峰生产绩效评价指导意见》《河北省重点行业秋冬季差异化错峰生产绩效评价指导意见》出台并全面部署落实。2018年的错峰生产要求相比上一年，总体考虑是基于污染排放绩效水平，按行业将每个企业从不限产、不同比例限产到全部停产依次划分为3～5类，再结合企业是否有环保行政处罚、是否有淘汰限制类装备、是否涉及民生等指标予以适当调整，统筹确定企业限产比例，科学制定差别化停、限产措施，突出错峰生产调控的精准性、科学性和有效性。《长三角地区2018—2019年秋冬季大气污染综合治理攻坚行动方案》提出因地制宜推进重污染城市工业企业错峰生产，实施重点行业VOCs排放总量控制，分行业核定VOCs排放总量和削减量，实现10%以上的年度减排目标。按照"分业施策""一行一策"的原则，推进重点行业VOCs治理，2018年12月底前，各地完成重点工业行业VOCs综合整治及提标改造，实现稳定达标排放。近年来汾渭平原空气污染问题突出，污染程度仅次于京津冀及周边地区，部分空气质量指标甚至劣于京津冀区域，亟需加大治理力度。《三年行动计划》将汾渭平原纳入大气污染防治重点区域。为了有效应对重污染天气，发布了《汾渭平原2018—2019秋冬季大气污染综合治理攻坚行动方案》，推进秋冬季错峰生产和对企业实行差别化错峰管理。

1.1.3 重点区域实施大气污染物特别排放限值

《三年行动计划》中提出了重点区域SO_2、NO_x、PM、VOCs全面执行大气污染物特别排放限值的要求。近年来，河北、天津、安徽、陕西等省市均针对本辖区的重点行业发布了执行大气污染物特别排放限值的公告，对重点行业大气污染物排放标准进行了收严。2018 年 3 月 1 日起，京津冀大气污染传输通道"2+26"城市全面实施特别排放限值要求。江苏省自 2018 年 8 月 1 日起，对 13 个设区市新建项目执行 SO_2、NO_x、PM、VOCs 特别排放限值。广东省由珠三角 9 市扩展至全省范围内实施钢铁、石化、水泥行业执行大气污染物特别排放限值；对新建项目自 2018 年 9 月 1 日起执行，对钢铁、水泥行业现有企业自 2019 年 1 月 1 日起执行大气污染物特别排放限值；对石化行业现有企业自 2019 年 6 月 1 日起执行 SO_2、NO_x、PM 和 VOCs 特别排放限值。浙江省和湖北省也发布了执行特别排放限值的新要求。

从此前执行大气污染物特别排放限值地区的治理效果来看，执行特别排放限值的地区将会迎来工业排放大幅度下降的时期。相关地区特别限值的执行有助于治理技术装备的升级和企业竞争力的提高。

1.2 标准规范体系

《国家环境保护标准"十三五"发展规划》强调要积极推进 VOCs 污染控制，制定或修订汽车涂装、集装箱制造、印刷包装、家具制造、人造板、储油库、汽油运输、农药、制药、油漆涂料、纺织印染、船舶制造、干洗等行业大气污染物排放标准，制定 VOCs 无组织逸散控制标准。支撑面源污染治理，修订饮食业油烟污染物排放标准，加强餐饮油烟污染防治。大气环境监测分析方法标准方面，支撑石油化工、农药、纺织染整、制药等行业以及大气综合排放标准、恶臭污染物排放标准的制定或修订与实施，制定或修订有关 VOCs、恶臭污染物等大气污染物的环境监测分析方法标准。在此规划的基础上，国家和地方加强了相关标准制定工作的力度，特别是重点行业排放标准的制定与实施力度不断加强，VOCs 排放标准体系不断完善。

1.2.1 国家有关排放标准

2018 年国家对 VOCs 排放标准的制定或修订工作继续推进，VOCs 无组织排放标准，涂料油墨及胶黏剂、医药、农药、恶臭污染物、饮食业油烟、皮革制品和制鞋、铸造、电子等行业大气污染物排放国家标准已基本完成了制（修）定工作，部分标准有望近期发布实施（表 1）。新标准强调了从源头、过程和末端进行全过程控制，常规污染物的排放限值普遍收严，大幅度增加了涉及 VOCs 的控制项目（目前 VOCs 的控制项目已经拓展到了 76 项），实行排放限值与管理性规定并重的原则，明确了无组织排放的管理要求。

表1　涉 VOCs 国家大气污染物排放标准（截至 2018 年 12 月）

序号	标准名称	标准编号
1	恶臭污染物排放标准	GB 14554—1993
2	大气污染物综合排放标准	GB 16297—1996
3	饮食业油烟排放标准（试行）	GB 18483—2001
4	储油库大气污染物排放标准	GB 20950—2007
5	汽油运输大气污染物排放标准	GB 20951—2007
6	加油站大气污染物排放标准	GB 20952—2007
7	合成革与人造革工业污染物排放标准	GB 21902—2008
8	橡胶制品工业污染物排放标准	GB 27632—2011
9	炼焦化学工业污染物排放标准	GB 16171—2012
10	轧钢工业大气污染物排放标准	GB 28665—2012
11	电池工业污染物排放标准	GB 30484—2013
12	石油炼制工业污染物排放标准	GB 31570—2015
13	石油化学工业污染物排放标准	GB 31571—2015
14	合成树脂工业污染物排放标准	GB 31572—2015
15	烧碱、聚氯乙烯工业污染物排放标准	GB 15581—2016

1.2.2　地方有关排放标准

近年来各省（区、市）根据各地的产业结构和减排方向，加大了与 VOCs 排放相关的地方排放标准制定工作力度。截至 2018 年底，各地已发布与 VOCs 有关的排放标准：北京市 14 项（2018 年新发布 1 项），上海市 11 项（2018 年新发布 1 项），重庆市、山东省（2018 年新发布 3 项）各 6 项，广东省、浙江省（2018 年新发布 1 项）各 5 项，天津市（2018 新修订 1 项）、江苏省、湖南省、福建省（2018 新发布 3 项）各 3 项，河北省 2 项，宁夏回族自治区、陕西省、四川省各 1 项。

新发布的相关标准包括：北京市《餐饮业大气污染物排放标准》，上海市《畜禽养殖业污染物排放标准》，山东省《挥发性有机物排放标准 第 5 部分：表面涂装行业》《挥发性有机物排放标准 第 6 部分：有机化工行业》《有机化工企业污水处理厂（站）挥发性有机物及恶臭污染物排放标准》，浙江省《工业涂装工序大气污染物排放标准》，福建省《工业挥发性有机物排放标准》《工业涂装工序挥发性有机物排放标准》《印刷行业挥发性有机物排放标准》。天津市新修订了《恶臭污染物排放标准》，在保留原标准 6 个控制项目基础上，增加了 11 项恶臭污染物排放控制项目，同时收严了部分恶臭污染物排放控制要求，增加了对污染源责任主体的恶臭排放管理要求，明确了应对恶臭污染物排放系统和污染防治设施定期维护保养要求。除了已经发布的标准之外，尚有一批标准正在制定或修订过程中，包括北京市《加油站油气排放控制和限值标准》，广东省《电子设备制造业挥发性有机化合物排放标准》，辽宁省《印刷业挥发性有机物排放标准》《工业涂装工序大气污染物排放标准》，贵州省《工业企业挥发性有机物排放控制标准》等（表2）。

表 2　涉 VOCs 地方大气污染物排放标准汇总（截至 2018 年 12 月）

序号	标准名称	编号
	北京市	
1	储油库油气排放控制和限值	DB 11/206—2010
2	油罐车油气排放控制和限值	DB 11/207—2010
3	加油站油气排放控制和限值	DB 11/208—2010
4	铸锻工业大气污染物排放标准	DB 11/914—2012
5	防水卷材行业大气污染物排放标准	DB 11/1055—2013
6	炼油与石油化学工业大气污染物排放标准	DB 11/447—2015
7	印刷业挥发性有机物排放标准	DB 11/1201—2015
8	木质家具制造业大气污染物排放标准	DB 11/1202—2015
9	工业涂装工序大气污染物排放标准	DB 11/1226—2015
10	汽车整车制造业（涂装工序）大气污染物排放标准	DB 11/1227—2015
11	汽车维修业大气污染物排放标准	DB 11/1228—2015
12	大气污染物综合排放标准	DB 11/501—2017
13	有机化学品制造业大气污染物排放标准	DB 11/1385—2017
14	餐饮业大气污染物排放标准	DB 11/1488—2018
	上海市	
1	半导体行业污染物排放标准	DB 31/374—2006
2	生物制药行业污染物排放标准	DB 31/373—2010
3	餐饮业油烟排放标准	DB 31/844—2014
4	汽车制造业（涂装）大气污染物排放标准	DB 31/859—2014
5	印刷业大气污染物排放标准	DB 31/872—2015
6	涂料、油墨及其类似产品制造工业大气污染物排放标准	DB 31/881—2015
7	大气污染物综合排放标准	DB 31/933—2015
8	船舶工业大气污染物排放标准	DB 31/934—2015
9	恶臭（异味）污染物排放标准	DB 31/1025—2016
10	家具制造业大气污染物排放标准	DB 31/1059—2017
11	畜禽养殖业污染物排放标准	DB 31/1098—2018

序号	标准名称	编号
	重庆市	
1	汽车整车制造表面涂装大气污染物排放标准	DB 50/577—2015
2	大气污染物综合排放标准	DB 50/418—2016
3	摩托车及汽车配件制造表面涂装大气污染物排放标准	DB 50/660—2016
4	汽车维修业大气污染物排放标准	DB 50/661—2016
5	家具制造业大气污染物排放标准	DB 50/757—2017
6	包装印刷业大气污染物排放标准	DB 50/758—2017
	山东省	
1	挥发性有机物排放标准 第1部分：汽车制造业	DB 37/2801.1—2016
2	挥发性有机物排放标准 第3部分：家具制造业	DB 37/2801.3—2017
3	挥发性有机物排放标准 第4部分：印刷业	DB 37/2801.4—2017
4	挥发性有机物排放标准 第5部分：表面涂装行业	DB 37/2801.5—2018
5	挥发性有机物排放标准 第6部分：有机化工行业	DB 37/2801.6—2018
6	有机化工企业污水处理厂（站）挥发性有机物及恶臭污染物排放标准	DB 37/3161—2018
	广东省	
1	家具制造行业挥发性有机化合物排放标准	DB 44/814—2010
2	包装印刷行业挥发性有机化合物排放标准	DB 44/815—2010
3	表面涂装（汽车制造业）挥发性有机化合物排放标准	DB 44/816—2010
4	制鞋行业挥发性有机化合物排放标准	DB 44/817—2010
5	集装箱制造业挥发性有机物排放标准	DB 44/1837—2016
	浙江省	
1	生物制药工业污染物排放标准	DB 33/923—2014
2	纺织染整工业大气污染物排放标准	DB 33/962—2015
3	化学合成类制药工业大气污染物排放标准	DB 33/2015—2016
4	制鞋工业大气污染物排放标准	DB 33/2046—2017
5	工业涂装工序大气污染物排放标准	DB 33/2146—2018
	天津市	
1	工业企业挥发性有机物排放控制标准	DB 12/524—2014
2	餐饮业油烟排放标准	DB 12/644—2016
3	恶臭污染物排放标准	DB 12/059—2018
	江苏省	
1	表面涂装（汽车制造业）挥发性有机物排放标准	DB 32/2862—2016
2	化学工业挥发性有机物排放标准	DB 32/3151—2016
3	表面涂装（家具制造业）挥发性有机物排放标准	DB 32/3152—2016

序号	标准名称	编号
	湖南省	
1	家具制造行业挥发性有机物排放标准	DB 43/1355—2017
2	表面涂装（汽车制造及维修）挥发性有机物、镍排放标准	DB 43/1356—2017
3	印刷业挥发性有机物排放标准	DB 43/1357—2017
	福建省	
1	工业挥发性有机物排放标准	DB35/1782—2018
2	工业涂装工序挥发性有机物排放标准	DB35/1783—2018
3	印刷行业挥发性有机物排放标准	DB35/1784—2018
	河北省	
1	青霉素类制药挥发性有机物和恶臭特征污染物排放标准	DB 13/2208—2015
2	工业企业挥发性有机物排放控制标准	DB 13/2322—2016
	宁夏回族自治区	
1	煤基活性炭工业大气污染物排放标准	DB 64/819—2012
	四川省	
1	固定污染源大气挥发性有机物排放标准	DB 51/2377—2017
	陕西省	
1	挥发性有机物排放控制标准	DB 61/T1061—2017

1.2.3 监测标准与技术规范指南的制定

截至 2018 年底，生态环境部发布了《环境空气挥发性有机物气相色谱连续监测系统技术要求及检测方法》（HJ 1010 —2018）、《环境空气和废气 挥发性有机物组分便携式傅里叶红外监测仪技术要求及检测方法》（HJ 1011—2018）、《环境空气和废气 总烃、甲烷和非甲烷总烃便携式监测仪技术要求及检测方法》（HJ 1012—2018）、《固定污染源废气非甲烷总烃连续监测系统技术要求及检测方法》（HJ 1013—2018）4 项监测标准，自 2019 年 7 月 1 日起实施。

上海市出台系列技术规范，如《环境空气有机硫在线监测技术规范》（DB 31/T 1089—2018）、《环境空气非甲烷总烃在线监测技术规范》（DB 31/T 1090—2018）、（沪环保防〔2018〕369 号）文件发布的《设备泄漏挥发性有机物排放控制技术规范》、《餐饮业油烟污染控制技术规范（试行）》等。

炼焦工业、农药制造工业、汽车制造业、人造板制造业、家具制造工业、印刷工业、涂料油墨工业等污染防治可行技术指南正在制定中，部分行业指南有望在 2019 年颁布。

1.3 排污管理制度建设

排污监管制度建设方面，《排污许可管理办法（试行）》2018年正式实施，《排污许可管理条例（征求意见稿）》《固定污染源排污许可分类管理名录（征求意见稿）》，公开征求意见，以"按证排污、持证排污"为原则的基础性污染源管理制度框架基本确立。截至2018年底，已发布了总则和农药制造、纺织印染、汽车制造等多个涉VOCs排放行业的排污许可证申请与核发技术规范；总则和石油化学、制药、农药制造等多个涉VOCs排放行业的排污单位自行监测技术指南。2020年前VOCs重点排放行业都将推行排污权许可证制度，VOCs排放企业都将建立VOCs自行监测、台账记录和定期报告的体系，将进一步推动中国VOCs污染防治工作进入精细化管理阶段。2018年颁布的《2018年重点地区环境空气挥发性有机物监测方案》和《关于加强固定污染源废气挥发性有机物监测工作的通知》，则从建立统一的监测体系和VOCs治理效果的评估机制的角度，使VOCs污染排放实现了闭环管理，具备了较为完整的管理框架。

1.4 环保税法正式实施

新的《中华人民共和国环境保护税法》及《中华人民共和国环境保护税法实施细则》出台并于2018年正式实施后，《挥发性有机物排污收费试点办法》依法废止，对VOCs核算和收费制度的探索，为环保税法的顺利实施提供了经验。由于检测方法和计量办法等方面的限制，目前尚不具备全面征收VOCs环境保护税的条件，现阶段《中华人民共和国环境保护税法》规定的应税污染物中只包含了VOCs中的部分污染物。

该法对不同危害程度的污染因子设置差别化的污染当量值，对高危害污染因子多征税。这种政策处理有利于引导企业改进工艺，减少污染物排放，特别是高危污染物的排放。应税大气污染物的税额幅度为每污染当量1.2元至12元。考虑到不同地区污染程度不同，治理的紧迫性不同，不同地区的税额税目不同。从目前各地发布的方案来看，环保税税额标准相对较高的有北京、上海、天津、河北、山东等省（市）。北京按最高上限收费，每污染当量收费12元。另一些地方则按照法定最低限额征收，如陕西、青海、甘肃、宁夏、新疆等省（区），多集中于西部地区。

1.5 完善监测管理体系

2016年11月，原环境保护部印发《"十三五"环境监测质量管理工作方案》，该方案是"十三五"时期环境空气自动监测质量管理的重要指导性文件，为今后一段时期开展环境空气自动监测质量管理工作提供了基本准则。2017年9月中共中央办公厅、国务院办公厅印发《关于深化环境监测改革提高环境监测数据质量的意见》，提出到2020年，全面建立环境监测数据质量保障责任体系，健全环境监测质量管理制度。北京、河南、四川、浙江、天津等省（市）出台了深化环境监测改革提高环境监测数据质量实施方案，提出了具体的实施建议，提出要严厉惩处环境监测数据弄虚作假行为，加强对监测行业的监管，对发现篡改、伪造监测数据的要依法依纪追究责任。

VOCs 的监测是掌握 VOCs 排放及治理情况，全面加强 VOCs 污染防治工作的基础。2017 年 12 月 26 日，原环境保护部印发《关于印发 2018 年重点地区环境空气挥发性有机物监测方案的通知》（环办监测函〔2017〕2024 号），该方案明确了需要进行 VOCs 监测的城市，并对于具体点位布设、监测项目、监测时间频次、监测方法、数据传输及监测操作规程等做出了详细规定。2018 年初，为掌握固定污染源废气挥发性有机物排放情况，原环境保护部印发《关于加强固定源废气挥发性有机物监测工作的通知》（环办监测函〔2018〕123 号），用于指导地方做好对挥发性有机物重点排污单位的专项监测工作。

《江苏省固定污染源废气挥发性有机物监测工作方案》《内蒙古自治区固定污染源废气挥发性有机物检查监测工作方案》等，提出强化排污单位自行监测，加强工业园区监测监控，建立 VOCs 排污单位名录库，开展 VOCs 专项检查监测等。上海市在挥发性有机物监测管理方面已经形成较完善的体系，2016 年发布的《上海市固定污染源非甲烷总烃在线监测系统安装及联网技术要求（试行）》和《上海市固定污染源非甲烷总烃在线监测系统验收及运行技术要求（试行）》等，是企业开展运行维护的重要依据。2018 年原上海市环境保护局印发《上海市固定污染源废气挥发性有机物监测工作方案》《上海市固定污染源挥发性有机物在线监测体系建设方案》，对固定污染源挥发性有机物监测的实施范围、安装要求等进行了规定；《上海市深化环境监测改革提高环境监测数据质量实施方案》（沪委办〔2018〕19 号）、《上海市环境监测数据弄虚作假行为调查处理办法》等，对违法行为起到了一定的震慑作用。在贯彻落实生态环境部印发的《生态环境监测质量监督检查三年行动计划（2018—2020 年）》（环办监测函〔2018〕793 号）的基础上，上海市 2018 年 12 月发布《上海市生态环境监测质量监督检查三年行动计划（2018—2020 年）》，对今后三年的监测机构检查、运维质量检查和排污单位检查等方面的环境监测质量监督检查工作提出了明确要求。全面加强固定污染源挥发性有机物监测，进一步掌握 VOCs 排放及治理情况，切实加强 VOCs 排污单位监督管理，为实现 2020 年建立健全以改善环境空气质量为核心的 VOCs 污染防治管理体系夯实了基础。

1.6 严格监管执法

2018 年 9 月，生态环境部发布《关于进一步强化生态环境保护监管执法的意见》（环办环监〔2018〕28 号），压实企业及其主要负责人生态环境保护责任。

2018年8月，生态环境部启动"千里眼计划"，2018年10月前对京津冀及周边地区"2+26"城市等进行重点监管，10月起实施范围增加汾渭平原11城市，2019年2月起增加长三角地区41城市，从而实现对重点区域的热点网格监管全覆盖。大力推进非现场监管执法，加快建设完善污染源实时自动监控体系，依托在线监控、卫星遥感、无人机等科技手段，充分发挥物联网、大数据、人工智能等信息技术作用，打造监管大数据平台，推动"互联网＋监管"，提高生态环境保护监管智慧化、精准化水平。

当前，重点区域空气质量持续改善，但个别地区污染仍然较重。京津冀地区仍然是全国环境空气质量最差的地区，河北、山西、天津、河南、山东等省（市）优良天气比例仍不到60%，汾渭平原更是近年来大气污染水平不降反升，严重反弹的区域。为进一步改善京津冀及周边地区、汾渭平原及长三角地区等重点区域（以下简称"重点区域"）环境空气质量，2018年6月全面启动了重点区域强化督察工作。在前期督查经验的基础上，2018年中共中央、生态环境部、各省（区）等各级环境保护督察继续落实，效果显著。2018年10月16日至23日，第一批河北、内蒙古、黑龙江、江苏、江西、河南、广东、广西、云南、宁夏10省（区）中央环境保护督察"回头看"全部完成督察反馈工作。

2 治理技术进展

近年来，大气污染防治技术中的VOCs治理技术得到了快速发展和提升。主流的治理技术（如吸附技术、焚烧技术、催化技术）不断发展和完善，生物治理技术的适用范围不断拓宽，一些新的治理技术（如常温催化氧化技术、低温等离子体破坏技术、光解技术、光催化技术等）也在不断发展完善。此外，针对不同的污染源，各类集成净化技术和组合净化工艺逐渐得以完善。

2.1 吸附技术及进展

2.1.1 吸附技术

按脱附方式划分主要有变温吸附技术和变压吸附技术两种。因脱附介质不同，变温吸附技术分为低压水蒸气脱附再生技术、氮气保护脱附再生技术和热空气脱附再生技术。其中，低压水蒸气脱附再生技术应用最为广泛，主要用于各类有机溶剂的吸附回收；氮气保护脱附再生技术与水蒸气脱附再生技术相比，安全性高，在包装印刷行业的应用最为广泛，目前逐步拓展到其他行业；热空气脱附再生技术目前在工程上主要应用于蜂窝状活性炭的再生（也有部分应用于颗粒活性炭和活性炭纤维的再生），用于低浓度VOCs废气的净化，通常和催化燃烧装置配合使用。真空（降压）解吸再生技术主要应用在高浓度的油气回收和储运过程的溶剂回收领域。目前在VOCs治理中常用的吸附材料主要包括颗粒活性炭、蜂窝活性炭、活性炭纤维、改性沸石以及硅胶等。

在大部分的工业行业中，VOCs是以低浓度、大风量的形式排放的，为了降低治理费用，通常先利用吸附材料对低浓度废气进行吸附浓缩，然后再进行冷凝回收、催化燃烧或高温焚烧处理。在包装印刷、石油化工、化学化工、原料药制造、涂布等行业中，吸附＋冷凝回收工艺因具有一定的经济效益而得到广泛应用。低浓度的废气吸附浓缩后，一般采用燃烧装置进行净化，旋转式沸石（分子筛）吸附浓缩技术（盘式转轮和立式转塔，采用多种类型的硅铝分子筛配伍作为吸附剂）是很多行业低浓度 VOCs 治理的主流技术。该技术的净化效率较高，尾气排放浓度稳定，采用高温热气流再生时安全性高，应用范围广，是目前诸如汽车制造等喷涂行业的最佳治理技术。

2.1.2 吸附材料及关键设备

颗粒活性炭是 VOCs 治理中应用最广泛的吸附材料，近年来朝着技术含量和附加值增高的方向发展，如不同类型的溶剂（含氯溶剂、酮类溶剂等）回收用活性炭、油气回收专用活性炭等。疏水改性硅铝分子筛是沸石转轮的关键吸附材料，日本的一些企业在多年前即掌握了该技术，并得到了大量的应用。近年来中国的企业在硅铝分子筛的改性技术方面也取得了进展，并实现了工程应用，技术水平接近国际水平。在活性炭纤维制造方面，除了黏胶基纤维以外，在高性能的聚丙烯腈基和酚醛树脂基活性炭纤维研制方面也取得了重要进展。

近年来，中国的颗粒活性炭、活性炭纤维溶剂吸附回收技术的水平显著提升，已有大量应用。在水蒸气再生工艺中，吨溶剂的水蒸气用量减少，降低了设备运行成本；氮气再生工艺设备不断得到完善，逐步应用于除包装印刷以外的其他行业；盘式转轮的制造技术得到了突破，技术水平接近国际水平，目前已形成多品牌多型号的吸附转轮产品。

2.2 燃烧技术

2.2.1 高温焚烧技术

高温焚烧技术是目前 VOCs 治理的主流技术之一，一般来说，适合用于较高浓度有机废气的治理，如汽车制造、化工、工业涂装、制药等行业。工业有机废气因大部分具有大风量、低浓度的特点，因而在单纯高温焚烧技术的应用方面受到限制。

2.2.2 蓄热燃烧技术

蓄热燃烧技术的主体是蓄热燃烧装置（RTO），指将工业有机废气进行燃烧净化处理，并利用蓄热体对待处理废气进行换热升温、对净化后排气进行换热降温的装置。与直接燃烧技术相比，蓄热燃烧技术因具有热回收效率高、适用浓度范围广、设备运行费用低等优点而成为VOCs治理的主流技术之一。

2.2.3 材料进展

具有高热容量的陶瓷蓄热体是RTO中蓄热系统的关键材料，采用直接换热的方法将燃烧尾气中的热量蓄积在蓄热体中，高温蓄热体直接加热待处理废气，换热效率可超过90%，而传统的间接换热器的换热效率一般为50%～70%。目前，新型的多层板片组合式陶瓷蜂窝填料应用较为广泛，该材料的特点在于每个薄片上开有沟槽，两片组合后构成内部相通的通道，使气流可以横向和纵向通过填料，在达到相同的热效率条件下，所需的容积比传统的陶瓷蜂窝体少，堆体密度、比表面积、孔隙率等与传统的陶瓷蜂窝体性能接近。

2.2.4 关键设备进展

蓄热燃烧装置可分为固定式蓄热燃烧装置和旋转式蓄热燃烧装置，应根据废气来源、组分、性质（温度、湿度、压力）、流量等因素，综合分析后选择应用。固定式RTO根据蓄热体床层的数量分为两室或多室，目前三室RTO应用最为广泛。旋转式RTO的蓄热体是固定的，利用旋转式气体分配器来改变进入蓄热体气流的方向，其外形呈圆筒状。旋转式RTO气流切换装置较复杂，但结构较紧凑，占地面积小，近年来已被大量应用。

2.3 催化氧化技术

催化氧化技术又称催化燃烧技术，是VOCs治理的主流技术之一。与高温焚烧技术相比，使用催化剂降低反应的活化能，使有机物在较低温度下氧化分解，设备的运行费用较低。催化燃烧技术适用于中高浓度有机废气的治理。

蓄热催化燃烧技术是在催化燃烧的基础上增加直接换热装置，以提高热能回收效率。热能回收原理和蓄热燃烧技术相同。催化剂和蓄热体是蓄热催化燃烧装置的关键材料。VOCs氧化催化剂一般分为贵金属催化剂和稀土金属氧化物催化剂，其中贵金属催化剂的应用最为广泛。目前市场上催化剂的性能差异较大，各种催化剂的贵金属含量、催化效率、催化剂寿命等缺乏标准规范，存在虚标贵金属含量的问题。常规喷漆废气的催化剂产品比较成熟，其他类型催化剂的性能有待提高。

2.4 生物净化技术

生物净化技术具有设备简单、投资及运行费用低、无二次污染等优点。近年来，采用生物净化技术处理有机废气的研究进展很快，各种生物菌剂和新的生物填料的开发不断深入，适用范围不断拓宽，除了在除臭领域的应用外，已成为某些行业低浓度、易生物降解有机废气治理的主要技术之一。针对废气组分性质差异化的特点，目前已开发了以生物净化为主的组合净化工艺，通过反应过程定向调控，显著提高了气态污染物的水溶性和可生物降解性，并把其作为生物净化的预处理或深度处理工艺，实现了难生物降解、低水溶性气态污染物的深度净化。

通过定向筛选，已从自然界获得了许多特定污染物的高活性降解菌，其中也包括能在低湿度、低 pH 环境中生存的、具有较大比表面积的真菌。针对传统化工填料的缺陷，开发了一系列新型滴滤填料，如空心多面柱、纹翼多面球、营养缓释填料等，并已在不同的工业废气净化设施中得到了应用。

通过关键材料（高效降解菌、复合菌剂、生物填料）的开发和工艺设备（板式滤塔、两相反应器等）的创新，突破了传统废气生物净化技术中存在的技术瓶颈，目前已经应用于低浓度的苯系化合物、酯、醇、醛等 VOCs 废气的净化。

2.5 其他净化技术

采用低温等离子体和贵金属氧化催化剂的集成净化技术也取得了一定的进展，前端低温等离子体产生的 O_3、OH 等氧化剂和后端的贵金属催化剂在常温下进行催化氧化，净化效率比单一的催化技术有了较大幅度的提高，在低浓度的恶臭异味净化领域有一定的应用前景。

臭氧协同常温催化氧化技术是采用常温催化剂，在臭氧辅助下可以促进大部分异味化合物的分解，净化效率高，近年来在制药、农药、化工、工业废水尾气处理等行业得到了较多的应用。

3 市场特点及重要动态

《大气十条》实施以来，中国的 VOCs 治理市场逐步启动。随着 VOCs 污染控制的相关政策法规、标准规范和管理制度体系的逐渐完善，特别是 2016 年开始的环保督察行动的推动，VOCs 的治理市场在 2017—2018 年开始爆发。VOCs 的减排和污染防治工作涉及产业结构调整、清洁生产水平提升、末端治理设施建设和检测 / 监测 / 监管能力的提升等方面。

3.1 源头减排

很多行业 VOCs 的减排首先是提高清洁生产水平，从源头上实现 VOCs 的减排。源头减排涉及企业的提质改造，包括生产工艺、生产设备和原材料的更新与改进。如汽车和家具生产行业喷涂生产线的改造，更换水性涂料或低 VOCs 含量的涂料；包装印刷行业复合与印刷生产工艺改进，更换水性油墨和水性胶黏剂等。从短期来看，生产工艺、生产设备改进投入大，但从长期来看，可以促进产业升级，提高企业的核心竞争力。由于目前中国很多行业尚处于粗放型生产阶段，源头减排的潜力巨大，由此催生的环保型原材料，如涂料、油墨、胶黏剂、清洗剂等的市场需求巨大。

《三年行动计划》中提出了"重点区域禁止建设生产和使用高VOCs含量的溶剂型涂料、油墨、胶黏剂等项目"的要求，生态环境部正在制定《低挥发性有机化合物含量涂料产品技术要求》国家推荐标准，将对涂料涂装及相关行业产生重大影响。过去三年，北京、上海、深圳、江苏等省（市）纷纷制订了汽车、家具、包装印刷等行业环保型涂料、油墨、胶黏剂替代计划。首个京津冀区域环境保护标准《建筑类涂料与胶黏剂挥发性有机化合物含量限值标准》（DB 11/3005—2017）颁布实施。深圳市出台了《生产、生活类产品挥发性有机物含量限值》《家具成品及原辅料中有害物质限量》等标准，在家具产品制造过程中，将全面禁止使用溶剂型涂料、胶黏剂等。另外，集装箱制造行业启动了行业自律行动，开始全面推动水性涂料的使用，包装印刷行业也开始大力推进无溶剂复合工艺等。

3.2 过程控制

过程控制主要包括两方面：一是加强生产过程控制，减少设备和管线的泄露；二是完善废气收集措施，减少废气的无组织逸散。泄露检测与修复（LDAR）是石化行业VOCs减排的重点，近年来逐渐扩展到化工、制药等行业。提高清洁生产水平，完善废气的收集是进行末端治理的前提，《"十三五"挥发性有机物污染防治工作方案》中明确提出了重点行业的收集效率要求。受行业和生产工艺的限制，前端VOCs废气的收集往往比较困难，收集费用也较高，在治理费用中通常占比较高。目前，废气收集技术已逐渐得到工程公司的重视，出现了一些具有较强技术实力的专门从事通排风和废气收集的工程公司和设计团队。在过程控制中，包装印刷和喷涂行业中废气的循环增浓技术（ESO）得到了广泛应用，通过废气循环提高废气浓度，达到一定浓度时直接使用RTO等进行焚烧处理，省去了沸石转轮等吸附浓缩的环节，达到了节能和降低设备费用的目的。

过程控制的标准规范方面，原上海市环境保护局于2018年1月发布《存储过程挥发性有机物排放控制技术规范（试行）》，用于规范挥发性有机物储存和装卸过程的管理，减少过程中挥发性有机物的排放。2018年9月，原上海市环境保护局发布《设备泄漏挥发性有机物排放控制技术规范》，规定了石油炼制、煤炭加工、基础化学原料制造、农药制造、涂料油墨胶黏剂及类似产品制造等十大行业中设备泄漏检测与修复技术要求、设备泄漏排放控制要求，以及规范的实施与监督要求等。

3.3 末端治理

据不完全统计，VOCs排放所涉及的行业至少在120个以上（按照工业行业分类表进行统计），其中年排放量超过 1 万 t 的行业约有 50 个，有的行业（如包装印刷、黏胶带生产等）甚至超过百万吨。近年来虽然一些污染源已得到治理，但尚有大量的污染源需要进行治理或进行治理设施的升级改造。

除了工业源以外，还有大量的生活源，如餐饮油烟、汽车维修（4S 店）、加油站、垃圾转运与处理站等产生的 VOCs 和异味源也需要进行治理。随着政策、法规的不断完善和排放标准的陆续颁布实施，特别是环保督察行动的开展、特别排放限值的实施，污染源治理市场继续稳步扩大。

3.4 第三方运营服务

第三方运营服务将会成为今后 VOCs 治理的一个发展趋势，但由于中国 VOCs 治理工作起步较晚，第三方服务市场目前尚在培育过程中。

3.4.1 饱和活性炭集中再生平台

在诸如喷涂（如 4S 店喷涂）、印刷（包装印刷和书刊印刷）、化工、制药等行业中，存在大量分散的小型 VOCs 排放企业，VOCs 的排放量小、排放浓度低，这些企业首选的治理技术是活性炭吸附技术。基于单个企业建立相应的活性炭再生系统费用高，处置活性炭的费用高，采用集中收集吸附饱和的活性炭，建立统一的活性炭异位（地）再生平台，是目前最为可行且成本较低的一种治理模式。目前已在山东、河北和江苏等地建立了活性炭的集中再生基地，每个再生基地的活性炭年再生量全部达到了几万吨的规模，很好地解决了分散吸附后活性炭的循环利用问题。该模式被认为是工业园区（如化工园区、制药园区、纺织印染园区）等中小企业集中区域 VOCs 治理的一个可行的低成本解决办法。

3.4.2 回收溶剂集中提纯利用中心

在很多行业中，如包装印刷、服装涂布整理、化工、制药、纺织印染、锂电池生产、化纤生产等行业，溶剂使用量大，进行溶剂回收具有很好的经济效益。随着各地对工业园区综合治理规划的实施，引入第三方运营机制，建立统一的溶剂提纯回收中心，是一种较理想的运营模式。目前已有锂电池行业、服装涂布行业、包装印刷行业等采用该模式进行 VOCs 的综合治理，取得了很好的治理效果。

3.4.3 集中喷涂中心

喷涂行业是 VOCs 排放的最大来源，而大量存在的汽修、金属加工、家具生产等小型企业的 VOCs 治理非常困难，也是困扰地方政府的一大难题。为了解决汽修等行业 VOCs 污染和异味扰民的问题，便于喷涂废气进行集中治理，目前北京等地已开始探索建立集中喷涂中心（钣喷中心）。多个地区在 VOCs 治理规划中也已提到，在有条件的园区可以考虑建立集中的喷涂中心，统一建设废气治理设施。集中喷涂中心可采用第三方运营机制，由第三方负责建设和运行，解决该行业 VOCs 治理的难题，具有良好的应用前景。

3.4.4 检 / 监测服务

随着环境监管要求的趋严，检 / 监测服务市场得到迅速发展。政府不具备相应的检 / 监测人员和技术条件，政府购买服务、第三方公司负责检 / 监测数据等新模式将是环境治理的新方向。

由于 VOCs 的种类多，排放条件复杂，检 / 监测已经成为目前制约 VOCs 治理的一个关键问题，检 / 监测市场需求巨大。VOCs 检 / 监测市场主要包括三方面：①对污染源的常规检测。污染源的常规检测主要是为污染治理设备的选择与建设提供基础数据，也为生态环境部门的执法服务。②污染源的在线监测。为了对污染源进行有效监管，工业固定源（特别是较大型的污染源）的在线监测是发展趋势。目前大部分省（区、市）已明确规定了 VOCs 污染源的在线监测要求。③环境空气质量监测站点的建设。之前大部分地区在进行环境空气质量监测站点的建设时未考虑 VOCs 的检测，增加总 VOCs 和非甲烷总烃检测项目，需要对检测装置进行升级改造，增加相应的检测设备。为了更好地管控区域空气质量，目前在制造业园区（化工园区）开始建设或增加监测站点或移动式检测装置，对 VOCs 检 / 监测设备的需求非常大。

4 行业企业经营状况

4.1 基本状况

中国作为制造业大国，承担了诸如原料药制造、合成革（PU）、软包装印刷、电子终端产品制造、人造板、纤维板、木制家具制造、化学纤维（黏胶丝）、造船、集装箱制造、煤化工（焦化）、农药制造等 VOCs 的重污染行业全球大部分的产能，VOCs 的排放总量巨大，因此 VOCs 治理任务艰巨，由此催生的治理市场容量巨大。

2013 年"大气十条"颁布实施以后，VOCs 治理产业得到了快速发展，近几年呈现出爆发式增长的趋势。2018 年发布的《三年行动计划》，提出实施 VOCs 综合治理，深入推进重点行业 VOCs 减排，VOCs 治理成为大气污染防治的首要任务。据生态环境部统计，2018 年共治理涉 VOCs 排放企业约 2.8 万家。

4.1.1 重点地区

近年来，中国 VOCs 的治理重点区域主要集中在"三区""十群"所涉及的区域，其中京津冀地区空气污染最为严重。随着近年来京津冀一体化的推进，对 VOCs 的污染防治工作抓得最紧，排放标准体系和管理制度体系推进得也最快，污染防治的成效也最显著；其次为长三角地区和珠三角地区。从 2016 年开始，VOCs 污染防治工作治理重点扩展到中西部地区，如重庆、成都、郑州、太原、石嘴山等地区。2018 年《三年行动计划》将汾渭平原纳入大气污染防治重点区域。

4.1.2 重点行业

VOCs 减排与控制需从重点行业入手，行业减排是目前各地 VOCs 综合整治的重要抓手。由于产业结构不同，各地涉 VOCs 排放的重点行业亦有差别。在各地政府所制订的减排计划中，主要以石油化工、有机化工、工业涂装和包装印刷等行业为整治重点，并根据各地的产业结构制订行业减排计划，从重点行业 / 重点污染源做起，分阶段、有步骤逐渐推进治理工作。"异味"治理虽然对 VOCs 的总量减排贡献较小（通常异味成分中 VOCs 的浓度很低），但涉及的行业众多，治理难度较大；因为涉及民生问题，国家对异味排放源的治理抓得最紧，近年来异味治理的市场激增，从事异味治理的企业数量增长最快。

4.1.3 工业园区

经过几十年的发展，目前中国工业生产的集中度不断提高，建立了众多不同类型的制造业工业园区。同时，近年来为了加强管理，更好地应对污染治理工作，各地大力推动制造业入园工作。由于 VOCs 排放的分散性，大部分的制造业园区都涉及 VOCs 的排放问题，如石化、化工、制药、农药、制革、包装印刷、纺织印染、黏胶带、汽车、造船、集装箱、家具、制鞋等园区。园区内企业集中，VOCs 排放强度大，对局地的空气质量影响巨大。从目前工业源 VOCs 的排放情况来看，园区内的排放占了绝大部分的排放量。因此，从园区的治理入手，对园区进行综合治理是实现 VOCs 减排的重点，园区的 VOCs 综合治理将是今后中国实现 VOCs 减排的主战场。

4.2 行业的经营状况

2013 年"大气十条"颁布实施以后，VOCs 治理产业得到了快速发展，从事 VOCs 治理、检测和服务（咨询、培训和运营服务）的企业大量涌现。据不完全统计，目前全国从事 VOCs 治理相关的企业在 2000 家以上（大量的产值在 1000 万元以下的企业难以进行统计）。《三年行动计划》中明确提到"扶持培育 VOCs 治理和服务专业化规模化龙头企业"，骨干企业的发展将迎来新的契机，2018 年行业经营基本情况如下：

（1）大部分大中型企业稳步发展。受制于 VOCs 污染排放的特点，VOCs 治理企业整体规模不大。2015 年前产值在 5000 万元以上的企业就算是规模较大的企业，约有 60 家；2015 年后行业得到快速发展，到 2017 年，产值在 5000 万元以上的企业有 200 家以上。2018 年产值超过 1 亿元的企业约有 50～60 家，超过 2 亿元的有 20～30 家，少数企业超 4 亿元。其中，一些具有核心技术的企业发展速度较快，主要包括焚烧技术（RTO、TO 等）、催化燃烧技术（RCO、CO）、吸附回收技术、吸附浓缩技术、生物技术等，这部分企业是中国 VOCs 治理的主力。由于 VOCs 治理行业正处于快速发展时期，虽然企业数量众多，但尚未形成具有显著影响力的龙头企业，一些较大型的企业（产值在亿元以上的企业）处于齐头并进的发展阶段。

（2）2015 年后，部分后起的企业也有了快速发展。这部分企业主要从污水、固废、除尘、脱硫脱硝和废气检测等其他的环保领域转到 VOCs 治理领域，依托其较强的市场开拓能力和融资能力，通过企业兼并、人才引进和技术引进等措施，发展速度普遍高于单一从事 VOCs 治理的企业。此外，还有部分是通过技术引进等新成立的企业。在产值超过亿元的企业中，约有 1/3 的企业是 2015 年开始起步的新企业，有部分企业的产值甚至超过了 3 亿元，表现出明显的后发优势。

（3）VOCs 治理市场整体向好，但企业分化明显。部分企业缺乏核心技术，导致企业发展没有后劲，遇到技术风险后易对企业的经营造成重大影响；一些企业的风险控制意识不强，盲目扩张，在国家金融政策变化的大背景下，容易导致资金链出现问题，经营出现困难。没有自己的核心技术，设备加工能力和工程施工能力不足的企业，发展空间明显受到限制。部分前几年规模较大的企业出现了退步甚至被淘汰，一些掌握了核心技术、技术能力强的企业则呈现出良好的发展势头。

（4）从事 VOCs 检/监测的企业发展势头良好。一些大型环境监测企业，包括一些上市公司，VOCs 检测业务已经发展成为主营业务之一。随着排污许可制度提出的企业自行监测要求，环境空气 VOCs 指标纳入国家监测体系，部分地区提出重点 VOCs 污染源自动监测要求等，检/监测设备生产的企业在 2018 年发展势头良好。

4.3 行业企业竞争力分析

部分发达国家早在 20 世纪 70、80 年代即开始重视 VOCs 的治理工作，相关治理技术发展已比较成熟，如溶剂吸附回收技术、低浓度废气吸附浓缩技术、催化燃烧技术、高温焚烧技术、生物技术等。中国的 VOCs 治理工作从 20 世纪 90 年代开始起步并逐步得到发展，进入"十二五"以后，中国的 VOCs 治理工作正式提上了议事日程，特别是 2013 年"大气十条"颁布实施以来，由于巨大的市场需求的推动，中国 VOCs 治理技术水平得以提升，企业的竞争力也得到了较大提高。

在溶剂回收领域，目前中国企业占据了绝大部分的市场份额。较早开展的是活性炭（活性炭纤维）吸附回收技术研究，也是目前溶剂回收的主流技术。目前在颗粒活性炭吸附水蒸气/氮气保护再生工艺方面的总体技术水平基本与国际持平。优势公司包括武汉旭日华环保科技股份有限公司、青岛华世洁环保科技有限公司、中科天龙（厦门）环保股份有限公司、河北天龙环保科技股份有限公司、福建利邦环境工程有限公司等（不完全统计，下同）。

在采用颗粒活性炭吸附、降压（真空）解吸油气（溶剂）回收技术领域，海湾环境科技（北京）股份有限公司率先引进了国外技术，中国石化青岛安全工程研究院近年来也开发了相关的油气回收技术。以上两家公司占了中国油气回收市场的很大份额，但在核心吸附材料（油气回收用活性炭）的开发应用方面明显滞后。虽然近几年中国企业在油气回收用活性炭研制方面已经取得了突破，但实际应用速度缓慢，目前还主要依赖国外产品。

沸石转轮吸附浓缩技术近年来已成为中国汽车制造、包装印刷、化学化工等行业低浓度大风量 VOCs 治理的主流技术。2018 年在 VOCs 治理中使用了约有 1000 套的沸石转轮产品，虽然来自日本和美国等外国公司占了大部分的市场份额，但中国企业提升较快。特别是在核心材料疏水型蜂窝沸石的研究开发方面已实现了产业化生产。优势公司主要包括青岛华世洁环保科技有限公司、广州黑马环保科技有限公司、可迪尔空气技术（北京）有限公司等，日本株式会社西部技研在中国建立了生产基地，其产品占有中国市场很大的份额。

RTO 和蓄热式催化燃烧装置（RCO）由于具有节能效果好、适用范围广、净化效率高等优点得到了大量应用，2018 年应用的 RTO 和 RCO 产品约有 1500 个（以 RTO 为主）。国外企业（美、欧、日、韩等）采用建立独资公司、合资公司和技术支持引进等形式已纷纷进入中国市场，如恩国环保科技（上海）有限公司、杜尔涂装系统工程（上海）有限公司、科迈科（杭州）环保设备有限公司、山东皓隆环境科技有限公司以及韩国、日本的一些企业，占据了中国石化、化学化工、汽车制造等一些高端市场。中国企业的技术水平近年来也得到了快速提升，部分企业已经达到或接近国际水平，相关企业也得到了快速发展，在相关行业中占据了很大的市场份额。中国优势公司主要包括西安昱昌环境科技有限公司、扬州市恒通环保科技有限公司、上海安居乐环保科技股份有限公司、江苏中电联瑞玛节能技术有限公司、德州奥深节能环保技术有限公司、中国启源工程设计研究院有限公司等，近年来呈现出良好的发展势头。

生物技术应用于 VOCs 的治理，特别是用于恶臭异味的治理，国际上已有近 50 年的发展历史。近年来中国的生物技术用于 VOCs 和恶臭异味治理也得到了快速发展，技术水平不断提升。但和国际上的公司相比，在生物菌种的开发和工艺设计方面尚存在一定的差距，在大型治理工程中的总体净化工艺设计上缺乏经验。中国优势公司主要包括广东南方环保生物科技有限公司、青岛金海晟环保设备有限公司、江苏朗逸环保科技有限公司、东莞市博大环保科技有限公司、青岛软控海科环保有限公司等。

低温等离子体破坏、光解、光催化等技术在低浓度恶臭异味治理领域具有一定的市场空间，近年来在中国得到了发展，从事此类技术的企业数量最多。但由于总体净化效率较低，单一技术通常难以达到净化要求，技术的应用受到了越来越多的限制，在实际应用中出现的问题最多。目前该技术主要集中在技术组合的研究上，如低温等离子体＋催化组合技术等。优势公司主要包括宁波东方兴达环保设备有限公司、山东派力迪坏保工程有限公司、深圳市天得一环境科技有限公司、北京大华铭科环保科技有限公司、苏州易柯露环保科技有限公司、中科新天地（合肥）环保科技公司、广州紫科环保科技股份有限公司等。

功能材料生产领域，包括活性炭、活性炭纤维、蜂窝沸石分子筛、氧化催化剂、蓄热体、生物填料等，一直是制约中国相关技术发展的一个瓶颈问题。近年来相关领域中国企业也已取得了长足进步。在颗粒活性炭生产方面，优势公司主要包括宁夏华辉活性炭股份有限公司、山西新华化工有限公司等；在蜂窝活性炭生产方面，优势公司主要包括景德镇佳奕新材料有限公司等；在活性炭纤维生产方面，优势公司主要包括江苏苏通碳纤维有限公司、安徽佳航碳纤维有限公司等；在催化剂生产方面，优势公司主要包括昆明贵研催化剂有限责任公司、无锡威孚力达催化净化器有限责任公司、南通斐腾新材料科技有限公司、淄博正轩稀土功能材料股份有限公司、杭州凯明催化剂股份有限公司、中国船舶重工集团公司第七一八研究所等；在蓄热陶瓷材料方面，优势公司有蓝太克环保科技（上海）有限公司、德州奥深节能环保技术有限公司等。

VOCs检／监测领域，前几年国外企业具有明显的技术优势，在便携式检测设备方面占据了大部分的中国市场，如赛默飞世尔科技（中国）有限公司等。近年来中国的检测技术快速发展，特别是在线监测技术部分已趋于成熟并得到了大量应用，优势公司包括河北先河环保科技股份有限公司、聚光科技（杭州）股份有限公司、北京雪迪龙科技股份有限公司、天津七一二通信广播股份有限公司等。

5 行业发展存在的主要问题及对策

5.1 排放标准体系缺项较多，严重制约了相关行业 VOCs 治理工作的开展

排放标准体系是重点行业进行 VOCs 治理的主要依据。由于 VOCs 排放涉及的重点行业众多，各个行业均需要制订相关的排放标准。针对 VOCs 的治理工作，在"十二五"期间原环境保护部立项的相关排放标准非常多，涉及很多重点行业。目前已发布实施的

涉 VOCs 排放相关的标准有 15 项，尚在制定过程中的有 17 项。地方标准虽然总体上尚有较多的缺项和漏项，但总体推进的速度较快。排放量较大的漆包线制造行业、黏胶带制造行业、乳胶手套生产行业等，VOCs 年排放量均在 10 万 t 以上，急需排放标准进行规范。在已经制定的行业排放标准中，由于包含的范围太广，包含的产品和工艺也太多，导致某些指标设置不合理，如《石油化学工业污染物排放标准》，实际上执行起来较困难，仍需要进一步进行修订。

5.2 缺乏技术指导，技术选择无依据，治理设施重复建设问题突出

由于 VOCs 治理技术体系非常复杂，无论是业主单位还是管理部门对具体的污染源治理均缺乏相关的经验可以参考，往往由于技术选择不当，难以实现达标排放，造成重复治理的现象较普遍。目前有些地区（如上海、广东等）已发布了相关的治理技术指导，但由于 VOCs 治理技术的复杂性，缺乏针对不同技术的选择原则，实际上很难起到具体的指导作用。从环保督察的反馈结果来看，这个问题最为突出。目前，低温等离子体、光氧化以及一次性活性炭吸附技术占了大多数，在京津冀地区约占治理企业的 80% 以上，其中大部分设施都不能实现达标排放。因为 RTO 具有很高的净化效率，有些地区的管理部门一味要求企业采用 RTO 焚烧进行治理，但在 VOCs 浓度较低时治理设施的运行费用极高，实际上治理设施很难正常运行。

从国际上的经验来看，针对 VOCs 的治理，在一个排放标准颁布以后，相关的治理技术指导一定要尽快地跟进。目前中国有关方已立项的炼焦工业、农药制造工业、汽车制造业、人造板制造业、家具制造工业、印刷工业、涂料油墨工业等行业的污染防治可行技术指南正在制定中。下一步需要扩大行业范围，尽快制定完成所有重点行业的技术指南。

5.3 VOCs 检/监测市场管理混乱，需要尽快进行规范

由于涉及的物质种类繁多，与其他大气污染物（SO_2、NO_x 等）相比，VOCs 的检测技术复杂、工作量大、专业性强。随着非甲烷总烃等在线监测标准的发布实施，急需完善监/检测数据质量监督管理体系，包括第三方检测机构的资质和水平，监测仪器和监测程序的规范化，污染源检测数据的质量保证等方面。

目前，监管部门所需的监测数据主要由第三方检测机构负责。从实际情况来看，第三方检测机构的水平参差不齐，存在的问题较多。由于缺乏相应的检/监测规范，普遍存在简化检测程序，甚至数据造假等问题，造成生态环境部门无法有效监管。此外，对检测仪器设备尚未有统一标准，市场上使用的检测仪器五花八门。非甲烷总烃仪种类较多，缺乏统一标准，致使检测数据差异较大；针对重点行业特征污染物的 VOCs 在线监

测设备价格昂贵，不适用于大量中小型污染源的治理。

针对以上问题，一是应加快VOCs检测仪器设备的国产化开发，针对目前开始实施的污染源在线监测要求，特别是针对中小型污染源的检测要求，开发低成本的检测仪器；二是尽快制定VOCs污染源与环保治理设施的检测规范，统一检测要求；三是完善第三方检测机构的考核与管理制度，加强对第三方检测机构的监管。

5.4 VOCs的排放监管困难，治理设施运行率低

由于VOCs污染量大面广，对污染源的监管工作非常困难。虽然相关的法律法规和管理制度在不断完善，很多污染企业被动地进行了污染源的治理，但由于监管工作不能同步跟进，很大一部分的排污企业抱着应付的思想进行治理。一是压低治理费用，低价中标的情况普遍，治理设施很难实现达标排放和稳定运行；二是治理设施不按照规范运行，控制材料（吸附材料、催化剂、蓄热体等）不能按期进行更换，实际上达不到治理效果；三是即使上了治理设备，为节省治理费用在验收后就搁置起来。

据调查，一些大型污染源如石化行业、汽车制造行业等的治理设施设计上比较完善，管理上较到位。但大量中小型的污染源，如4S店、加油站、小型包装印刷企业、餐饮油烟、精细化工等行业，治理设施普遍运行状态不佳。要达到VOCs减排的目的，针对中小型污染源，生态环境部门应通过先进的网络热点等技术，进一步加大执法和监管力度，保证治理设备正常运行。

5.5 VOCs治理设施安全问题突出，需要强化治理设备的安全设计

含VOCs废气易燃、易爆，近年来VOCs治理设施爆炸、着火等安全事故频发，已引起管理部门和业主单位的高度重视。2017年6月天津市发生了一起低温等离子体治理设施爆炸事故，为此天津市安全生产委员会发布了《关于吸取事故教训开展环保治理设施专项安全检查的通知》（津安办〔2017〕32号），在社会上造成了重大影响。据调研，目前VOCs治理设施发生的安全事故主要集中在RTO、RCO和低温等离子体设备爆炸，以及活性炭吸附设备、低温等离子体设备的着火等方面。

造成事故的原因主要是工艺设计和设备选型不当。一是不清楚废气的排放特征（废气成分、浓度及其变化情况等），盲目进行设计和选用设备。如以上提到的天津低温等离子体治理设备爆炸事故，是由于废气排放的瞬时浓度过高造成的。二是治理设施的安全性设计不到位，或未按照设计规范进行设计。三是对于治理设施的净化原理认识不足。如活性炭高温热空气再生时发生的火灾事故，主要是一些有机物吸附在活性炭上高温下发生反应放热造成的。四是在使用低温等离子体设备时，对废气中漆雾等颗粒物的预处理不彻底，导致其在电极和器壁上聚集，清理不及时会发生火灾事故。

　　要避免安全事故发生，就要保证治理设施严格按照安全规范进行设计，在化工行业等存在燃爆条件的排放企业的治理设施要保证符合不低于生产设施的安全要求。目前已发布了《吸附法工业有机废气治理工程技术规范》（HJ 2026—2013）、《催化燃烧法工业有机废气治理工程技术规范》（HJ 2027—2013），对相关的安全设计要求进行了详细的规定。其他治理技术如 RTO、低温等离子体技术等，需尽快完成相关治理工程的技术规范，为工程设计提供依据。

5.6 重视工业园区综合治理工作，提高工业集中区 VOCs 治理效果

　　中国是制造业大国，目前大部分的生产过程都在各类园区内完成，大部分的制造业园区都涉及 VOCs 的排放问题，如石化、化工、制药、农药、纺织印染、制革、包装印刷、黏胶带、汽车、造船、家具等园区。从目前工业源 VOCs 的排放情况来看，园区内企业集中，VOCs 排放强度大，对局地的空气质量影响巨大，园区的 VOCs 综合治理将是今后中国实现 VOCs 减排的主战场。进行园区综合整治，实现 VOCs 的减排目标是一项系统工程，需要政府部门进行统一规划、统一协调、逐步推进。目前在园区环境管理上普遍存在着园区环境管理职责不清、大气污染管控难、污染物溯源难、缺乏综合治理设施等问题。建议加快制定发布加强工业园区环境保护工作的指导性文件和具体的规范、标准，推进各类园区规范发展和提质增效，对开发区、工业园区、高新区等进行集中整治。从近年来的治理实践来看，园区的 VOCs 综合整治应该从以下几个方面入手。

　　（1）要加强监控体系建设，对园区内的排污企业，特别是一些大型的污染源进行有效的监管。建立园区内的网格化空气质量监控系统，其中的 VOCs 检测模块要能够对重点企业的特征污染物或重点污染物进行检测识别；对重点污染源强制安装在线监测装置，对重点企业的排放情况进行实时监控；对重点污染物，如苯系物、卤代烃等要具有追踪与溯源功能，必要时配备移动式检测设备，一旦发现某项污染物超标或变化异常，可以快速追踪到具体的污染源头。

　　（2）针对溶剂使用过程环节，特别是在工业涂装、包装印刷、胶黏剂使用（涂布）和工业清洗等溶剂使用环节，要强制进行源头替代，促进产业升级，从源头上减少溶剂的使用量和排放量。

　　（3）提升企业的清洁生产水平，减少无组织排放与逸散。在炼油与石化、有机化工等行业推行泄露检测与修复技术（LDAR），形成制度化的泄露检测与修复措施。

　　（4）强化末端治理，探讨合理可行的治理模式。如集中喷涂、集中进行活性炭再生、集中进行回收溶剂的分离提纯等。

附录：有机废气治理行业主要企业简介

1. 青岛华世洁环保科技有限公司

青岛华世洁环保科技有限公司成立于2004年，是一家专门从事工业有机废气治理技术开发、工艺设计及装备制造的国家级高新技术企业。主要产品有活性炭（纤维）吸附回收装置、工业有机废气蓄热氧化装置、吸附浓缩—催化燃烧装置、高效工业除尘设备等具有国际先进水平的高科技环保装备。经过10多年的研发积累，已掌握了差异化特种活性炭纤维、分子筛吸附浓缩转轮、基于静电纺丝的纳米纤维过滤技术及装备等核心环保材料的产业化关键技术。公司拥有已授权专利35项，其中发明专利12项。现有员工600余人，其中博士6人、硕士31人。2018年总营收达43 689万元，涉VOCs治理合同额达50 471万元。

2. 海湾环境科技（北京）股份有限公司

海湾环境科技（北京）股份有限公司成立于1994年，业务领域涵盖$PM_{2.5}$治理、石化行业VOCs控制治理、油品储运全流程零排放、大气环境综合监测 / 监控、城市 / 园区环保管家等。承建了原环境保护部“国家环境保护石油石化行业挥发性有机物污染控制工程技术中心”，是“全球清洁技术100强”单位。公司拥有由清华大学和海外留学归国人才组成的国际化管理和技术团队，以及由多位中国工程院院士和美国工程院院士组成的专家顾问团队，已开发出30余项具有自主知识产权的VOCs治理技术，形成125项专利。公司现有员工330多人，其中中高级职称35人，2018年总营收40 000万元。

3. 上海安居乐环保科技股份有限公司

上海安居乐环保科技有限公司成立于2009年，是专门从事废气处理设备设计、生产、制造、安装工程的高新技术企业。承接RTO、RCO/TO、有机废气处理、生物除臭、工业废气处理、化工废气处理等废气处理设备和工程，专业提供各行业VOCs废气处理解决方案和交钥匙工程服务。公司是中国石化行业VOCs治理技术专业组组长单位、中国煤化工VOCs治理技术中心主任单位；上海市科技成长型、高新技术、科技小巨人企业。现有员工330人，其中中高级职称39人。2018年总营收达31 906万元，涉VOCs治理合同额达29 353万元。

4. 扬州市恒通环保科技有限公司

扬州市恒通环保科技有限公司成立于1999年，是一家专注于VOCs有机废气治理的高新技术企业，主要治理设备包括蓄热式焚烧炉（RTO、两室、三室、旋转）、催化燃烧装置、活性炭吸附装置、直燃式焚烧炉、蓄热式催化燃烧装置（RCO）、沸石转轮吸附+RTO装置、活性炭吸附+催化燃烧装置等。在中外汽车、化工、电子、印刷等行业，拥有数以千计的成功使用案例。公司拥有自主研发及设备制造能力，拥有已授权专利18项。现有员工250人，其中中高级职称10人。2018年涉VOCs治理合同额25 000万元。

5. 西安昱昌环境科技有限公司

西安昱昌环境科技有限公司成立于 2016 年，是一家从事工业有机废气污染治理的高新技术企业，建有西安航天研发设计中心、鄠邑草堂生产基地，可年产 150 套 RTO 设备。主要产品为旋转式 RTO 废气焚烧装置，先后获中国环境科学学会"创新设备榜样奖"、中国印刷及设备器材工业协会"突出贡献奖"、中国石油和石化工程研究会"技术创新示范企业"、航天基地 2017 年度"开拓创新奖"等多项荣誉。拥有发明专利 12 项（公开）、实用新型专利 17 项、软件著作权 1 项。现有员工 188 人，其中中高级职称 56 人。2018 年总营收达 24 000 万元。

6. 航天凯天环保科技股份有限公司

航天凯天环保科技股份有限公司为中国航天科工集团控股公司，成立于 1998 年，是一家集环境规划、环保产品研发设计、装备制造、工程安装、设施运营为一体的绿色生态环境综合服务商，以绿色生态环保智慧城市、绿色生态美丽乡村、绿色生态工业园区和绿色生态健康家庭为核心业务领域。拥有博士后工作站、院士工作站、长沙环保工业技术研究院、国家级实验室、国家级企业技术中心、国家级中试基地、环境监测（检测）中心等技术研发平台。公司拥有 5 个事业部、12 个分公司、10 个子公司、1 个研究院、4 大生产基地；现有员工 1280 人，其中中高级职称 280 人。2018 年总营收 25 000 万元，涉 VOCs 治理合同额 21 400 万元。

7. 嘉园环保有限公司

嘉园环保有限公司成立于 1998 年，是集科研、设计、制造、安装、销售服务于一体的挥发性有机废气（VOCs）治理的国家高新技术企业、中国环保产业骨干企业。公司设有独立的研发中心，先后承担国家"863"计划、"十三五"国家重点研发技术、国家"火炬"计划等项目。拥有多项自主知识产权的 VOCs 治理技术，主营产品包括活性炭吸附 - 催化氧化、沸石转轮组合氧化设备、活性炭吸附 - 水蒸气脱附 - 溶剂回收、活性炭吸附 - 氮气脱附 - 溶剂回收、蓄热式热力焚烧等，广泛应用于涂装、化工、包装印刷、医药制造、涂料等行业。公司拥有 80 余项国家专利，其中发明专利 16 项。现有员工 325 人，其中中高级职称 125 人。2018 年总营收 48 687 万元，涉 VOCs 治理合同额 17 646 万元。

8. 山东皓隆环境科技有限公司

山东皓隆环境科技有限公司成立于 2005 年，是一家专业致力于环保科技产品的开发与应用，承接各类有机挥发性气体（VOCs）净化处理工程的高新技术企业。对涂装、包装、印刷、化工等行业产生的废气治理具有较强的技术优势，可实现从工程设计到产品制作、现场安装调试及环保验收等服务。自 2013 年开始与韩国研究所合作进行 VOCs 的治理研究，特别是对汽车行业的 VOCs治理进行了重点的技术攻关和实验，共同开发完成针对 VOCs 浓缩燃烧与热能回收的新产品。目前拥有 9 项实用新型专利和 1 项发明专利。现有员工 170 人，其中中高级职称 35 人。2018 年总营收21 735 万元，涉 VOCs 治理合同额 18 947 万元。

9. 蓝太克环保科技（上海）有限公司

蓝太克环保科技（上海）有限公司是美国蓝太克有限公司亚太区投资公司，成立于 2001 年，是一家以应用为中心的创新科技企业，为全球企业提供陶瓷蓄热产品和塑料填料产品，拥有多个由具备广博的热传与质传知识的知名专家组成的研发和设计团队，已陆续研发了3个系列的陶瓷蓄热产品和6个系列的塑料填料产品专利，并广泛应用于全球有机废气和废水治理系统中。现有员工684人，其中中高级职称51人。2018年总营收21 300万元。

10. 恩国环保科技（上海）有限公司

恩国环保科技（上海）有限公司成立于2014年，坚持只专注于VOCs有机废气治理，可提供工业有机废气评估计算、工程设计、危害评估、设备组装、配电调试、维护保养等全方位的服务，承接VOCs废气治理总集成总承包项目。公司拥有全系列燃烧解决装备，包括：蓄热式焚烧装置（RTO）、蓄热式催化焚烧炉（RCO）、直接燃烧式焚烧炉、直燃式焚烧炉、浓缩转轮＋焚烧炉组合、热能回收系统等。现有员工73人，其中中高级职称4人。2018年涉VOCs治理合同额20 000万元。

11. 河北先河正源环境治理技术有限公司

河北先河正源环境治理技术有限公司成立于2014年，是一家专业从事工业有机废气治理的高新技术企业，为区域／园区、石化、制药、化工、印刷、喷涂、涂布、橡胶等多个行业提供专业的技术咨询、工程设计、设备制造、安装调试及运营维护等全方位服务。针对产业集群区域VOCs污染排放和污染治理的现状与需求，提出了"低成本分散回收，规模化集中处理"的VOCs第三方治理新模式，并在河北雄县塑料软包装印刷行业、石家庄PVC手套行业成功实践，实现了VOCs污染减排、溶剂回收增效、环保产业发展的多赢，开创了区域VOCs污染第三方治理的先河。现有员工38人，其中中高级职称8人。2018年涉VOCs治理合同额18 500万元。

12. 苏州巨联环保有限公司

苏州巨联环保有限公司成立于2004年，拥有专业的技术研发团队和环保设备生产、施工运维能力，专业从事溶剂回收、VOCs综合治理和危险废物处置（含活性炭再生）等环境保护治理设备、工程等，在工业园区首次建立了溶剂回收统一提纯利用的VOCs治理模式。现有员工276人，其中中高级职称5人。2018年总营收25 097万元。

袋式除尘行业 2018 年发展报告

1 行业发展现状及分析

1.1 行业发展环境

袋式除尘技术是控制工业烟气 $PM_{2.5}$ 和实现超低排放的主流技术，应用极为广泛。国家有关部门陆续出台的环保政策以及更加严格的排放标准，客观上助推了袋式除尘技术的拓展应用和技术进步，袋式除尘产业将在此轮污染防治攻坚战及企业环保提效改造中大有作为。

1.1.1 政策法规的驱动作用

国家高度重视污染防治工作，从国家层面针对环境治理的各项政策和法规持续密集的发声，客观上为"十三五"期间袋式除尘行业的发展提供了市场需求和发展机遇，为产业发展开创了大好局面。

《大气污染防治行动计划》明确了大气污染防治的 10 条措施。京津冀、长三角、珠三角等区域"三区十群"中的 47 个城市的新建项目执行大气污染物特别排放限值。着力将大气污染治理的政策要求有效转化为市场需求，促进重大环保技术装备、产品的创新开发与产业化应用。

《"十三五"节能环保产业发展规划》中要求：着力提高节能环保产业供给水平，加快烟气多污染物协同处理技术及 $PM_{2.5}$ 和臭氧主要前体物联合脱除技术、窑炉多污染物协同控制技术开发，推进钢铁、水泥等行业满足特别排放限值的技术研发示范和应用。

2018 年 6 月，中共中央、国务院发布《关于全面加强生态环境保护 坚决打好污染防治攻坚战的意见》（以下简称《意见》），《意见》对全面加强生态环境保护，坚决打好污染防治攻坚战的指导思想、任务和目标进行了统一部署和要求。总体目标要求到 2020 年，生态环境质量总体改善，主要污染物排放总量大幅度减少。

2018 年 7 月，国务院印发《打赢蓝天保卫战三年行动计划》提出的目标指标是：经过 3 年努力，大幅度减少主要大气污染物排放总量，协同减少温室气体排放，进一步明显降低 $PM_{2.5}$ 浓度，明显减少重污染天数，明显改善环境空气质量等。提出到 2020 年，$PM_{2.5}$ 未达标地级及以上城市浓度比 2015 年下降 18% 以上，SO_2、NO_x 排放总量分别比 2015 年下降 15% 以上等具体指标。此轮国家层面系列政策的出台，必将强力助推袋式除尘行业的进步与发展。

2018年9月，生态环境部印发《关于进一步强化生态环境保护监管执法的意见》（环办环监〔2018〕28号），明确要切实强化和创新生态环境监管执法，坚决纠正长期违法排污乱象，压实企业生态环境保护主体责任，推动环境守法成为常态。并要求应重点抓好落实企业主要负责人第一责任，集中力量查处污染大案、要案等方面的工作。《关于进一步强化生态环境保护监管执法的意见》加大了环境违法查处力度，强化了各级政府官员和企业领导的环保意识，杜绝轻视和侥幸心理，自觉履行污染防治责任和义务，促使各项环保措施落实和各种净化设施的投入、使用。这将对袋式除尘行业的发展起到积极促进作用。

2018年12月，生态环境部发布的《2018年国家先进污染防治技术目录（大气污染防治领域）》和中国环境保护产业协会发布的《2018年重点环境保护实用技术名录》中，收录了钢铁窑炉烟尘$PM_{2.5}$超低排放技术与装备等多项与袋式除尘相关的实用技术，也为袋式除尘技术的进一步扩大应用创造了有利条件。

此外，由财政部、国家税务总局、国家发展和改革委员会、工业和信息化部、原环境保护部联合发布的《节能节水和环境保护专用设备企业所得税优惠目录（2017年版）》（财税〔2017〕71号），使得袋式除尘器和电袋除尘器成为税收优惠对象，对袋式除尘技术和装备的扩大应用作用显著，对袋式除尘行业的发展起到了积极的促进作用。

上述政策的出台，确立了新形势下袋式除尘在企业环保提标改造中的突出作用及核心地位。

1.1.2 环保标准的引领作用

近年来，国家针对燃煤电厂、钢铁、有色、水泥、焦化、铁合金、石油化工等重点污染行业和重点污染源陆续颁布了多项新的大气污染物排放标准，新标准对污染物排放种类和排放限值做了更为严格的规定，尤其是特别排放限值和超低排放对装备的净化性能提出了更高的要求，这无疑会对袋式除尘技术和装备的发展起到标杆作用。为了适应排放标准并针对不同排放源的排放特征，中国研发了钢铁窑炉烟尘微粒子预荷电袋滤技术与装备、袋式除尘降阻技术、超细纤维精细滤料、波形褶皱滤袋、滤筒等多种新技术和新产品。

为深入实施《大气污染防治行动计划》，切实加大京津冀及周边地区大气污染防治工作力度，2018年1月，原环境保护部印发了《关于京津冀大气污染传输通道城市执行大气污染物特别排放限值的公告》，要求自2018年3月1日起，京津冀大气污染传输通道城市（即"2+26"城市）行政区域内，国家排放标准中已规定大气污染物特别排放限值的行业以及锅炉的新建项目，开始执行特别排放限值。包括北京市、天津市、河北省石家庄市、山西省太原市、山东省济南市、河南省郑州市等"2＋26"城市，涉及的行业有火电、钢铁、石化、化工、有色、水泥、工业锅炉、焦化、平板玻璃、陶瓷、砖瓦等，逾期不能满足特别排放限值要求的将限制生产或停产整治，并按相关规定进行处罚。

目前，国家正着手对重点行业、重点污染物的排放标准提出进一步修订意见，2018年5月发布的《钢铁企业超低排放改造工作方案（征求意见稿）》明确提出，新建（含搬迁）钢铁项目要全部达到超低排放水平。到2020年10月底前，京津冀及周边、长三角、汾渭平原等大气污染防治重点区域具备改造条件的钢铁企业基本完成超低排放改造；到2022年底前，珠三角、成渝、辽宁中部、武汉及其周边、长株潭、乌昌等区域基本完成；到2025年底前，全国具备改造条件的钢铁企业力争实现超低排放。

2018年9月，河北省率先出台《钢铁工业大气污染物超低排放标准》和《炼焦化学工业大气污染物超低排放标准》两项地方排放标准，并要求自2019年1月1日起省内全面实施。目前许多省、市钢铁企业的环保招标已陆续提出了超低排放的要求。环保标准的引领作用显著，加快了袋式除尘产业发展。

为响应党中央和国务院的指示及落实《打赢蓝天保卫战三年行动计划》和《关于全面加强生态环境保护 坚决打好污染防治攻坚战的意见》文件精神，2018年，包括北京、天津、内蒙古等在内的全国20多个省（区、市）相继发布了"蓝天保卫战"相关行动计划和具体实施方案。针对钢铁、水泥、电力、化工和有色等高污染行业，各地纷纷提出极其严格的地方排放标准和具体实施方案。这对袋式除尘行业的技术进步与产业发展无疑是难得的利好机遇，客观上确立了新形势下袋式除尘在企业环保提标改造中的突出作用和核心地位。

1.2 行业经营状况

1.2.1 生产经营状况分析

根据对2018年袋式除尘行业的调查，从事袋式除尘行业的注册企业160余家，分布在全国26个省（区、市），其中科研、高校和主机企业近50家，纤维和滤料100余家，配件和测试仪器共10余家。2018年行业的总产值约178亿元，出口约12.5亿元，利润约19亿元，利润率10.7%，增长率11.25%；其中纤维滤料产值约75亿元，产值及出口额双双同比增长约20%。

袋式除尘是典型的靠政策驱动的行业，在执行大气污染物特别排放限值的时代背景下，特殊排放和超低排放已常态化，环保督察、党政同责和一岗双责给污染型企业带来巨大的压力，污染型企业均面临提标改造的任务，这给袋式除尘行业的发展带来了新机遇。2018年度从事袋式除尘的企业生产十分繁忙，特别是纤维、滤料和配件骨干生产企业的产量增长明显，但产值增长不及产量增长。

1.2.2 行业成本费用及盈利能力

袋式除尘行业是一个竞争激烈的行业，残酷的市场竞争致使行业盈利水平低下、本大利薄。粗略统计，2018年的行业成本费用约159亿元，利润率约10.7%。行业的利润率虽略有提高但总体较低，盈利能力有限。行业的突出问题有：①企业资金紧张，货款回笼困难。②钢材涨价等因素导致项目亏损，2017年以来国内钢材价格暴涨且一直居高不下，大幅度增加了项目的工程成本，导致大批在线工程项目亏损，也造成袋式除尘行业的主机设备生产厂家和总承包工程公司的既往合同在2018年执行时项目亏损现象频现。③袋式除尘行业绝大部分是民营企业，技术和产品创新是短板，且长期存在。低价中标、低水平重复等恶性竞争现象依然存在，也制约着产业发展。实践表明，具有自主研发能力和创新能力的企业盈利能力相对较强，企业只有加大研发投入，才能应对日益激烈的市场竞争。

目前，中国袋式除尘器的设计与制造技术水平日益成熟，除尘器已出口多个国家，意味着中国袋式除尘器的设计、制造、材料、安装、防腐、包装及自动控制等各个环节，都已达到国际水平，有些甚至达到国际领先水平。特别是在预荷电袋滤新技术推广、袋式除尘器新结构的开发与应用、袋式除尘装备智能化网络化技术、新型纳纤网膜滤料及滤袋新结构的开发等方面取得了显著进步，在耐高温和超细精细等高端滤料方面的成果及应用更加成熟和广泛，能够支持国家日渐严格的环保标准，也显现出尚佳的盈利能力。

1.3 行业技术发展

1.3.1 行业总体技术进展

当前，中国袋式除尘的设计技术、制造装备和产业发展水平都已跻身国际先进行列，中国加工制造的袋式除尘装备及配套的各种纤维、滤料、配件的性能都已达到国际同类产品的技术水准，众多结合国情并具有自主知识产权的技术步入国际先进行列。中国袋式除尘单机最大设计处理风量已达500万 m^3/h，出口粉尘排放浓度标准状态下达到10 mg/m^3以下已成为常态，系统的运行阻力绝大多数均可控制在800～1200 Pa，滤袋使用寿命普遍提高，漏风率都能控制在2%以下，计算机辅助设计及分析（CAD、CFD）等技术的扩大应用，以及3D设计方法的逐步推广，使得工程设计周期大幅度缩短。目前，袋式除尘器已形成十余个系列产品，其应用已覆盖各工业领域，成为中国大气污染控制，特别是工业烟气 $PM_{2.5}$ 控制的主流除尘装备和多污染物协同净化不可或缺的重要装备。

2018年，中国袋式除尘行业在袋式除尘器新结构的开发与应用、预荷电袋滤新技术、袋式除尘装备智能化网络化技术、新型纳纤网膜滤料及滤袋新结构开发等方面具有较多创新和进展。

1.3.1.1 预荷电袋滤技术的拓新研发与应用

由中钢天澄研发的 $PM_{2.5}$ 净化用预荷电袋滤技术，入选《2018 年国家先进污染防治技术目录》。该项技术在传统袋式除尘器结构预荷电改造和烧结球团烟气领域应用等方面进行了拓新研发。该公司承担的科学技术部课题《球团烟气多污染物超低排放技术及示范》子课题，在某球团烟气净化提标改造项目中首次在传统袋式除尘器结构中增设预荷电装置，使其功能和性能均得到显著提升，再次获得成功示范。示范工程测试结果表明：颗粒物平均排放浓度在标准状态下仅 3.1～5.2 mg/m³，设备运行阻力 600～1000 Pa，节能效果显著（图 1）。为球团烟气多污染物超低排放的实现提供了可靠的烟尘净化新技术和新途径，也为企业的提效改造提供了更多选择及高效可靠的成套技术和装备支撑，此项技术必将在新一轮非电行业提标改造和实现超低排放中发挥更大作用。

秦皇岛清宸环境检测技术有限公司　QCHJ1812162　第 5 页 共 5 页

检 测 报 告

检测点位	检测项目		测量值			
			第一次	第二次	第三次	平均值
回转窑排口 12月26日		标干流量（Nm³/h）	639453	636481	656821	644252
	颗粒物	实测浓度（mg/m³）	2.8	3.4	3.2	3.1
		排放速率（kg/h）	1.8	2.2	2.1	2.0
回转窑排口 12月27日		标干流量（Nm³/h）	645340	653672	616813	638608
	颗粒物	实测浓度（mg/m³）	3.6	6.1	6.0	5.2
		排放速率（kg/h）	2.3	4.0	4.0	3.4

--报告结束--

图 1　项目外观（左）及检测报告（右）

1.3.1.2 新型内、外滤袋式除尘器结构的开发获得成功应用

由中材装备集团有限公司牵头开发的新型内、外滤袋式除尘器取得突破并成功应用，并荣获 2018 年全国建材机械行业技术革新奖一等奖和建材联合会科技进步二等奖。该技术和装置的主要特点是：内、外两条滤袋，将内滤袋倒置插入外滤袋，利用外滤袋的内部空间大幅增加过滤面积。该技术成果在滤袋形式、袋笼结构匹配、悬吊装置、智能清灰、破袋检测及精准定位和分风自动调整等方面取得新突破，形成了自主知识产权的集成技术和成套装备。工程示范应用效果显示，在粉尘排放浓度满足特别排放要求的前提

下，设备运行阻力约 800 Pa，较常规设备节能 30% 以上，节省设备钢耗和节约占地接近 30%，经济效益和环保效益显著。目前，该成果已在邯郸金隅太行水泥等多条生产线上应用（图2），并有望推广到电力、冶金等行业，也将在国际水泥新线配套的净化装置中占据有利的竞争地位。

图2 邯郸金隅太行水泥有限公司矿渣粉磨除尘示范项目

1.3.1.3 大电炉烟气多重捕集高效节能减排技术的开发应用

针对电炉（EAF）冶炼过程中产生的高温含尘烟气，江苏科林集团·科林环保技术有限责任公司开发采用烟气多重捕集高效节能减排新工艺技术，即电炉一次除尘与二次除尘既独立又能协同的除尘新工艺，一次除尘用常温除尘器取代高温除尘器，风机变频运行；开发采用大容量贮留集尘罩、协同抑尘罩、移动半密闭捕集罩等系列专利技术，有效避免了车间横向气流对烟气捕集的干扰，降低了电炉噪声和弧光辐射，改善了操作环境，满足了厂房外无可视烟气的环保要求；除尘系统全自动控制和风量、温度、压力、料位等全程监控保护，并与电炉生产保持通信和相关连锁。

该项目运行效果明显，实现了颗粒物的超低排放以及除尘设备的低阻高效运行；极大降低了运行费用，同时余热锅炉每天回收蒸汽用于发电约 8×10^4 kW·h，经济效益可观。大电炉烟气多重捕集高效节能减排技术示范项目外观见图3。

1.3.1.4 袋式除尘系统智能化网络化技术取得重大进展

由苏州协昌环保科技股份有限公司研发的"烟尘治理袋式除尘运行管理云平台"新

图 3 大电炉烟气多重捕集高效节能减排技术示范项目

技术和"袋式除尘器用智能电磁脉冲阀"新产品2018年8月通过专家鉴定。该项目在智能电磁脉冲阀、专用数据采集、传输设备、数据分析、故障诊断与解决方案建议以及配套软件开发等方面取得重大进展。通过烟尘治理云平台对大量运行数据进行分析，对袋式除尘系统的运行状态进行实时评估，可实现袋式除尘系统运行状态的远程无线传输、故障诊断、预警及寿命预测。应用实践表明，该平台运行稳定可靠，可实现袋式除尘系统的实时远程监管，提高中国袋式除尘系统的自动化和智能化水平；为企业除尘工艺装备的安全稳定运行提供有效手段和有力保障。此外，该系统可与现行的操作控制系统有效兼容和无缝对接，适于在各行业袋式除尘系统上推广应用。该项目共申报发明专利9项，软件著作权3项，总体技术达国际领先水平。该烟尘治理云平台系统原理见图4。

1.3.1.5 新型纳米纤维网膜强化过滤材料研发成功

由山东奥博环保科技有限公司和东北大学共同研发的"永久双极硅盐改性纳米纤维网膜强化过滤材料"取得成功。该新型滤料技术首次选择并优化了以硼系为主的永久双极硅盐粉体，研发了永久双极硅盐改性纳米纤维网膜强化过滤材料与工艺；采用高压静电辉光持续加载方法，开发了适合超薄纳米纤维网膜的高能电晕极化技术，实现纤维过滤与静电捕集的耦合协同；利用双极硅盐粉体永久极化处理技术和静电纺丝技术，研制了高效低阻的永久双极硅盐改性纳米纤维网膜强化过滤材料，并得到了市场应用，具有良好的应用前景。该成果顺利通过科技成果鉴定，综合技术达到国际领先水平。

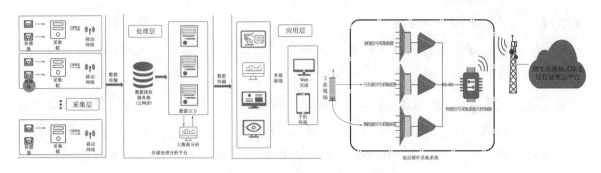

图4 协昌环保烟尘治理云平台系统原理示意图

1.3.1.6 波形褶皱滤袋新产品应用突飞猛进

袋式除尘器要满足当下的超低排放要求，就需要提高过滤效率，增加过滤面积，降低过滤风速。可通过增加滤袋长度、增加过滤仓室和采用褶皱滤袋3种方式实现。其中采用褶皱滤袋无须改动除尘器的本体结构，改造工作量小，且效果明显。

褶皱滤袋是一种新的滤袋结构，目前已在多个项目中成功应用。在不改动除尘器本体结构的前提下，使用褶皱滤袋可增加过滤面积50%以上，可使过滤风速大幅度降低，通常可降至0.80 m/min以下，满足除尘器出口排放浓度小于10 mg/m³的超低排放要求。波形褶皱滤袋结构及其在新疆天山铝业电解铝除尘项目中的应用见图5。

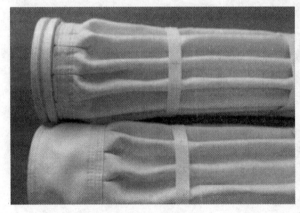

图5 波形褶皱滤袋结构（左）及其在新疆天山铝业电解铝除尘项目中的应用（右）

1.3.1.7 装备智能制造进展加快

为顺应国家实施制造强国战略，针对国家提出的"中国制造2025"，袋式除尘行业有不少企业强化了加工制造装备的智能化升级，智能制造备受重视，不断发展。

科林环保、中钢天澄等企业率先在主机生产加工装备上全面升级，焊接机器人及自动化焊接生产线已开始应用；上海袋配进行了脉冲阀等配件的加工制造数控装备升级；

元琛环保、浙江宇邦在高端滤料生产线、电磁加热覆膜和自动吊挂缝制等自动化、智能化先进加工装备方面有较大投入和升级，如元琛环保引进全球最先进的德国Autefa成套高端滤料生产线，是全球第一台全自动智能换针设备，通过高精度在线监测系统，使整条生产线实现了产品品质的精密控制，并可对滤料产品的单重、厚度及均匀性等指标进行实时在线调整，保证变异系数不大于1.5%；引进日本的TOKUDEN电磁热覆膜设备，采用电磁感应加热方式，具有温控精度高、温度均匀性好、升温和降温速度快且安全、节能、环保等优点，使覆膜滤料获得更加优异的覆膜牢度和绝佳的透气性能。众多生产装备的智能化升级，提升了生产效率和产品品质，更好地促进了行业稳步发展。自动化制造装备及智能化滤料生产线见图6。

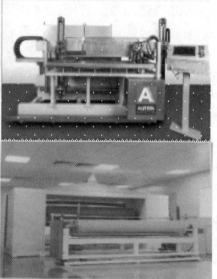

图6 自动化制造装备及智能化滤料生产线

1.3.2 新技术开发应用

近年来，袋式除尘行业开发了多项新技术，取得了多项新成果，并分别在各个工业领域的提标改造中获得大量应用，效果显著。

1.3.2.1 钢铁行业预荷电袋滤新技术应用势头强劲

科学技术部"863"课题"钢铁窑炉烟尘 PM$_{2.5}$ 控制技术与装备"课题核心成果"预荷电袋滤新技术"，在鞍钢三炼钢转炉烟气环保工程中实现了"首台套"示范应用。示范工程运行后，性能优越，各项技术指标先进，经具有 CMA 资质的第三方检测机构检测，标准状态下颗粒物排放浓度持续稳定小于 10 mg/m^3，PM$_{2.5}$ 捕集效率高达 99.3 %，成功实现了超低排放；设备阻力 700 ～ 950 Pa，运行能耗下降 40%，在钢铁行业引起了强烈反响。2018 年该成果又先后在日照钢厂、新余钢厂、方大特钢、唐钢等企业推广应用。截至 2018 年底，应用接近 20 余台 / 套，最大单机 160 万 m/h，涉及产值 2.2 亿元，在钢铁等行业的应用势头强劲，已成为钢铁炉窑烟气 PM$_{2.5}$ 超低排放的热点技术。预荷电袋滤新技术推广应用现场见图 7。

图 7 预荷电袋滤新技术推广应用项目实景

1.3.2.2 建材行业 PM$_{2.5}$ 高效净化技术应用

目前，水泥、玻璃、陶瓷等建材工业均在加紧提标改造，一方面将电除尘改为袋式除尘；另一方面，采用超细高精过滤材料进行除尘升级，实现超低排放。对于窑尾高达 350 ℃的高温烟气，经换热降温后进入脉冲袋式除尘器，滤料以聚酰亚胺为主；窑头烟气主要是篦冷机冷却熟料的烟气，多采用热交换冷却后进入袋式除尘器，滤料以芳纶居多。同时，对于水泥窑高温烟气，已有企业开展了先采用耐温高于 300 ℃的超高温袋式除尘器直接进行烟气净化后再 SCR 脱硝和余热发电的新工艺探讨，以避免催化剂堵塞和余热锅炉的磨损，延长使用寿命。其超高温滤料采用陶瓷纤维和金属纤维等新材料和新产品。

近几年，水泥行业通过实施"电改袋"，烟尘排放浓度大幅度降低，设备阻力小于 1000 Pa，滤料寿命可超过 4 年。以 5000 t/d 生产线为代表的绿色工艺线采用了目前世界上最严格的标准进行升级改造，标准状态下全工艺线烟（粉）尘的排放浓度小于 10 mg/m³；无组织排放（即岗位粉尘）的排放浓度标准状态下达到 2 mg/m³；PM$_{2.5}$ 的去除率大于 90%，整体达到国际先进水平。

1.3.2.3 袋式除尘协同固废焚烧烟气净化技术应用

生活垃圾焚烧处理技术因其无害化、焚烧彻底、减容量显著、可资源化利用程度高而成为中外垃圾处理的主流技术之一，但由于在垃圾焚烧的同时会产生大量有毒有害、成分复杂的废气，治理难度很大。科林环保针对垃圾焚烧的烟气特性开发出的耐高温高湿高腐蚀的袋式除尘器专有技术、生活垃圾和危废焚烧烟气协同治理技术等新技术产品通过了技术鉴定，并在工程项目上成功应用。2018 年完成并投入运行的南沙 3×750 t/d 垃圾焚烧烟气治理项目通过环保检测和竣工验收。此外，科林环保还相继承接了 10 多家工业危险废物焚烧烟气设计总包项目，南通和常州等地的 100 t/d 规模的工业危险废物烟气总包项目也相继投入运行，各项技术指标都达到了国内先进水平。

1.3.2.4 燃煤锅炉和工业锅炉袋式除尘应用

袋式除尘和电袋复合除尘在工业锅炉、集中供热锅炉的应用近 100%，在燃煤电厂的占比也已连续 6 年不断攀升，从 2013 年的 20% 到目前已近 35%（含电袋复合除尘），并执行特殊排放和超低排放限值。大量采用 PTFE 基布＋PPS 超细面层滤料和高硅氧（改性）覆膜滤料等新产品。袋式除尘在工业锅炉和燃煤电厂锅炉的应用很好地起到了除尘与脱硫、脱硝的协同作用。

1.3.2.5 催化裂化再生烟气袋式除尘技术

石油化工催化裂化再生烟气净化，以前均是采用国际湿法洗涤工艺，近年来通过技术创新，开发了袋式除尘干法除尘工艺，并已在石化行业获得推广应用，成效显著。该项技术较国际上同类技术节约投资 30%～50%，运行费用较国际上同类技术降低 20%～40%。目前，该项技术在石油化工行业已获得广泛认可，截至 2018 年底，已在近 20 家石化企业获得推广应用。催化裂化再生烟气高效袋滤技术推广应用现场见图 8。

图 8 催化裂化再生烟气高效袋滤技术推广应用现场

1.3.2.6 碳素行业沥青烟袋滤净化新技术应用

碳素行业通常以石油焦为原料，生产制造加热过程中往往会散发大量沥青烟气，对人类及动植物危害极大。并且沥青烟凝结后产生的焦油黏性强，极易造成管道和设备黏结堵塞。目前，采用国际引进的炭粉吸附＋袋式除尘净化是较普遍的方法，但全套引进价格昂贵，且技术本身存在一定的局限性，除个别企业外，大部分净化效果欠佳，甚至处于瘫痪状态。

贵阳铝镁设计研究院通过多年技术研发，开发出了新一代炭粉吸附＋袋式除尘器沥青烟净化过滤技术，采用"源头投粉＋多点加料＋炭粉吸附＋袋式除尘器"的净化工艺方法，解决了传统技术管道、设备黏结堵塞的难题，提高了净化效率，可真正实现除尘系统的"全干态闭式"运行，最大限度地减少系统清理检修工作量，实现净化系统长期高效稳定可靠运行，也极大改善了环境和劳动条件。该项新技术、新工艺在碳素行业获得成功应用，标准状态下烟尘排放浓度稳定保持在 10 mg/m³ 以下，并开始推广应用。新一代炭粉吸附＋袋式除尘器沥青烟净化应用现场及监测结果见图9。

监 测 结 果				
监测因子 ＼ 采样时间 结果	标干烟气量 (m³/h)	实测浓度 (mg/m³)	折算浓度 (mg/m³)	排放量 (kg/h)
颗粒物 1月20日上午	21500	3.50	4.25	0.08
1月20日下午	21466	4.70	5.71	0.10
1月21日上午	21021	1.86	2.27	0.04
1月21日下午	21230	3.20	3.89	0.07
沥青烟 1月20日上午	21256	5.08	6.18	0.11
1月20日下午	21073	5.09	6.19	0.11
1月21日上午	21205	5.10	6.20	0.11
	21511	5.26	6.39	0.11

图9 新一代炭粉吸附＋袋式除尘器沥青烟净化应用现场（左）及监测结果（右）

1.4 市场特点及重要动态

1.4.1 袋式除尘在决胜超低排放战役中彰显强劲力量

2018年，包括非电行业在内的各工业行业实现超低排放限值要求全面打响，企业新一轮环保提效改造全面升级，超低排放已然成为当前环保市场的主旋律。2019年，除尘设备和滤料的需求旺盛，袋式除尘器仍然是颗粒物净化的主流设备，仍然是超低排放和提标改造的主力军，必将彰显强劲力量。

1.4.2 基于袋式除尘的多污染物协同控制成为方向

袋式除尘器在有效去除 PM_{10}、$PM_{2.5}$ 的同时，还可以去除 SO_2、汞和二噁英等其他污染物，是多污染物协同控制工艺的重要组成部分。袋式除尘已从单一的除尘向多污染物协同控制方向发展，未来几年将在烧结、焦化、垃圾焚烧、燃煤锅炉、水泥等多个领域实现袋式除尘与多污染物的协同控制，并形成多种流派，以"袋式除尘为核心的多污染物协同控制技术"将成为中国大气污染治理不可或缺的技术路线，是未来技术发展的主要方向。

1.4.3 超细面层滤料和覆膜滤料需求剧增

超细面层滤料利于超低排放，企业新一轮环保提效改造全面升级，特别排放和超低排放改造要求日趋常态化，标准状态下烟尘排放浓度要求 5～10 mg/m^3。预计，2019 年超细面层滤料和覆膜滤料的需求旺盛，用量剧增，或再创新高。

1.4.4 袋式除尘系统智能化与网络化是方向和趋势

袋式除尘系统的智能化与网络化可实现袋式除尘系统运行状态的远程无线传输与数据分析、故障诊断及专家系统解决方案，最终有望实现自行处理故障和解决问题的终极目标。智能化网络化系统可为企业相关人员和政府相关部门提供运行实时信息，减少巡检工作量，及时发现问题和解决问题，最大限度确保净化系统的长期、稳定和高效运行，切实提高管理的时效性，是袋式除尘行业未来发展的方向和趋势。

1.4.5 褶皱滤袋及滤筒的市场需求大幅度增加

过滤风速降低是提高过滤效率、降低排放浓度、降低阻力的决定性技术方向。褶皱滤袋与滤筒通过增加 50% 及更多的有效面积可以有效提升除尘性能。在标准状态下对目前 10 mg/m^3 甚至 5 mg/m^3 的超低排放要求，尤其是主体生产工艺的产能大幅度增加后导致的烟气量和滤速的增大对排放浓度的压力，可考虑采用褶皱滤袋及滤筒来解决。2019 年该技术将获得更加广泛的应用，需求量将大幅度增加。

1.4.6 工程应用中滤袋失效率有所降低

近年来，根据中国工程应用现场的复杂性、烟尘条件的苛刻性以及工艺管理的粗放性，行业企业在滤料纤维配料、制造工艺、后处理手段，尤其是现场工程应用方面的技术获得了显著进步。另外，出于对滤袋产品质量把关的角度，在招标和安装前业主及工程方对工程中应用的滤袋参数进行检测，也逐渐成为常态。这些手段的实施，使现场滤袋的失效率逐渐降低。东北大学滤料检测中心的滤袋检测与失效分析案例也证明了这一点。

1.5 主要企业概况

粗略统计，2018年袋式除尘行业主要企业共有25家，其中主机企业10家、纤维及滤料企业12家、配件企业3家。分布在江苏、浙江、上海、福建、辽宁等省（市）。主要业务为袋式除尘器、电袋复合除尘器、袋式除尘用滤料、滤袋以及脉冲阀、袋笼等配件。2018年末从业人员合计约8000人，主要企业全年营业收入合计约80亿元，利润总额6.6亿元，利税总额9.2亿元、出口合同额8.6亿元。

1.6 行业企业竞争力状况

目前，中国袋式除尘技术和装备的整体水平较高，已达到国际先进水平，部分技术和产品如预荷电袋式除尘技术、煤气干法净化技术、除尘装备智能化远程控制技术及国产PTFE基高性能过滤材料、聚酰亚胺纤维、海岛超细纤维和芳纶纤维等，接近或达到国际领先水平。

除了满足中国自身需求外，中国的袋式除尘技术和产品还出口到十余个国家和地区，以东南亚国家居多，发达国家成套进口到中国的袋式除尘设备呈逐年下降态势。

客观而言，近年来中国袋式除尘技术的快速发展，除了主要受国内环境形势和环保压力等内在因素的积极推动外，也受到国外优秀企业和先进技术的带动作用。总体而言，中国袋式除尘行业企业的核心竞争力逐年提升。

中国的袋式除尘行业主要由国内环保企业提供服务，国外企业仅提供高端纤维原料和滤料，一般不直接参与国内环保项目的竞争。2018年，外资企业在中国的销售额约20亿元，市场份额仅11%左右。其原因在于中国的纤维和滤料的性能和质量已有显著提升，有些产品的技术指标甚至已赶超国外产品，基本能满足国内市场需求，且外资企业产品的销售价格较国内企业高约20%，因此市场份额有限。

2018年袋式除尘行业出口额约12.5亿元，同比增长幅度较大。其中纤维、滤料和滤袋方面的出口额约6.5亿元，占比过半；主机方面的出口主要集中在龙净环保、科林集团、菲达环保、中钢天澄、洁华环保、合肥水泥院、贵阳铝镁院、中材装备等行业骨干企业，一般与国外项目配套供货。中钢天澄以预荷电袋滤器和直通式袋式除尘器作为主产品，部分产品销往俄罗斯和东南亚；科林环保以长袋低压袋式除尘器和单机设备为主产品，销往日本和欧洲；菲达环保以电力行业脉冲袋式除尘器为主产品，销往印度及东南亚；合肥水泥院及洁华环保主产品为建材行业的环保设备，主要销往东南亚；贵阳铝镁院以有色行业脉冲袋式除尘器为主，出口印度及东南亚居多；烟台泰和、山东奥博、抚顺恒益、江苏灵氟隆、上海凌桥、浙江宇邦等纤维滤料企业，产品远销欧洲、美国和东南亚；元琛环保面向电力、钢铁、水泥和垃圾焚烧等行业开发的中高端滤料远销巴西、越南、土耳其、印度和俄罗斯等国家；苏州协昌、上海袋配等配件企业生产的脉冲阀出口欧洲和东南亚。此外，东北大学滤料检测中心近几年先后承担并完成了多项滤料国际标准的起草与制定，在滤料标准制定方面达到国际领先水平。同时在滤料检验、检测与分析评价，新技术及新产品研发等方面也处于国际先进水平。随着中国"一带一路"倡议的深入实施，预计未来几年主机设备的出口额有望大幅度上升。

目前，中国的袋式除尘技术和装备已达到国际先进水平，在性价比方面的优势更为明显，大型袋式除尘技术和设备已不再依赖进口。中钢天澄的技术进展主要是满足超低排放要求的预荷电袋滤器和垂直进风袋式除尘器，技术水平达到国际领先；龙净环保的技术进展主要是满足超低排放要求的电袋复合技术和与半干法脱硫配套的高浓度袋式除尘器，技术水平达到国际领先；科林环保的技术进展主要表现在高效、低阻袋式除尘器、三状态分流组合电袋除尘器、钢铁炉窑烟（煤）气净化袋滤技术、10 m 及以上长袋脉冲袋式除尘技术和垃圾焚烧烟气成套净化技术，技术水平达到国际领先并出口外销；合肥水泥研究院的技术进展主要表现在建材行业超低排放技术和垃圾焚烧烟气多污染物净化技术，技术水平达到国际先进；浙江宇邦的主要技术进展是海岛超细纤维，技术水平达到国际领先；山东奥博主要技术进展是联合东北大学共同研发的"永久双极硅盐改性纳米纤维网膜强化过滤材料"，技术水平达到国际领先；浙江鸿盛公司的主要技术进展是高硅氧（改性）覆膜滤料，技术水平达到国际领先；苏州协昌的主要技术进展是在烟尘治理袋式除尘运行管理云平台和智能电磁脉冲阀等方面，技术水平达到国际领先；元琛科技在除尘脱硝一体化功能滤料和智能制造方面取得突破和进展，技术水平达到国际先进；三维丝和南京际华三五二一及上海博格在水刺滤料方面有较大技术进展，技术水平达到国际先进；长春高崎主要在聚酰亚胺超细纤维有较大技术进展，技术水平达到国际先进；抚顺天宇、南京际华三五二一、厦门三维丝、东方滤袋等在超细面层方面的技术进展较大，技术水平达到国际先进；抚顺天宇和苏州恒清在波形褶皱滤袋应用方面成效显著，技术水平达到国际先进；上海袋配和上海尚泰在大口径脉冲阀和无膜片脉冲阀方面取得进展，技术水平达到国际先进。

2 行业发展存在的主要问题

2.1 行业自律有待强化

市场不规范竞争依然严重，行业自律有待强化。

2.2 企业资金紧张，货款回笼难的老问题没有得到有效改善

当前，企业的应收账款问题依然存在困境，一边是应收账款回笼遥遥无期，一边是各项成本需要支出，企业运转只能通过银行贷款，但融资难、融资贵的现象十分普遍，袋式除尘行业也不例外。

袋式除尘行业是一个竞争激烈的行业，残酷的市场竞争致使行业盈利水平低下、本大利薄。行业突出的问题是项目利润低，加之业主单位对项目资金拖欠严重，致使环保企业面临的资金紧张、货款回笼困难等问题十分突出。

2.3 企业技术创新有待提高

行业企业的技术创新意识淡薄，创新动力和能力普遍不足；只注重市场开拓而忽视技术创新和研发投入，导致产品的技术含量和附加值较低，缺乏核心竞争力。

3 解决对策和建议

（1）对恶性竞争和生产销售虚假伪劣产品的现象进行曝光或采取"拉黑"等措施，挤压不良企业的生存空间。

（2）大力弘扬和宣传行业内"重质量、守信誉"，继续通过各种渠道、采取各种形式进行表彰和激励优秀企业，推崇诚实守信，弘扬正能量；进一步增加有责任、有担当、行业自律好的企业数量，带动和影响更多企业和业主单位，逐步强化和提升行业自律，净化和改善市场竞争环境，推进行业健康、高质量发展。

（3）强化袋式除尘行业风险防范意识，抵制恶性竞争，提倡公平竞争，帮助企业提高风险识别能力，放弃那些利润低、垫资大、资金回笼困难的项目。对于信誉度低、恶意拖欠回款的用户，鼓励企业拿起法律武器，维护自身合法权益，减少经济损失。

及时向企业提供国家关于鼓励科技创新、节能减排等方面的税收、补贴和贷款政策，帮扶企业解决资金困难。

（4）通过不定期、有针对性的企业走访和调研，根据企业意愿并结合不同企业的实际情况，组织相关高校及业内专家进行精准帮扶，指导企业开展技术创新的探讨与实践工作，协助企业构建创新团队，不断进行技术革新和新产品开发，进一步优化设备结构、减少钢耗、降低成本，提升企业竞争力。

（5）建议国家强化企业信用评价体系的功能，加强失信企业的惩戒力度。建议并希望能从国家层面和政府角度发声，出台相关政策和法规，健全和完善企业信用评价体系和征信平台，效仿个人信用评价的做法，对全社会所有企业（包括环保企业和各厂矿企业用户单位）进行信用等级评价或评分，对等级（分值）高的企业，国家或政府应切实

给予更多更大力度的各种优惠和税收减免；对于失信企业和用户应给予减产、限产，甚至停产或禁业等严厉的惩戒力度。真正发挥企业评价体系的监管、激励和惩戒等功能。相信只要做好这方面的工作，整个行业乃至全社会的市场环境才有望逐步步入良性健康的发展轨道。

附录：袋式除尘行业主要企业简介

1. 福建龙净环保股份有限公司

福建龙净环保股份有限公司是行业的领军企业，也是全球知名的大气环保装备制造企业，40余年来一直专致于大气污染控制领域环保产品的研究、开发、设计、制造、安装、调试、运营。公司股票于 2000 年 12 月在上海证券交易所成功上市。

公司近年来快速成长，步入健康良性的发展轨道。公司现有资产总额 70 亿元，销售额 30 多亿元。2018 年涉及袋式除尘（含电袋）业务的合同额近 6 亿元。在北京、上海、天津、西安、武汉、乌鲁木齐、宿迁、盐城等多个城市建有研发和生产基地，构建了全国性的网络布局。

公司的科研力量雄厚，设有"博士后科研工作站"，现有包括享受国务院特殊津贴专家、教授级高级工程师和海外博士在内的各类专业技术人员 1000 多人。先后承担"863"计划等国家级科研开发任务数十项，主持多项国家和行业标准的制定。

2. 江苏科林集团·科林环保技术有限责任公司

江苏科林集团·科林环保技术有限责任公司致力于袋式除尘器的研发、设计、制造、销售和工程总包服务，是一家拥有国家环保工程专项设计和总承包资质的高新技术企业。公司 2018 年度完成营收约 4.5 亿元，出口创汇约 1500 万美元，实现利税约 5000 万元。

公司创建于 1979 年 4 月，现有员工 500 多人，占地面积 18 万 m^2，建筑面积 12 万 m^2。公司自主研发设计的生活垃圾和危废焚烧烟气协同治理技术、电炉烟气净化和节能成套一体化技术、10 m 长袋等新技术产品，通过省级技术鉴定，并在中外客户中得到成功应用。公司的产品销售涵盖全国各地并出口日本、挪威等 20 多个国家和地区，年产品用钢量约 1.8 万 t。

公司拥有较强的科研力量，设有"博士后科研工作站"，先后获得"国家认定企业技术中心""国家级重点高新技术企业""全国守合同重信用企业"等荣誉称号。先后完成"863"计划等国家级科研开发任务 3 项，主持或参与完成了十多项国家和行业标准的制定（修订）任务。

3. 中钢集团天澄环保科技股份有限公司

中钢天澄是中国环境保护产业协会骨干企业，国家"火炬"计划重点高新技术企业，是中国环境保护产业协会袋式除尘专业委员会和电除尘专业委员会单位。拥有"国家工业烟气除尘工程技术研究中心""国家环境保护工业烟气控制工程技术中心""烟气多污染物控制技术与装备国家工程实验室"。

中钢天澄拥有生态建设和环境工程咨询甲级、环境工程（废气、固废）专项设计甲级、环境污染治理设施运营甲级等多项资质，工业废水、生活污水环境污染治理设施运营获甲级临时资质。

近20年来，中钢天澄连续承担国家"十五""十一五""十二五""十三五""863"课题和重大专项课题攻关。开发了钢铁行业工业炉窑烟尘 $PM_{2.5}$ 高效控制技术与装备及燃煤电厂锅炉烟气微细粒子高效控制技术和装备等多项国家先进大气污染防治技术和装备，为中国电力及非电行业实现超低排放提供了技术和装备支撑，为节能减排工作和污染防治攻坚战做出了贡献。

2018年公司的袋式除尘业务合同额8.2亿元，利润2700万元，同比增长20%。

4. 南京龙源环保有限公司

南京龙源环保有限公司主要从事燃煤电厂烟气环保治理工程，按专业分为：除尘、脱硫、脱硝。除尘包括：袋式除尘、电袋复合式除尘及湿式电除尘。

2018年公司全年的袋式除尘及电袋复合式除尘合同额8.19亿元，利润5471万元。

5. 合肥水泥研究设计院

合肥水泥研究设计院是原国家建材局直属的重点科研设计单位，拥有原建设部颁发的甲级设计证书。主要从事水泥工业生产技术装备的开发和应用研究，并承担各种窑型水泥生产线的工程设计、技术服务、工程承包、工程监理和环境评价等工作。通过科技攻关和引进技术的消化与转化设计，以及创办科技实业，从事科技产品生产和经贸，为中国水泥厂的技术进步提供新工艺、新装备、新材料等技术和产品。

"十二五"规划开发的除尘技术有："水泥行业去除有害有毒气体的袋式除尘器的开发研究""水泥行业多种污染物现状调研和去除技术的研究""袋式除尘器设备结构大型化、安全化和快装化的研究""高效、低能耗袋式除尘器的开发研究"。

2018年公司在袋式除尘器及相关方面取得了较好的销售业绩，签订袋式除尘器销售合同约24 500万元，实现利润约1610万元，业务范围覆盖了水泥、钢铁、冶金、燃煤锅炉、生物质和生活垃圾焚烧发电等行业，进一步拓展了高含硫烟气和高浓度有机物废水高效净化业务，取得了显著成果；在利用袋式除尘器实施干法脱硫除尘的基础上，进一步开发高效脱硫技术，实现了在深圳某公司4台750 t/d生活垃圾焚烧炉烟气净化达到欧盟2000标准排放目标；开发了脱硫、脱硝、除尘一体化技术；完成了"捕集 $PM_{2.5}$ 的袋式除尘器"科研项目选点和使用的效果测试，达到了预期技术指标；承接和开展的省级科研项目智能化袋式除尘器，各项技术攻关进展顺利。

6. 南京际华三五二一特种装备有限公司

南京际华三五二一特种装备有限公司的规模位于中国滤料企业的前三位。公司的人才优势、科技创新能力在中国滤料企业中首屈一指，是承接国家"863"计划的滤料研发项目企业。公司获得"高新技术企业"资格，获得"江苏省企业技术中心"称号，是"江苏省二噁英滤料分解除尘工程研究中心"依托单位，具有很强的核心竞争能力。

公司形成了"自主创新、项目合作、购买技术和专利、专家工作站"相结合的新型创新体系，其中"产学研联盟"是公司的一大特色。公司与浙江理工大学、西安工程大学、西北化工研究院合作研发的"耐高温、耐腐蚀、自催化环保滤材项目"，对于解决垃圾焚烧尾气中的持久性污染物——二噁英的催化分解具有革命性的意义，该项目已取得重要进展，获得国家专利6项，其中授权发明专利2项；公司与清华大学环境工程学院共同合作，进一步深化该项目的研究。公司还与东北大学合作"袋式除尘高性能滤料研究及应用"的国家"863"计划项目，对于解决火力电厂微细粒子除尘具有重大意义。

公司目前拥有 6 条无纺滤材生产线，5 台 / 套后处理设备和 30 多台 / 套自动缝制设备，已形成年产逾 500 万 m² 的耐高温、耐腐蚀环保滤材的生产规模。目标是打造中国环保滤材民族产业，建立国际一流的环保滤材科技产业园。

2018 年公司签订合同总额 2.05 亿元，年度净利润额为 1613 万元。

7. 辽宁鸿盛环境技术集团有限公司

辽宁鸿盛环境技术集团有限公司于 2012 年 8 月在营口市成立，注册资本金 11 000 万元。公司经营范围包括研发环保科技材料，开发和经营各种除尘滤袋、玻纤滤袋、针刺毡滤袋、覆膜滤袋等产品，生产销售过滤袋、空气及水过滤材料以及除尘器、水处理设备、脱硫脱硝设备，承接工业烟尘治理，脱硫、脱硝、除尘工程建设，滤袋安装服务及维修，除尘设备安装及维护，第三方治理运营管理服务，除尘布袋的回收，以及上述产品的包装业务、技术咨询、技术服务、进出口业务。公司是除尘滤袋等产品专业生产加工企业，拥有完整、科学的质量管理体系。公司的诚信、实力和产品质量获得业界的认可。

2017 年公司研发的高硅氧（改性）覆膜滤料通过专家鉴定，该技术攻克了高硅氧（改性）纤维制备、后处理和覆膜等关键技术，形成了规模化生产，核心技术达到国际领先水平。

2018 年公司签订合同总额 8 亿元，其中出口 1.9 亿元，实现利税 1.2 亿元，年度净利润 6538 万元。

8. 烟台泰和新材料股份有限公司

烟台泰和新材料股份有限公司的前身是烟台氨纶公司，专业从事高科技特种纤维的研发与生产，是国家"火炬"重点高新技术企业，中国特种纤维专业委员会主任单位。拥有国家级企业技术中心，在中国率先实现了氨纶、间位芳纶和对位芳纶的产业化生产，先后填补国内高性能纤维领域的多项空白。公司拥有资产总额 14 亿元，占地 26 万 m²，为目前国内规模最大的特种纤维生产企业，各项经济技术指标始终居全国同行业之首。2008 年 6 月，公司股票在深圳证券交易所上市；2011 年 9 月，公司更名为烟台泰和新材料股份有限公司。

为谋求更大的发展空间，公司发挥人才与技术优势，在高科技特种纤维领域不断开拓创新，成功开发出耐高温、阻燃、绝缘新材料——纽士达®芳纶，并实现了工业化生产，彻底打破了少数发达国家对中国的技术封锁和市场垄断。

公司主持和参与了《氨纶长丝》《间位芳纶短纤维》《阻燃防护服》《焊接防护服》等多项国家标准、行业标准的修改制定；取得了《彩色氨纶纤维的制备方法》《干法氨纶废丝再生为正常氨纶丝的方法》《原液着色间位芳纶短纤维及其制备方法》等多项发明专利；先后承担《芳纶系列纤维及其下游产品》《对位芳纶长丝及其浆粕中试技术的研究与开发》《芳纶有色阻燃纤维及其织物产业化技术开发》《年产 500 吨级对位芳纶关键技术和轮胎帘子布国产芳纶应用技术》《年产 1000 吨对位芳纶产业化项目》等重大科技专项。

公司依托自主知识产权，获得国家科技进步二等奖的核心专有技术——氨纶纤维产业化技术、间位芳纶产业化技术，在特种纤维领域不断发展壮大，取得了显著的经济效益和社会效益。

2018 年公司签订合同总额 3.16 亿元，出口 1.28 亿元，年度净利润额为 7200 万元。

9. 江苏东方滤袋股份有限公司

江苏东方滤袋股份有限公司是集研发、生产、销售、技术支持与服务为一体的实体型企业，并在"新三板"上市（股票代码：831824）。注册资金5323万元，拥有进口德国奥特发、卡尔迈耶等生产线9条、员工220人。公司主营各类环保滤料产品，年生产能力1000万 m²，营销网点遍布全球，产品销往10多个国家和地区，现为中国产业用纺织品行业协会和中国袋式除尘委员会常务理事单位。

公司拥有授权专利10项，其中发明专利6项，参与制定国家标准2项、行业标准2项；产品荣获江苏省名牌产品2项、江苏省高新技术产品8项、江苏省科学技术奖2项、江苏省环境保护科技进步奖12项，"耐高温水解间位芳纶滤料"荣获江苏省科技创业大赛优秀奖，研发的部分产品列入科技部国家"火炬"计划项目和国家重点新产品项目，承担国家"十二五"科技支撑计划等项目12项。

公司通过了 ISO 9001：2008 质量体系、ISO 14001：2004 环境体系认证和安全生产标准化二级企业，在环保行业率先被评为"国家'火炬'计划重点高新技术企业""全国守合同重信用企业""国家鼓励发展的重大环保技术装备依托单位"、2014—2015 年中国非织造布行业最具成长性企业、第四届中国创新创业大赛优秀企业。公司本着"追求、务实、诚信、创新"的经营理念，努力提供最好的滤料，为保护环境做出更大的贡献。

2018年公司签订合同总额1.82亿元，实现利税4100万元，年度净利润2422万元。

10. 厦门三维丝环保股份有限公司

厦门三维丝环保股份有限公司是中国环境保护产业协会袋式除尘委员会副主任委员单位，是一家创业板上市的滤料企业，是袋式除尘行业重点骨干企业，是我国从事滤料、滤袋生产的知名企业。公司的主要产品为滤料行业的中高端领域的高温针刺滤毡，包括聚苯硫醚针刺毡（PPS）、聚酰亚胺针刺毡（PI）、聚四氟乙烯针刺毡（PTFE）和偏芳族聚酰胺针刺毡（MX）等。经过多年的努力，公司产品在中高端滤料产品中的技术水平和市场占有率均处于领先地位，在燃煤锅炉电厂尾气治理滤料市场上处于领军地位。公司目前是中国能与外资企业高标准竞争的滤料企业之一，是中国首家拥有 600 MW 燃煤电厂机组运行业绩的滤袋生产企业。

公司积极研制适应各种工况的滤料产品，并开发不同滤料化学后处理配方，产品广泛应用于钢铁、冶炼、垃圾焚烧、电力锅炉、工业锅炉、水泥、沥青、粮食、烟草、矿山、石材加工、陶瓷等行业。近年来，随着中国电力、水泥、钢铁、垃圾焚烧发电、铁合金、炭黑等行业的大力发展，以及中国大气污染物排放标准的提高，除尘滤料，尤其是高性能微孔滤料有广阔的市场发展前景。

公司作为中国高性能滤料的领跑者，多年来一直致力于高性能滤料的生产与研发，形成了从常规纤维滤料到超细、异型等特种纤维滤料的系列化、功能化和专业化产品，占据了中国高性能滤料较大的市场份额。为了充分发挥企业的技术、市场优势，增强与国际顶尖滤料企业的竞争实力，重新确立高性能滤料的市场格局，促进高性能滤料的技术升级，公司提出新一代微孔滤料关键技术，旨在解决高温除尘领域一直以来难以控制的可吸入颗粒物排放问题，赋予大型袋式除尘机组高效低阻的优异特性，具有节能减排的双重效果。

2018年，公司的袋式除尘业务合同总额4.05亿元，其中出口额2890万元，实现利润2608万元。

11. 抚顺天宇滤材有限公司

抚顺天宇滤材有限公司 2018 年签订合同额 1.38 亿元，营业收入利税总额 1563 万元。公司主攻领域：燃煤电厂超净排放、钢铁 SDA 烧结机、铝电解净化系统。2018 年的创新点：燃煤电厂超净排放，河南平顶山神马集团坑口电厂标准状态下前置半干法脱硫 5 mg/m³ 超净排放，东营胜利电厂标准状态下 600 MW 机组 10 mg/m³ 超净排放，湛江电厂标准状态下 2×300 MW 机组 10 mg/m³ 超净排放项目、新疆天山铝业标准状态下 300 MW 机组前置半干法脱硫 10 mg/m³ 超净排放。

近年来，随着波形皱褶滤袋的开发及成功应用，在铝电解净化系统、燃煤电厂项目的超净排放上，粉尘出口标准状态下排放达到 5 mg/m³。2018 年该项技术和产品获得了广泛推广。

12. 抚顺恒益科技滤材有限公司

抚顺恒益滤布有限公司成立于 2001 年 9 月，是一家致力于技术类无纺针刺工业用滤布开发研制及生产的专业公司。为中国环保产业协会袋式除尘专业委员会成员单位。是杜邦公司 NOMEX® 纤维及帝人 CONEX® 纤维的大陆 6 家高温滤材的特许生产商。公司通过 ISO 9001：2000 国际质量体系认证。2006 年 7 月公司在抚顺经济开发区置地 30 余亩，又成立了抚顺恒益科技滤材有限公司，并以高科技型滤材为"恒益®滤布"的发展方向，"恒久品质，益在环保"为企业发展的宗旨，现年滤料生产能力可达 500 万 m²。公司可专业生产各种常温、中温、高温恒益®无纺针刺毡系列产品，并可根据各不同工矿条件的工艺要求加工制作各种除尘布袋及骨架。公司产品现已广泛应用于电厂燃煤锅炉、钢铁、水泥、冶金、建材、机械、化工、医疗、食品、沥青搅拌以及环保设备厂等各行业，产品质量深得用户的青睐。

2018 年公司签订合同额 2.0876 亿元，利税总额 4725 万元，利润 2765 万元。

脱硫脱硝行业 2018 年发展报告

1 2018 年度烟气脱硫脱硝行业发展概况

1.1 大气污染治理领域有关政策

1.1.1 国务院印发《打赢蓝天保卫战三年行动计划》

2018 年 7 月，国务院印发《打赢蓝天保卫战三年行动计划》（简称《三年行动计划》），北京、河北、天津、山西、甘肃、宁夏、安徽、江苏等省（区、市）陆续出台地方行动计划，明确了各地的"作战目标"。

针对煤电行业，在普遍提出大力推进燃煤机组超低排放改造的基础上，河北、天津、山东、江西、江苏等地实施了燃煤机组烟羽水汽回收脱白工程。具体任务及措施见表1。

表1 《三年行动计划》关于电力行业的深度治理任务及措施

地区	任务及措施
河北	2018 年，结合机组检修计划，有序开展城市主城区及环境空气敏感区燃煤电厂有色烟羽治理试点工程；2019 年底前，全省具备深度减排改造条件的燃煤机组完成深度治理，达到相关标准要求；到 2020 年，全省火电行业单位发电煤耗及污染排放绩效达到世界领先水平
天津	2018 年，印发实施天津市火电厂大气污染物排放标准；2019 年年底前，完成全市 22 套公共煤电机组冷凝脱水深度治理
山东	试点开展位于城市建成区内的大型燃煤机组湿烟气脱白治理
吉林	2018 年年底前，全省 30 万 kW 及以上燃煤机组全部完成超低排放改造。继续推进 20 万 kW 级燃煤机组超低排放改造工程；2019 年年底前，力争超低排放改造机组容量达到全省火电机组总容量的 75% 以上。对完成超低排放改造的机组适当增加发电小时数；2020 年年底前，30 万 kW 及以上热电联产电厂 15 km 供热半径范围内，在热电联产供热负荷能够满足供热需求的情况下，除必要保留的调峰锅炉外，燃煤供热锅炉和落后燃煤小热电全部关停整合
内蒙古	全区大力推进燃煤机组（不含循环流化床及"W"火焰锅炉）超低排放改造，到 2018 年年底，乌海市及周边地区所有在役火电燃煤机组基本完成；到 2020 年年底，其他地区具备改造条件的燃煤电厂全部改造完成
宁夏	2018 年年底前，全区 30 万 kW 及以上公用燃煤发电机组、10 万 kW 及以上自备燃煤发电机组全部实现超低排放，其他火电企业（含自备电厂）全部达到特别排放限值要求；2020 年，全区所有具备改造条件的火电机组（含自备电厂）全部完成超低排放改造
甘肃	2019 年年底前完成计划内燃煤火电机组超低排放改造
云南	实施火电行业超低排放改造和工业硅烟气治理，到 2020 年，完成火电企业燃煤机组超低排放改造任务，完成全省工业硅冶炼企业烟气脱硫工程建设
贵州	2018 年实施华电大龙发电有限公司等 4 台共 180 万 kW 机组超低排放改造；2019 年实施大唐贵州发耳发电有限公司等 4 台共 216 万 kW 机组超低排放改造；到 2020 年全省其他具备改造条件的燃煤机组全部完成超低排放改造

续表

地区	任务及措施
江西	2018 年，全面启动全省所有热电联产机组、循环流化床机组以及工业企业自备燃煤发电机组超低排放改造；推进全省现役燃煤发电机组超低排放改造，实施电厂有色烟羽深度治理。按期完成国电九江电厂 #5 和 #6 机组、国电投贵溪电厂 #5 和 6# 机组等 4 台机组超低排放改造；2019 年 6 月底前完成大唐新余发电厂 #1 和 #2 机组、国电投分宜发电厂 #8 和 #9 机组超低排放改造或淘汰关停
江苏	燃煤机组实施烟羽水汽回收脱白工程
四川	推进 30 万 kW 以上燃煤火电机组实施超低排放改造，完成达州 30 万 kW、广安 60 万 kW 燃煤发电机组超低排放改造，大力推进泸州川南电厂 60 万 kW 机组超低排放改造

针对钢铁、焦化、水泥、化工等非电行业，国家及地方《三年行动计划》均提出钢铁等行业实施超低排放改造，焦化、水泥、平板玻璃、石化及化工等行业 SO_2、NO_x、PM 和 VOCs 实施特别排放限值改造。河北实施焦化、钢铁等行业有色烟羽治理，具体情况见表 2。

表 2 《三年行动计划》关于非电行业的超低排放改造任务及措施

地区	任务及措施
河北	到 2020 年 10 月，全省焦化行业全部完成深度治理，达到超低排放标准。2020 年，全省符合改造条件的钢铁企业全部达到超低排放标准；全省符合条件的焦化、钢铁企业完成有色烟羽治理
天津	火电、钢铁、石化、化工、有色（不含氧化铝）、水泥行业现有企业及在用锅炉，自 2018 年 10 月 1 日起，执行 SO_2、NO_x、PM 和 VOCs 特别排放限值；焦化行业现有企业通过实施提标改造，自 2019 年 10 月 1 日起执行特别排放限值。按照国家要求，2019 年年底前，全面完成钢铁行业超低排放改造等综合整治工作
山东	自 2020 年 1 月 1 日起，全省全面执行《山东省区域性大气污染物综合排放标准》第四时段大气污染物排放浓度限值。到 2020 年，工业污染源全面执行国家和省大气污染物相应时段排放标准要求。持续推进工业污染源全面达标排放，将烟气在线监测数据作为执法依据
内蒙古	呼和浩特市、包头市、乌海市及周边地区、鄂尔多斯市准格尔旗和达拉特旗等地区，对有色（不含氧化铝）、水泥、平板玻璃、焦化、石化及化工等重点行业及 65 蒸吨 /h 及以上燃煤锅炉的新建项目从 2018 年 10 月 1 日起开始执行大气污染物特别排放限值。现役企业从 2020 年 1 月 1 日起，执行大气污染物特别排放限值
宁夏	2018 年年底前，重点区域钢铁、水泥、石化、有色等重点行业完成 SO_2、NO_x、PM 以及 VOCs 特别排放限值改造，其他区域在 2019 年年底前完成达标改造。推动实施钢铁等行业超低排放改造，鼓励粗钢产能 200 万 t 以上钢铁企业实施超低改造
甘肃	2018 年年底前完成金川公司、白银公司和酒钢集团本部各冶炼生产系统有组织、无组织排放全面达标治理工作
江西	新余钢铁集团有限公司、萍乡萍钢安源钢铁有限公司、方大特钢科技股份有限公司、九江萍钢钢铁有限公司针对目前大气环境现状，分别编制完成《钢铁企业大气环境综合治理三年改造实施方案（2018—2020 年）》，分三年完成全厂大气环境升级改造综合治理，达到国家清洁生产先进水平。推动全省钢铁行业超低排放升级改造；萍乡市、新余市、宜春市所有水泥企业要开展废气治理升级改造工作，大气污染物排放执行《水泥工业大气污染物排放标准》（GB 4915—2013）中特别排放限值；上饶市、鹰潭市分别完成 2 家以上重点有色冶炼企业综合整治试点。到 2020 年，全省基本完成有色冶炼行业综合整治，达到国家清洁生产先进水平

续表

地区	任务及措施
浙江	以100个重点工业园区为抓手，全面推进各类工业园区废气治理。以每年完成1000个工业废气重点治理项目为抓手，全面推进工业企业废气污染治理，建立完善"一厂一策一档"制度
江苏	全省范围内 SO_2、NO_x、PM、VOCs 全面执行大气污染物特别排放限值

针对燃煤锅炉，各地就《三年行动计划》中相关任务普遍提出完成 65 蒸吨/h 及以上燃煤锅炉节能和超低排放改造，具体情况见表3。

表3　《三年行动计划》关于燃煤锅炉的综合治理任务及措施

地区	任务及措施
北京	完成平谷区、延庆区5座燃煤供热中心的锅炉清洁能源改造，基本实现全市平原地区"无煤化"
河北	2019年年底前，35 蒸吨/h 以上燃煤锅炉基本完成有色烟羽治理和超低排放改造，保留的燃煤锅炉全面达到排放限值和能效标准。推广清洁高效燃煤锅炉
天津	2020年9月底前，65 蒸吨/h 及以上燃煤燃油锅炉全部实现超低排放，其他锅炉达到大气污染物特别排放限值
山东	65 蒸吨/h 及以上燃煤锅炉在完成超低排放改造的基础上全部完成节能改造
吉林	2018年9月底前，全省20 蒸吨/h 及以上燃煤锅炉全部完成污染治理设施达标改造，安装污染排放自动监控设备，并与生态环境部门联网，确保长期稳定达标。65 蒸吨/h 及以上燃煤锅炉的现役企业从2020年1月1日起，开始执行大气污染物特别排放限值，其新建项目从2018年10月1日起开始执行大气污染物特别排放限值
内蒙古	65 蒸吨/h 及以上燃煤锅炉的现役企业从2020年1月1日起，开始执行大气污染物特别排放限值，其新建项目从2018年10月1日起开始执行大气污染物特别排放限值
宁夏	2018年年底前，银川都市圈达到燃煤锅炉特别排放限值要求，其他地区达到排放标准要求。2020年底前，鼓励全区65 蒸吨/h 及以上燃煤锅炉全部完成节能和超低排放改造
陕西	2019年年底前，关中地区所有35 蒸吨/h 及以下燃煤锅炉（20 蒸吨/h 及以上已完成超低排放改造的除外）、燃煤设施和工业煤气发生炉、热风炉、导热油炉全部拆除或实行清洁能源改造
安徽	65 蒸吨/h 及以上燃煤锅炉全部完成节能和超低排放改造
浙江	35 蒸吨/h 及以上高污染燃料锅炉完成节能和超低排放改造
江苏	65 蒸吨/h 及以上的燃煤锅炉全部完成节能和超低排放改造，其余燃煤锅炉全部达到特别排放限值要求
四川	加强20 蒸吨/h 及以上燃煤锅炉达标排放监管

另外，各地方行动计划中，针对燃气锅炉，河北、天津、山东、宁夏、陕西、安徽、浙江、江苏等省（区、市）提出实施燃气锅炉低氮改造。针对生物质锅炉，河北、天津、山东、安徽、浙江、江苏省（市）地提出实施生物质锅炉超低排放改造。

1.1.2 《中华人民共和国环境保护税法》开始施行

2018 年 1 月，《中华人民共和国环境保护税法》开始施行，直接向环境排放应税污染物的企事业单位和其他生产经营者依法缴纳环境保护税。应税大气污染物按照污染物排放量折合的污染当量数确定；应税大气污染物的应纳税额为污染当量数乘以具体适用税额（1.2 元至 12 元）。各地的大气污染物税额见表 4。

表 4　大气污染物税额情况统计

地区	大气污染物税额（每污染当量）
北京	12 元
上海	2018 年 SO_2、NO_x 的税额标准分别为 6.65 元、7.6 元；其他大气污染物为 1.2 元。2019 年 1 月 1 日起，SO_2、NO_x 的税额标准分别调整为 7.6 元、8.55 元
天津	SO_2 为 6 元；NO_x 为 8 元；烟尘为 6 元；一般性粉尘为 6 元；其他应税大气污染物 1.2 元
河北	一档：9.6 元；二档：6 元；三档：4.8 元
河南、江苏	4.8 元
山东	SO_2、NO_x 为 6 元，其他大气污染物 1.2 元
浙江	1.4 元
贵州、海南、湖南	2.4 元
湖北	SO_2 和 NO_x 为 2.4 元，其余大气污染物为 1.2 元
重庆	3.5 元
四川	3.9 元
山西、广东、广西、黑龙江	1.8 元
安徽、福建、江西、云南、辽宁、吉林、甘肃、宁夏、青海、陕西、新疆	1.2 元

1.1.3 钢铁行业环保政策频出，烟气超低排放改造全面展开

在煤电减排潜力有限的情况下，非电行业成为进一步减排的主要领域。作为非电领域大气污染物的排放大户，钢铁行业超低排放改造率先拉开全国非电提标改造的序幕。2018 年以来，钢铁行业迎来规模最大、执行力度最强的环保限控。多地发布错峰生产计划，其中提到对于实现稳定超低排放的烧结机免于错峰生产。

2018 年《政府工作报告》要求推动钢铁等行业超低排放改造。

2018 年 4 月，河北省印发《钢铁工业大气污染物超低排放标准（征求意见稿）》。

2018 年 5 月，生态环境部发布《钢铁企业超低排放改造工作方案（征求意见稿）》。明确新建（含搬迁）钢铁项目要全部达到超低排放水平。到 2025 年底，全国具备改造条

件的钢铁企业力争实现超低排放。

2018年9月，河北省公布《钢铁工业大气污染物超低排放标准》。该标准将于2019年1月1日起实施，要求现有企业自2020年10月1日起执行；新建企业自标准实施之日起执行。

2018年9月、11月，山东省先后发布《钢铁工业大气污染物排放标准（征求意见稿）》和《钢铁工业大气污染物排放标准（二次征求意见稿）》，调整了部分大气污染物的排放控制标准，要求京津冀大气污染传输通道城市内的现有企业自2020年11月1日起执行，其他非传输通道城市的现有企业自2022年1月1日起执行；新建企业自标准实施之日起执行。

2019年1月21日，生态环境部召开2019年首场例行新闻发布会，生态环境部大气环境司负责人表示，2019年推进钢铁行业超低排放改造；钢铁行业超低排放工作是推进重点行业污染深度治理的重点工作之一。

目前，钢铁企业多是按照2012年原环境保护部发布的烧结、炼铁、炼钢、轧钢大气污染物排放国家标准中"新建企业"及"特别排放限值"要求进行有组织污染排放的控制。而超低排放标准在此基础上大幅度收严了排放限值的要求，具体标准见表5。

表5　钢铁行业大气污染物排放限值

生产工序	生产设施	指标名称	新建企业/（mg/m³）	特别排放限值/（mg/m³）	超低排放/（mg/m³）
烧结（球团）	烧结机、球团焙烧设备	PM	50	40	10
		SO₂	200	180	35
		NOₓ	300	300	50
	烧结机机尾、带式焙烧机机尾、其他生产设备	PM	30	20	10
炼铁	热风炉	PM	20	15	10
		SO₂	100	100	50
		NOₓ	300	300	150
	原料系统、煤粉系统、高炉出铁场、其他生产设施	PM	25	15（出铁场）	10
炼钢	转炉（一次烟气）	PM	50	50	10
	铁水预处理、转炉、电炉、精炼炉	PM	20	15	10
	连铸切割及火焰清理、石灰窑、白云石窑焙烧	PM	30	30	10
	钢渣处理	PM	100	100	10
	其他生产设施	PM	20	15	10

生产工序	生产设施	指标名称	新建企业 /（mg/m³）	特别排放限值 /（mg/m³）	超低排放 /（mg/m³）
轧钢	热处理炉	PM	20	15	10
		SO₂	150	150	50
轧钢	热处理炉	NOₓ	300	300	150
	热轧精轧机	PM	30	20	10
	拉矫、精整、抛丸、修磨、焊接机及其他生产设施	PM	20	15	10

1.1.4 燃煤发电厂液氨罐区尿素替代升级改造大幅度提速

2019 年 3 月 21 日，江苏盐城市响水县化学储罐发生爆炸事故，造成重大损失和重大人员伤亡，习近平总书记立即做出重要指示，要深刻吸取教训，加强安全隐患排查，严格落实安全生产责任制，坚决防范重特大事故发生，确保人民群众生命和财产安全。

为进一步加强电力安全生产监督管理，持续推进电力行业危险化学品安全综合治理，国家能源局综合司 2019 年 4 月 11 日发布《切实加强电力行业危险化学品安全综合治理工作的紧急通知》，要求突出重点，推进重大危险源管控和改造，在运燃煤发电厂仍采用液氨作为脱硝还原剂的，有关电力企业要按照国家能源局《关于加强燃煤机组脱硫脱硝安全监督管理的通知》（国能综安全〔2013〕296 号）、《燃煤发电厂液氨罐区安全管理规定》等文件规定，积极开展液氨罐区重大危险源治理，加快推进尿素替代升级改造进度，新建燃煤发电项目应当采用无重大危险源的技术路线。

按照国家能源局的要求，各大发电集团的"液氨改尿素"工作大幅度提速。

1.2 烟气脱硫脱硝产业发展概况

为深入了解我国燃煤烟气污染物控制情况，更好地服务行业和企业，服务好政府的宏观政策管理，中国环境保护产业协会组织脱硫脱硝委员会连续两年开展了燃煤烟气脱硫脱硝行业运营情况的调查工作。本着企业自愿参与调查和可核查的原则，对参与调查企业 2018 年度燃煤电厂和非电行业脱硫脱硝行业运营情况进行了总结。

1.2.1 燃煤电厂行业烟气脱硫脱硝发展概况

截至 2018 年年底，全国发电装机容量 19.0 亿 kW，同比增加 6.5%，其中煤电装机容量约 10.1 亿 kW。全国发电量 69 940 亿 kW·h，同比增长 8.4%，其中火电发电量 49 231 亿 kW·h、同比增长 7.3%。全年发电设备平均利用小时数为 3862 h，同比增加 73 h，其中，全年火电设备平均利用小时数为 4361 h，同比增加 143 h。

目前，全国达到超低排放限值的煤电机组 8.1 亿 kW，占煤电总装机容量的 80%，已建成世界最大的煤炭清洁发电体系。

1.2.1.1 大型燃煤电厂新签合同烟气脱硫机组容量

表6给出了参与调查的各会员企业2018年度大型燃煤电厂新签合同烟气脱硫机组容量情况（不包括历史累计容量）。截至2018年年底，参与调查各企业全国新签合同大型燃煤电厂烟气脱硫机组总容量为32492 MW。其中北京国电龙源环保工程有限公司、国家电投集团远达环保股份有限公司、北京清新环境技术股份有限公司和福建龙净环保股份有限公司等行业龙头企业的燃煤电厂新签合同的脱硫机组容量较突出，分别为6610 MW、5640 MW、4500 MW 和 4020 MW。

表6 2018年度大型燃煤电厂新签合同烟气脱硫工程机组容量情况
（按大型燃煤电厂新签合同烟气脱硫工程机组容量大小排序）

序号	单位名称	电力新签合同容量/MW
1	北京国电龙源环保工程有限公司	6610
2	国家电投集团远达环保股份有限公司	5640
3	北京清新环境技术股份有限公司	4500
4	福建龙净环保股份有限公司	4020
5	浙江菲达环保科技股份有限公司	3300
6	北京国能中电节能环保技术股份有限公司	2630
7	武汉凯迪电力环保有限公司	1960
8	北京博奇电力科技有限公司	1732
9	江苏科行环保股份有限公司	600
10	山东神华山大能源环境有限公司	600
11	浙江天蓝环保技术股份有限公司	600
12	华北电力大学	300
	总容量	32 492

注：本报告中大型燃煤电厂统计范围是指电厂单机容量在300 MW及以上的工程项目，下同。

1.2.1.2 大型燃煤电厂新投运烟气脱硫机组容量

表7给出了参与调查各会员企业2018年度电力新投运烟气脱硫机组容量情况（不包括历史累计容量）。截至2018年年底，参与调查企业的新投运大型燃煤电厂烟气脱硫机组总容量为33 830 MW。其中北京国电龙源环保工程有限公司、福建龙净环保股份有限公司、国家电投集团远达环保股份有限公司和北京国能中电节能环保技术股份有限公司的电力新投运脱硫机组容量较大，分别为14540 MW、7940 MW、3420 MW 和 2640 MW。

表7　2018年度大型燃煤电厂新投运烟气脱硫机组容量情况

（按大型燃煤电厂新投运烟气脱硫机组容量大小排序）

序号	单位名称	电力新投运容量 / MW
1	北京国电龙源环保工程有限公司	14 540
2	福建龙净环保股份有限公司	7940
3	国家电投集团远达环保股份有限公司	3420
4	北京国能中电节能环保技术股份有限公司	2640
5	浙江菲达环保科技股份有限公司	2280
6	北京清新环境技术股份有限公司	1050
7	江苏科行环保股份有限公司	700
8	武汉凯迪电力环保有限公司	660
9	山东神华山大能源环境有限公司	600
	总容量	33 830

1.2.1.3 大型燃煤电厂新签合同烟气脱硝工程机组容量

表8给出了参与调查各会员企业2018年度大型燃煤电厂新签合同烟气脱硝工程机组容量情况（不包括历史累计容量）。截至2018年年底，参与调查企业的全国新签合同大型燃煤电厂烟气脱硝机组总容量为37 768 MW。其中国家电投集团远达环保股份有限公司、北京国电龙源环保工程有限公司和福建龙净环保股份有限公司的燃煤电厂新签合同脱硝机组容量较大，分别为10 960 MW、10 740 MW和7660 MW。

表8　2018年度大型燃煤电厂新签合同烟气脱硝工程机组容量情况

（按大型燃煤电厂新签合同的烟气脱硝工程机组容量大小排序）

序号	单位名称	电力新签合同容量 /MW
1	国家电投集团远达环保股份有限公司	10 960
2	北京国电龙源环保工程有限公司	10 740
3	福建龙净环保股份有限公司	7660
4	北京博奇电力科技有限公司	2160
5	浙江菲达环保科技股份有限公司	2020
6	北京国能中电节能环保技术股份有限公司	1700
7	北京清新环境技术股份有限公司	668
8	武汉凯迪电力环保有限公司	660
9	山东神华山大能源环境有限公司	600
10	华北电力大学	600
	总容量	37 768

1.2.1.4 大型燃煤电厂新投运的烟气脱硝工程机组容量

表9给出了参与调查各会员企业2018年度大型燃煤电厂新投运的烟气脱硝工程机组容量情况（不包括历史累计容量）。截至2018年年底，参与调查企业的全国新投运大型燃煤电厂烟气脱硝机组总容量为30 470 MW。其中主要以北京国电龙源环保工程有限公司、国家电投集团远达环保股份有限公司和福建龙净环保股份有限公司为主，分别为15 580 MW、7630 MW 和 3200 MW。

表 9　2018 年度大型燃煤电厂新投运烟气脱硝工程机组容量情况

（按大型燃煤电厂新投运烟气脱硝工程机组容量大小排序）

序号	单位名称	电力新投运容量 /MW
1	北京国电龙源环保工程有限公司	15 580
2	国家电投集团远达环保股份有限公司	7630
3	福建龙净环保股份有限公司	3200
4	江苏科行环保股份有限公司	1360
5	北京博奇电力科技有限公司	800
6	浙江菲达环保科技股份有限公司	700
7	山东神华山大能源环境有限公司	600
7	北京清新环境技术股份有限公司	600
	总容量	30 470

1.2.1.5 大型燃煤电厂新签合同第三方运维新签合同容量

表 10 和 11 给出了参与调查各企业 2018 年度大型燃煤电厂第三方运维（含特许和运维）烟气脱硫脱硝工程机组新签合同容量情况（不包括历史累计容量）。大型燃煤电厂脱硫第三方运维公司主要包括北京博奇电力科技有限公司、上海申欣环保实业有限公司、国家电投集团远达环保股份有限公司、北京国能中电节能环保技术股份有限公司、福建龙净环保股份有限公司等。各参与调查企业烟气脱硫新签第三方运维总容量 26 510 MW，烟气脱硝新签第三方运维总容量 13 420 MW。

表 10　2018 年度大型燃煤电厂新签第三方运维烟气脱硫工程机组容量情况

（按大型燃煤电厂新签第三方运维脱硫工程机组容量大小排序）

序号	单位名称	电力新签合同容量 /MW
1	北京博奇电力科技有限公司	9260
2	上海申欣环保实业有限公司	5000

续表

序号	单位名称	电力新签合同容量/MW
3	国家电投集团远达环保股份有限公司	3470
4	北京国能中电节能环保技术股份有限公司	3000
5	福建龙净环保股份有限公司	2400
6	浙江菲达环保科技股份有限公司	1760
7	北京国电龙源环保工程有限公司	1320
8	北京清新环境技术股份有限公司	300
	总容量	26 510

表 11　2018 年度大型燃煤电厂新签第三方运维烟气脱硝工程机组容量情况

（按大型燃煤电厂新签第三方运维脱硝工程机组容量大小排序）

序号	单位名称	电力新签合同容量/MW
1	上海申欣环保实业有限公司	5000
2	福建龙净环保股份有限公司	2400
3	浙江天地环保科技有限公司	2400
4	北京国能中电节能环保技术股份有限公司	2000
5	北京博奇电力科技有限公司	1260
6	浙江菲达环保科技股份有限公司	360
	总容量	13 420

1.2.2 非电燃煤行业烟气脱硫脱硝发展概况

非电燃煤行业消耗了国内煤炭总量的近一半，包括钢铁（烧结机、球团焙烧设备）、冶金（含有色冶金）、各种窑炉（水泥、冶金、陶瓷、玻璃等）、各行业的自备燃煤动力锅炉、自备电厂及散煤等。

在火电行业污染治理已取得显著成果的情况下，2018 年国家和地方政府针对非电燃煤行业大气污染治理出台了更加严格的政策和标准，非电燃煤行业环保设施新建及提标改造已经拉开序幕。其中，钢铁行业迎来规模最大、执行力度最强的环保限控。继火电行业推进实施超低排放之后，污染物排放大户钢铁行业也开始进入超低排放倒计时。

为解决缺乏权威的非电燃煤行业烟气脱硫脱硝第一手数据的问题，中国环境保护产业协会脱硫脱硝委员会本着各会员企业自愿参与调查和可核查的原则，对参与调查的企业 2018 年度非电燃煤烟气脱硫脱硝行业的运营情况进行了综合分析。

1.2.2.1 非电燃煤行业新签脱硫工程合同容量

表12给出了参与调查企业2018年度非电燃煤行业新签合同脱硫工程处理烟气量情况（不包括历史累计烟气量）。与燃煤电厂不同，非电燃煤行业缺乏统一标准，因此本报告以中国环境保护产业协会脱硫脱硝委员会提出的万标立方米烟气量（标准状态下，万 m³/h）作为企业之间比较的标准。2018年，参与调查企业的全国非电燃煤行业新签合同烟气脱硫工程总处理烟气量标准状态下为22 612.04万 m³/h。其中福建龙净环保股份有限公司、北京清新环境技术股份有限公司和江苏科行环保股份有限公司等企业的非电新签合同脱硫烟气量最突出，标准状态下分别为8621.33万 m³/h、3256.42万 m³/h和2478.95万 m³/h。

表12　2018年度非电燃煤行业新签合同烟气脱硫工程处理烟气量情况

（按非电燃煤行业新签合同烟气脱硫工程处理烟气量大小排序）

序号	单位名称	非电新签合同烟气量 / 万 m³/h（标准状态下）
1	福建龙净环保股份有限公司	8621.33
2	北京清新环境技术股份有限公司	3256.42
3	江苏科行环保股份有限公司	2478.95
4	国家电投集团远达环保股份有限公司	1900.72
5	江苏新世纪江南环保股份有限公司	1590.13
6	浙江菲达环保科技股份有限公司	944.20
7	北京中航泰达环保科技股份有限公司	741.00
8	北京国电龙源环保工程有限公司	706.64
9	北京国能中电节能环保技术股份有限公司	436.64
10	江苏康洁环境工程有限公司	378.00
11	中冶节能环保有限责任公司	302.00
12	武汉凯迪电力环保有限公司	285.46
13	浙江天地环保科技有限公司	258.97
14	浙江天蓝环保技术股份有限公司	255.20
15	北京博奇电力科技有限公司	191.58
16	山东神华山大能源环境有限公司	176.00
17	合肥水泥研究设计院有限公司	47.00
18	中钢集团天澄环保科技股份有限公司	41.80
	总烟气量	22 612.04

表13给出了参与调查企业2018年度钢铁行业新签合同脱硫工程处理烟气量情况（不

包括历史累计烟气量）。2018 年，参与调查企业的钢铁行业新签合同烟气脱硫工程总处
理烟气量标准状态下为 5278.50 万 m³/h。其中福建龙净环保股份有限公司、北京中航泰
达环保科技股份有限公司和北京国能中电节能环保技术股份有限公司等企业的钢铁行业
新签合同脱硫烟气量最突出，标准状态下分别为 2742.3 万 m³/h、708 万 m³/h 和 414.64
万 m³/h。

表 13　2018 年度钢铁行业新签合同烟气脱硫工程处理烟气量情况
（按钢铁行业新签合同烟气脱硫工程处理烟气量大小排序）

序号	单位名称	钢铁新签合同烟气量 / 万 m³/h（标准状态下）
1	福建龙净环保股份有限公司	2742.30
2	北京中航泰达环保科技股份有限公司	708.00
3	北京国能中电节能环保技术股份有限公司	414.64
4	江苏康洁环境工程有限公司	378.00
5	中冶节能环保有限责任公司	302.00
6	江苏科行环保股份有限公司	259.00
7	北京清新环境技术股份有限公司	222.60
8	浙江菲达环保科技股份有限公司	134.00
9	国家电投集团远达环保股份有限公司	76.16
10	中钢集团天澄环保科技股份有限公司	41.80
	总烟气量	5278.50

1.2.2.2　非电燃煤行业新投运脱硫工程容量

表 14 给出了参与调查企业 2018 年度新投运非电燃煤行业脱硫工程处理烟气量情况
（不包括历史累计烟气量）。截至 2018 年年底，参与调查企业的全国非电燃煤行业新投
运烟气脱硫工程处理总烟气量标准状态下为 11 396.64 万 m³/h。其中福建龙净环保股份有
限公司、江苏科行环保股份有限公司和江苏新世纪江南环保股份有限公司的非电燃煤行
业新投运脱硫工程处理烟气量最大，标准状态下分别为 2432.72 万 m³/h 和 1756.22 万 m³/
h 和 1631.95 m³/h。

表 14　2018 年度非电燃煤行业新投运烟气脱硫工程处理烟气量情况
（按非电燃煤行业新投运烟气脱硫工程处理烟气量大小排序）

序号	单位名称	非电新投运烟气量 / 万 m³/h（标准状态下）
1	福建龙净环保股份有限公司	2432.72
2	江苏科行环保股份有限公司	1756.22

续表

序号	单位名称	非电新投运烟气量 / 万 m³/h（标准状态下）
3	江苏新世纪江南环保股份有限公司	1631.95
4	国家电投集团远达环保股份有限公司	1322.64
5	北京清新环境技术股份有限公司	1293.78
6	北京博奇电力科技有限公司	864.00
7	北京国电龙源环保工程有限公司	411.00
8	中冶节能环保有限责任公司	302.00
9	武汉凯迪电力环保有限公司	285.46
10	浙江天地环保科技有限公司	258.97
11	浙江菲达环保科技股份有限公司	253.31
12	山东神华山大能源环境有限公司	171.2
13	合肥水泥研究设计院有限公司	169.77
14	中钢集团天澄环保科技股份有限公司	115.92
15	浙江天蓝环保技术股份有限公司	97.70
16	科洋环境工程（上海）有限公司	30.00
	总烟气量	11 396.64

表 15 给出了参与调查企业 2018 年度新投运钢铁行业脱硫工程处理烟气量情况（不包括历史累计烟气量）。截至 2018 年底，参与调查企业的全国钢铁行业新投运烟气脱硫工程处理总烟气量标准状态下为 2462.74 万 m³/h。其中福建龙净环保股份有限公司和北京博奇电力科技有限公司的钢铁行业新投运脱硫工程处理烟气量最大，标准状态下分别为 1082.7 万 m³/h 和 864 万 m³/h。

表 15　2018 年度钢铁行业新投运烟气脱硫工程处理烟气量情况

（按钢铁行业新投运烟气脱硫工程处理烟气量大小排序）

序号	单位名称	钢铁新投运烟气量 / 万 m³/h（标准状态下）
1	福建龙净环保股份有限公司	1082.70
2	北京博奇电力科技有限公司	864.00
3	中冶节能环保有限责任公司	302.00
4	北京清新环境技术股份有限公司	177.00
5	中钢集团天澄环保科技股份有限公司	37.04
	总烟气量	2462.74

1.2.2.3 非电燃煤行业烟气脱硝工程新签合同容量

表 16 给出了参与调查企业 2018 年新签合同非电燃煤行业烟气脱硝工程处理烟气量情况（不包括历史累计烟气量）。截至 2018 年年底，参与调查企业的全国非电燃煤行业新签合同脱硝工程总烟气量标准状态下为 10 403.87 万 m^3/h。

表 16   2018 年度非电燃煤行业新签合同烟气脱硝工程处理烟气量情况

（按非电燃煤行业新签合同烟气脱硝工程处理烟气量大小排序）

序号	单位名称	非电新签合同烟气量 / 万 m^3/h（标准状态下）
1	福建龙净环保股份有限公司	4759.37
2	江苏科行环保股份有限公司	769.71
3	北京中航泰达环保科技股份有限公司	741.00
4	国家电投集团远达环保股份有限公司	707.69
5	北京国电龙源环保工程有限公司	630.79
6	北京清新环境技术股份有限公司	422.94
7	江苏康洁环境工程有限公司	420.00
8	北京博奇电力科技有限公司	381.05
9	中冶节能环保有限责任公司	302.00
10	北京国能中电节能环保技术股份有限公司	272.64
11	浙江天蓝环保技术股份有限公司	254.93
12	浙江天地环保科技有限公司	229.11
13	武汉凯迪电力环保有限公司	179.74
14	山东神华山大能源环境有限公司	164.00
15	浙江菲达环保科技股份有限公司	80.30
16	中钢集团天澄环保科技股份有限公司	36.60
17	合肥水泥研究设计院有限公司	32.00
18	华北电力大学	20.00
	总烟气量	10 403.87

表 17 给出了参与调查企业 2018 年新签合同钢铁行业烟气脱硝工程处理烟气量情况（不包括历史累计烟气量）。截至 2018 年年底，参与调查企业的全国钢铁行业新签合同脱硝工程处理总烟气量标准状态下为 3847.63 万 m^3/h。

表17　2018年度钢铁行业新签合同烟气脱硝工程处理烟气量情况

（按钢铁行业新签合同烟气脱硝工程处理烟气量大小排序）

序号	单位名称	钢铁新签合同烟气量 / 万 m³/h（标准状态下）
1	福建龙净环保股份有限公司	1787.00
2	北京中航泰达环保科技股份有限公司	708.00
3	江苏康洁环境工程有限公司	420.00
4	江苏科行环保股份有限公司	380.99
5	中冶节能环保有限责任公司	302.00
6	北京国能中电节能环保技术股份有限公司	214.64
7	中钢集团天澄环保科技股份有限公司	35.00
	总烟气量	3847.63

1.2.2.4　非电燃煤行业新投运烟气脱硝工程容量

表18为参与调查企业2018年新投运非电燃煤行业烟气脱硝工程处理烟气量情况（不包括历史累计烟气量）。截至2018年年底，参与调查企业全国非电燃煤行业新投运脱硝工程处理总烟气量标准状态下为6096.07万 m³/h

表18　2018年度非电燃煤行业新投运烟气脱硝工程处理烟气量情况

（按非电燃煤新行业投运烟气脱硝工程烟气量大小排序）

序号	单位名称	非电新投运烟气量 / 万 m³/h（标准状态下）
1	福建龙净环保股份有限公司	2446.21
2	江苏科行环保股份有限公司	988.78
3	北京博奇电力科技有限公司	732.00
4	中钢集团天澄环保科技股份有限公司	460.34
5	北京国电龙源环保工程有限公司	307.00
6	中冶节能环保有限责任公司	302.00
7	国家电投集团远达环保股份有限公司	255.00
8	浙江天地环保科技有限公司	229.11
9	山东神华山大能源环境有限公司	164.00
10	浙江菲达环保科技股份有限公司	91.80
11	合肥水泥研究设计院有限公司	90.50
12	浙江天蓝环保技术股份有限公司	29.33
	总烟气量	6096.07

表19为参与调查企业2018年新投运钢铁行业烟气脱硝工程处理烟气量情况（不包

括历史累计烟气量）。截至 2018 年年底，参与调查企业全国钢铁行业新投运脱硝工程处理总烟气量标准状态下为 1883.24 万 m³/h

表 19　2018 年度钢铁行业新投运烟气脱硝工程处理烟气量情况

（按钢铁行业新投运烟气脱硝工程烟气量大小排序）

序号	单位名称	钢铁新投运烟气量 / 万 m³/h（标准状态下）
1	福建龙净环保股份有限公司	819.00
2	北京博奇电力科技有限公司	732.00
3	中冶节能环保有限责任公司	302.00
4	中钢集团天澄环保科技股份有限公司	30.24
	总烟气量	1883.24

1.2.2.5　非电燃煤行业新签合同第三方运维脱硫工程容量

表 20 和 21 给出了参与调查企业 2018 年度非电燃煤新签第三方运维脱硫脱硝工程处理烟气量情况，脱硫工程总处理烟气量标准状态下为 1259.08 万 m³/h，脱硝工程总处理烟气量标准状态下为 443.27 万 m³/h。

表 20　2018 年度非电燃煤行业新签第三方运维脱硫工程处理烟气量情况

（按非电燃煤行业第三方运维脱硫工程处理烟气量大小排序）

序号	单位名称	非电新签合同烟气量 / 万 m³/h（标准状态下）
1	国家电投集团远达环保股份有限公司	486.99
2	福建龙净环保股份有限公司	406.20
3	北京清新环境技术股份有限公司	190.45
4	江苏科行环保股份有限公司	145.20
5	中钢集团天澄环保科技股份有限公司	30.24
	总烟气量	1259.08

表 21　2018 年度非电燃煤行业新签第三方运维脱硝工程处理烟气量情况

（按非电燃煤行业第三方运维脱硝工程处理烟气量大小排序）

序号	单位名称	非电新签合同烟气量 / 万 m³/h（标准状态下）
1	福建龙净环保股份有限公司	220.00
2	北京国能中电节能环保技术股份有限公司	102.00
3	国家电投集团远达环保股份有限公司	91.03
4	中钢集团天澄环保科技股份有限公司	30.24

序号	单位名称	非电新签合同烟气量／万 m³/h（标准状态下）
	总烟气量	443.27

1.2.3 燃煤烟气脱硫脱硝产业综合分析

目前，燃煤电厂超低排放改造工作已接近尾声，烟气脱硫脱硝行业即将进入以非电燃煤行业为主的态势。为更直观地表现各参与调查企业在燃煤电厂和非电燃煤行业中脱硫和脱硝机组总容量情况，更客观地反映行业、企业的现状，对表6至表21的数据进行汇总，将燃煤电厂的机组容量单位兆瓦统一折算成标准状态下万 m³/h（按每兆瓦机组的烟气量标准状态下约为3400 m³/h进行折算），从而得到燃煤电厂和非电燃煤行业脱硫脱硝新签合同和新投运总的机组容量情况。

1.2.3.1 燃煤烟气全行业新签脱硫工程合同容量

表22给出了参与调查的企业2018年度燃煤电厂和非电燃煤行业新签合同脱硫工程总处理烟气量情况。截至2018年年底，参与调查各企业新签合同脱硫工程处理总烟气量标准状态下为33 721.59万 m³/h（包括燃煤电厂和非电燃煤行业），其中燃煤电厂新签合同容量占33%，非电新签合同容量占67%。其中福建龙净环保股份有限公司、北京清新环境技术股份有限公司、国家电投集团远达环保股份有限公司和北京国电龙源环保工程有限公司的新签合同脱硫工程处理烟气量较大，标准状态下分别为9917.65万 m³/h、4775.35万 m³/h、3858.75万 m³/h和2949.44万 m³/h。

表22　2018年度电力和非电行业新签合同脱硫工程总处理烟气量情况

（按各单位新签合同脱硫工程总烟气量大小排序）

序号	单位名称	电力新签合同烟气量／万 m³/h（标准状态下）	非电新签合同烟气量／万 m³/h（标准状态下）	合计新签合同烟气量／万 m³/h（标准状态下）
1	福建龙净环保股份有限公司	1296.32	8621.33	9917.65
2	北京清新环境技术股份有限公司	1518.93	3256.42	4775.35
3	国家电投集团远达环保股份有限公司	1958.03	1900.72	3858.75
4	北京国电龙源环保工程有限公司	2242.80	706.64	2949.44
5	江苏科行环保股份有限公司	245.52	2478.95	2724.47
6	浙江菲达环保科技股份有限公司	1122.00	944.20	2066.20
7	江苏新世纪江南环保股份有限公司	0.00	1590.13	1590.13
8	北京国能中电节能环保技术股份有限公司	959.76	436.64	1396.40
9	武汉凯迪电力环保有限公司	754.33	285.46	1039.79

序号	单位名称	电力新签合同烟气量 / 万 m³/h（标准状态下）	非电新签合同烟气量 / 万 m³/h（标准状态下）	合计新签合同烟气量 / 万 m³/h（标准状态下）
10	北京博奇电力科技有限公司	588.72	191.58	780.30
11	北京中航泰达环保科技股份有限公司	0.00	741.00	741.00
12	江苏康洁环境工程有限公司	0.00	378.00	378.00
13	浙江天蓝环保技术股份有限公司	118.78	255.20	373.98
14	山东神华山大能源环境有限公司	194.36	176.00	370.36
15	中冶节能环保有限责任公司	0.00	302.00	302.00
16	浙江天地环保科技有限公司	0.00	258.97	258.97
17	华北电力大学	110.00	0.00	110.00
18	合肥水泥研究设计院有限公司	0.00	47.00	47.00
19	中钢集团天澄环保科技股份有限公司	0.00	41.80	41.80
	总烟气量	11 109.55	22 612.04	33 721.59

1.2.3.2 燃煤烟气全行业新投运脱硫工程容量

表 23 给出了参与调查的企业 2018 年度燃煤电厂和非电燃煤行业新投运脱硫工程总处理烟气量情况。截至 2018 年年底，参与调查各企业新投运脱硫工程总烟气量标准状态下为 23 162.79 万 m³/h（包括燃煤电厂和非电燃煤行业），其中燃煤电厂新投运占 51%，非电新投运占 49%。其中北京国电龙源环保工程有限公司、福建龙净环保股份有限公司、国家电投集团远达环保股份有限公司和江苏科行环保股份有限公司在 2018 年度新投运脱硫工程处理烟气量较为突出，标准状态下分别为 5350.4 万 m³/h、5308.96 万 m³/h、2548.62 万 m³/h 和 2048.99 万 m³/h。

表 23　2018 年度电力和非电行业新投运脱硫工程总处理烟气量情况

（按各单位新投运脱硫工程总处理烟气量大小排序）

序号	单位名称	电力新投运烟气量 / 万 m³/h（标准状态下）	非电新投运烟气量 / 万 m³/h（标准状态下）	合计新投运烟气量 / 万 m³/h（标准状态下）
1	北京国电龙源环保工程有限公司	4939.40	411.00	5350.40
2	福建龙净环保股份有限公司	2876.24	2432.72	5308.96
3	国家电投集团远达环保股份有限公司	1225.98	1322.64	2548.62
4	江苏科行环保股份有限公司	292.77	1756.22	2048.99
5	江苏新世纪江南环保股份有限公司	0.00	1631.95	1631.95
6	北京清新环境技术股份有限公司	291.98	1293.78	1585.76
7	浙江菲达环保科技股份有限公司	775.20	253.31	1028.51

序号	单位名称	电力新投运烟气量/万m³/h（标准状态下）	非电新投运烟气量/万m³/h（标准状态下）	合计新投运烟气量/万m³/h（标准状态下）
8	北京国能中电节能环保技术股份有限公司	907.75	0.00	907.75
9	北京博奇电力科技有限公司	0.00	864.00	864.00
10	武汉凯迪电力环保有限公司	262.47	285.46	547.93
11	山东神华山大能源环境有限公司	194.36	171.20	365.56
12	中冶节能环保有限责任公司	0.00	302.00	302.00
13	浙江天地环保科技有限公司	0.00	258.97	258.97
14	合肥水泥研究设计院有限公司	0.00	169.77	169.77
15	中钢集团天澄环保科技股份有限公司	0.00	115.92	115.92
16	浙江天蓝环保技术股份有限公司	0.00	97.70	97.70
17	科洋环境工程（上海）有限公司	0.00	30.00	30.00
	总烟气量	11 766.15	11 396.64	23 162.79

1.2.3.3 燃煤烟气全行业新签合同脱硝工程容量

表24给出了参与调查的企业2018年度燃煤电厂和非电燃煤行业新签合同脱硝工程总处理烟气量情况。截至2018年年底，参与调查企业新签合同脱硝工程总烟气量标准状态下为22 564.74万m³/h（包括燃煤电厂和非电燃煤行业），其中燃煤电厂占54%，非电占46%。福建龙净环保股份有限公司、北京国电龙源环保工程有限公司和国家电投集团远达环保股份有限公司新签合同的烟气脱硝工程处理烟气量最大，标准状态下分别为7532.98万m³/h、4286.39万m³/h和3360.53万m³/h。

表24　2018年度电力和非电行业新签合同脱硝工程总处理烟气量情况

（按各单位新签合同脱硝工程总处理烟气量大小排序）

序号	单位名称	电力新签合同烟气量/万m³/h（标准状态下）	非电新签合同烟气量/万m³/h（标准状态下）	合计新签合同烟气量/万m³/h（标准状态下）
1	福建龙净环保股份有限公司	2773.61	4759.37	7532.98
2	北京国电龙源环保工程有限公司	3655.60	630.79	4286.39
3	国家电投集团远达环保股份有限公司	2652.84	707.69	3360.53
4	北京博奇电力科技有限公司	734.40	381.05	1115.45
5	北京国能中电节能环保技术股份有限公司	618.79	272.64	891.43
6	江苏科行环保股份有限公司	0.00	769.71	769.71
7	浙江菲达环保科技股份有限公司	686.80	80.30	767.10

续表

序号	单位名称	电力新签合同烟气量/万 m³/h（标准状态下）	非电新签合同烟气量/万 m³/h（标准状态下）	合计新签合同烟气量/万 m³/h（标准状态下）
8	北京中航泰达环保科技股份有限公司	0.00	741.00	741.00
9	北京清新环境技术股份有限公司	297.00	422.94	719.94
10	武汉凯迪电力环保有限公司	262.47	179.74	442.21
11	江苏康洁环境工程有限公司	0.00	420.00	420.00
12	山东神华山大能源环境有限公司	194.36	164.00	358.36
13	华北电力大学	285.00	20.00	305.00
14	中冶节能环保有限责任公司	0.00	302.00	302.00
15	浙江天蓝环保技术股份有限公司	0.00	254.93	254.93
16	浙江天地环保科技有限公司	0.00	229.11	229.11
17	中钢集团天澄环保科技股份有限公司	0.00	36.60	36.60
18	合肥水泥研究设计院有限公司	0.00	32.00	32.00
	总烟气量	12 160.87	10 403.87	22 564.74

1.2.3.4　2018 年度燃煤烟气全行业新投运脱硝容量

表 25 给出了参与调查企业 2018 年度燃煤电厂和非电行业新投运脱硝工程总处理烟气量情况。截至 2018 年年底，参与调查企业的新投运脱硝工程总烟气量标准状态下为 16 473.34 万 m³/h（包括燃煤电厂和非电燃煤行业），其中燃煤电厂新投运占 63%，非电新投运占 37%。北京国电龙源环保工程有限公司、福建龙净环保股份有限公司和国家电投集团远达环保股份有限公司在 2018 年度新投运脱硝工程处理烟气量最突出，标准状态下分别为 5600 万 m³/h、3619.55 万 m³/h 和 2658.8 万 m³/h。

表 25　2018 年度电力和非电行业新投运脱硝工程总处理烟气量情况

（按各单位新投运脱硝工程总处理烟气量大小排序）

序号	单位名称	电力新投运烟气量/万 m³/h（标准状态下）	非电新投运烟气量/万 m³/h（标准状态下）	合计新投运烟气量/万 m³/h（标准状态下）
1	北京国电龙源环保工程有限公司	5293.00	307.00	5600.00
2	福建龙净环保股份有限公司	1173.34	2446.21	3619.55
3	国家电投集团远达环保股份有限公司	2403.80	255.00	2658.80
4	江苏科行环保股份有限公司	532.77	988.78	1521.55
5	北京博奇电力科技有限公司	272.00	732.00	1004.00
6	中钢集团天澄环保科技股份有限公司	0.00	460.34	460.34

序号	单位名称	电力新投运烟气量/万 m³/h（标准状态下）	非电新投运烟气量/万 m³/h（标准状态下）	合计新投运烟气量/万 m³/h（标准状态下）
7	山东神华山大能源环境有限公司	194.36	164.00	358.36
8	浙江菲达环保科技股份有限公司	238.00	91.80	329.80
9	中冶节能环保有限责任公司	0.00	302.00	302.00
10	北京清新环境技术股份有限公司	270.00	0.00	270.00
11	浙江天地环保科技有限公司	0.00	229.11	229.11
12	合肥水泥研究设计院有限公司	0.00	90.50	90.50
13	浙江天蓝环保技术股份有限公司	0.00	29.33	29.33
	总烟气量	10 377.27	6096.07	16 473.34

1.2.3.5　2018年燃煤烟气全行业第三方运维新签合同容量

表26和27给出了2018年度燃煤电厂和非电燃煤行业新签合同第三方运维脱硫脱硝工程总处理烟气量情况。从调查结果可知，2018年度各单位新签第三方运维脱硫工程总烟气量标准状态下为10 435.5万 m³/h；2018年度各单位新签第三方运维脱硝工程总烟气量标准状态下为5104.7万 m³/h。

表26　2018年度电力和非电行业新签合同第三方运维脱硫工程总处理烟气量情况

（按各单位新签第三方运维脱硫工程总处理烟气量大小排序）

序号	单位名称	电力新签合同烟气量/万 m³/h（标准状态下）	非电新签合同烟气量/万 m³/h（标准状态下）	合计新签合同烟气量/万 m³/h（标准状态下）
1	北京博奇电力科技有限公司	3148.40	0.00	3148.40
2	国家电投集团远达环保股份有限公司	1258.19	486.99	1745.18
3	上海申欣环保实业有限公司	1700.00	0.00	1700.00
4	福建龙净环保股份有限公司	880.00	406.20	1286.20
5	北京国能中电节能环保技术股份有限公司	1020.00	0.00	1020.00
6	浙江菲达环保科技股份有限公司	598.40	0.00	598.40
7	北京国电龙源环保工程有限公司	448.80	0.00	448.80
8	北京清新环境技术股份有限公司	122.63	190.45	313.08
9	江苏科行环保股份有限公司	0.00	145.20	145.20
10	中钢集团天澄环保科技股份有限公司	0.00	30.24	30.24
	总烟气量	9176.42	1259.08	10 435.5

表 27 2018 年度电力和非电行业新签合同第三方运维脱硝工程总处理烟气量情况

（按各单位新签第三方运维脱硝工程处理总烟气量大小排序）

序号	单位名称	电力新签合同烟气量 / 万 m³/h（标准状态下）	非电新签合同烟气量 / 万 m³/h（标准状态下）	合计新签合同烟气量 / 万 m³/h（标准状态下）
1	上海申欣环保实业有限公司	1700.00	0.00	1700.00
2	福建龙净环保股份有限公司	880.00	220.00	1100.00
3	北京国能中电节能环保技术股份有限公司	714.63	102.00	816.63
4	浙江天地环保科技有限公司	816.00	0.00	816.00
5	北京博奇电力科技有限公司	428.40	0.00	428.40
6	浙江菲达环保科技股份有限公司	122.40	0.00	122.40
7	国家电投集团远达环保股份有限公司	0.00	91.03	91.03
8	中钢集团天澄环保科技股份有限公司	0.00	30.24	30.24
	总烟气量	4661.43	443.27	5104.7

2 电力行业烟气脱硫脱硝技术发展情况

2.1 主要 SO_2 超低排放控制技术

根据 2018 年 6 月 1 日起实施的《燃煤电厂超低排放烟气治理工程技术规范》（HJ 2053—2018），基于传统的石灰石 - 石膏湿法脱硫工艺，不断有新技术发展以提升脱硫效率。在采取增加喷淋层、利用流场均化技术、采用高效雾化喷嘴、性能增效环或增加喷淋密度等措施提高传统空塔喷淋技术脱硫性能的基础上，石灰石 - 石膏湿法脱硫工艺又出现了 pH 分区脱硫技术、复合塔脱硫技术等。

2.1.1 石灰石 – 石膏湿法脱硫

2.1.1.1 单 / 双塔双循环脱硫

单塔双循环技术最早源自德国诺尔公司，该技术与常规石灰石 - 石膏湿法烟气脱硫工艺相比，除吸收塔系统有明显的区别外，其他系统的配置基本相同。该技术实际上相当于烟气通过了两次 SO_2 脱除过程，经过了两级浆液循环，两级循环分别设有独立的循环浆池、喷淋层，根据不同的功能，每级循环具有不同的运行参数。烟气首先经过一级循环，此级循环的脱硫效率一般为 30% ～ 70%，循环浆液 pH 值控制在 4.5 ～ 5.3，浆液停留时间约 4 min，此级循环的主要功能是保证优异的亚硫酸钙氧化效果和充足的石膏结晶时间。经过一级循环的烟气进入二级循环，此级循环实现主要的洗涤吸收过程，由于无须考虑氧化结晶的问题，所以 pH 值可以控制在高达 5.8 ～ 6.2 的水平，这样可以大幅度降低循环浆液量，从而达到较高的脱硫效率。

中国首台单塔双循环机组于 2014 年 7 月在广州恒运电厂顺利实现投产；2015 年 8 月在国电浙江北仑电厂 2 台 100 万 kW 机组 6 号脱硫系统中首次得以应用。双塔双循环技术采用了两塔串联工艺，对于改造工程，可充分利用原有的脱硫设备设施。原有的烟气系统、吸收塔系统、石膏一级脱水系统、氧化空气系统等采用单元制配置，原有的吸收塔保留不动，新增一座吸收塔，亦采用逆流喷淋空塔设计方案，增设循环泵和喷淋层，并预留有 1 层喷淋层的安装位置；新增一套强制氧化空气系统，石膏脱水 - 石灰石粉储存制浆系统等相应进行升级改造，双塔双循环技术可以提高 SO_2 脱除能力，但对两个吸收塔控制要求较高，适用于场地充裕的中、高硫煤增容改造项目。

2.1.1.2 单塔双区脱硫

单塔双区技术通过在吸收塔浆池中设置分区调节器，结合射流搅拌技术控制浆液的无序混合，通过石灰石供浆加入点的合理设置，可在单一吸收塔的浆池内形成上、下部两个不同的 pH 分区：上部低值区有利于氧化结晶，下部高值区有利于喷淋吸收，但没有采用如双循环技术等一样的物理隔离强制分区的形式。同时，其在喷淋吸收区会设置多孔性分布器（均流筛板），起到烟气均流及持液的作用，达到强化传质进一步提高脱硫效率、洗涤脱除粉尘的功效。单塔双区技术可以较大幅度提高 SO_2 脱除能力，无须额外增加塔外浆池或二级吸收塔的布置场地，且无串联塔技术中水平衡控制难的问题。

（1）塔外浆液箱 pH 分区脱硫。塔外浆液箱 pH 分区技术是利用高 pH 有利于 SO_2 的吸收、低 pH 有利于石膏浆液的氧化结晶的机理，在吸收塔附近设置独立的塔外浆液箱，通过管道与吸收塔对应部位相连，塔外浆液箱所连的循环泵对应的喷淋层位于喷淋区域上部。塔外与塔内的浆液分别对应一级、二级喷淋，实现了下层喷淋浆液和上层喷淋浆液的物理强制 pH 分区。

常规条件下，只需对吸收塔内的浆液 pH 进行调节，控制塔内浆池的强制氧化程度，相应提高塔外浆液箱的浆液 pH，形成塔外浆液与塔内浆池的双 pH 调控区间，强化二级喷淋的高 pH 对 SO_2 的深度吸收，大幅度提高了脱硫效率。同时，其也在喷淋吸收区设置托盘（均流筛板），起到烟气均流及持液的作用，达到强化传质进一步提高脱硫效率、洗涤脱除粉尘的功效。塔外浆液箱 pH 分区工艺原理与单塔双区较为相似，主要区别在于以物理隔离方式实现 pH 分区。浙能滨海电厂 2×300 MW 机组、浙能乐清电厂 2×660 MW 机组等数个项目均采用该技术实现了 SO_2 的超低排放。

（2）旋汇耦合脱硫。旋汇耦合技术主要利用空气动力学原理，通过特制的旋汇耦合装置（湍流器）产生气液旋转翻腾的湍流空间，利于气液固三相充分接触，大幅度降低气液膜传质阻力，提高传质速率，从而达到提高脱硫效率、洗涤脱除粉尘的目的，随后烟气经过高效喷淋吸收区完成 SO_2 吸收脱除。旋汇耦合技术配合使用管束式除尘除雾器，利用凝聚、捕悉等原理，在烟气高速湍流、剧烈混合、旋转运动的过程中，能够将烟气中携带的雾滴和粉尘颗粒有效脱除，一定条件下实现吸收塔出口颗粒物低于 5 mg/m³，雾滴排放值不大于 25 mg/m³。大唐托克托电厂 8×600 MW 机组、重庆石柱 2×350 MW 机组（入口设计 SO_2 11 627 mg/m³）等项目都采用了该技术，目前全国应用该技术的脱硫机组超过百台，其中百万瓦级机组近 20 台应用。

（3）双托盘脱硫。双托盘脱硫技术是在脱硫塔内配套喷淋层及对应的循环泵条件下，在吸收塔喷淋层的下部设置两层托盘，在托盘上形成二次持液层，当烟气通过托盘时气液充分接触，托盘上方湍流激烈，强化了 SO_2 向浆液的传质和粉尘的洗涤捕捉，托盘上部喷淋层通过调整喷淋密度及雾化效果，完成浆液对 SO_2 的高效吸收脱除。浙能嘉华电厂 2×1000 MW 机组脱硫改造、华能长兴电厂 2×660 MW 新建机组等数十个项目均采用该技术实现了 SO_2 的超低排放。

2.1.2 烟气循环流化床法脱硫

烟气循环流化床脱硫技术是以循环流化床原理为反应基础的烟气脱硫除尘一体化技术。针对超低排放，主要是通过提高钙硫摩尔比、加强气流均布、延长烟气反应时间、改进工艺水加入和提高吸收剂消化等措施对原工艺进行了一定的改进，同时基于烟尘超低排放的需要，对脱硫除尘器的滤料选择也提出了更高的要求。循环流化床锅炉炉内脱硫后飞灰中含有大量未反应 CaO 且 SO_2 浓度较低，因此烟气循环流化床法脱硫工艺主要为炉后脱硫方式，在山西国金、华电永安等 10 余台 300 MW 级循环流化床锅炉项目上实现了 SO_2 和 PM 超低排放。同时，也在郑州荣齐热电等个别 200 MW 级特低硫煤机组煤粉炉项目上实现了 SO_2 和 PM 超低排放。

2.1.3 氨法脱硫

氨法脱硫是资源回收型环保工艺。针对超低排放，主要是通过增加喷淋层以提高液气比、加装塔盘强化气流均布传质等措施进行了一定的改进。氨法脱硫对吸收剂来源距离、周围环境等有较严格的要求，在宁波万华化工自备热电 5 号机组、辽阳国成热电等数个 100 MW 级（以锅炉烟气量计）化工企业自备电站项目上实现了 SO_2 的超低排放。

2.2 主要 NO_x 超低排放控制技术

火电厂 NO_x 控制技术主要有两类：一是控制燃烧过程中 NO_x 的生成，即低氮燃烧技术；二是对生成的 NO_x 进行处理，即烟气脱硝技术。烟气脱硝技术主要有 SCR、SNCR 和 SNCR/SCR 联合脱硝技术等。

2.2.1 低氮燃烧技术

低氮燃烧技术是通过降低反应区内氧的浓度、缩短燃料在高温区内的停留时间、控制燃烧区温度等方法，从源头控制 NO$_x$ 生成量。目前，低氮燃烧技术主要包括低过量空气技术、空气分级燃烧、烟气循环、减少空气预热和燃料分级燃烧等技术。该类技术已在火电厂 NO$_x$ 排放控制中得到了较多的应用。目前已开发出第三代低氮燃烧技术，在 600 ～ 1000 MW 超超临界和超临界锅炉中均有应用，NO$_x$ 浓度为 170 ～ 240 mg/m^3。低氮燃烧技术具有简单、投资低、运行费用低的特点，但受煤质、燃烧条件限制，易导致锅炉中飞灰的含碳量上升，降低锅炉效率；若运行控制不当会出现炉内结渣、水冷壁腐蚀等现象，影响锅炉运行稳定性，同时在减少 NO$_x$ 生成方面的差异也较大。

2.2.2 NO$_x$ 脱除技术

SCR脱硝技术是目前世界上最成熟，实用业绩最好的一种烟气脱硝工艺，其采用 NH$_3$ 作为还原剂，将空气稀释后的 NH$_3$ 喷入300～420 ℃的烟气中，与烟气均匀混合后通过布置有催化剂的SCR反应器，烟气中的NO$_x$ 与NH$_3$ 在催化剂的作用下发生选择性催化还原反应，生成无污染的氮气（N$_2$）和水（H$_2$O）。该技术自20世纪90年代末从国外引进吸收，在中国火电行业已得到广泛应用，并在工艺设计和工程应用等多方面取得突破，业界已开发出高效SCR脱硝技术，以应对日益严格的环保排放标准。目前SCR脱硝技术已应用于不同容量机组，该技术的脱硝效率一般为80%～90%，结合锅炉低氮燃烧技术可实现机组NO$_x$ 排放浓度小于50 mg/m^3。SCR技术在高效脱硝的同时也存在以下问题：锅炉启停机及低负荷时，烟气温度达不到催化剂运行温度要求，导致SCR脱硝系统无法投运；氨逃逸和SO$_3$ 的产生导致硫酸氢氨生成，进而导致催化剂和空预器堵塞；废弃催化剂的处置难题；采用液氨做还原剂时安全防护等级要求较高；氨逃逸引起的二次污染等。

SNCR脱硝技术是在锅炉炉膛上部烟温850 ～ 1150 ℃区域喷入还原剂（氨或尿素），使 NO$_x$ 还原为 N$_2$ 和 H$_2$O。SNCR 脱硝效率一般为30% ～ 70%，氨逃逸一般大于3.8 mg/m^3，NH$_3$/NO$_x$摩尔比一般大于1。SNCR 技术的优点在于不需要昂贵的催化剂，反应系统比 SCR 工艺简单，脱硝系统阻力较小、运行电耗低。但存在锅炉运行工况波动易导致炉内温度场、速度场分布不均匀，脱硝效率不稳定；氨逃逸量较大，导致下游设备的堵塞和腐蚀等问题。中国最早在江苏阚山电厂、江苏利港电厂等大型煤粉炉上应用SNCR，随后在各种容量的循环流化床锅炉和中小型煤粉炉得到大量应用，目前在 300 MW 及以上新建煤粉锅炉应用很少。工程实践表明，煤粉炉 SNCR 脱硝效率一般为30% ～ 50%，结合锅炉采用的低氮燃烧技术也很难实现机组 NO$_x$ 超低排放；循环流化床锅炉配置 SNCR

效率一般在 60% 以上（最高可达 80%），主要原因是循环流化床锅炉尾部旋风分离器提供了良好的脱硝反应温度和混合条件，结合循环流化床锅炉低 NO_x 的排放特性，可以在一定条件下实现机组 NO_x 超低排放。

SNCR/SCR 联合脱硝工艺，主要是针对场地空间有限的循环流化床锅炉 NO_x 治理而发展来的新型高效脱硝技术。SNCR 宜布置于炉膛最佳温度区间，SCR 脱硝催化剂宜布置于上下省煤器之间。利用在前端 SNCR 系统喷入的适当过量的还原剂，在后端 SCR 系统催化剂的作用下进一步将烟气中的 NO_x 还原，以保证机组 NO_x 排放达标。与 SCR 脱硝技术相比，SNCR/SCR 联合脱硝技术中的 SCR 反应器一般较小，催化剂层数较少，且一般不再喷氨，而是利用 SNCR 的逃逸氨进行脱硝，适用于部分 NO_x 生成浓度较高、仅采用 SNCR 技术无法稳定达到超低排放的循环流化床锅炉，以及受空间限制无法加装大量催化剂的现役中小型锅炉改造。但该技术对喷氨精确度要求较高，在保证脱硝效率的同时需要考虑氨逃逸泄露对下游设备的堵塞和腐蚀。该技术应用于高灰分煤及循环流化床锅炉时，需注意催化剂的磨损。

2.3 主要颗粒物超低排放控制技术

随着《火电厂大气污染物排放标准》（GB 13223—2011）和《煤电节能减排升级与改造行动计划（2014—2020 年）》（发改能源〔2014〕2093 号）的发布执行，中国除尘器行业在技术创新方面成效显著，一系列新技术在实践应用中取得了良好的业绩。除湿式电除尘外，低低温电除尘、高频电源供电电除尘、超净电袋复合除尘、袋式除尘等技术也得到快速发展和广泛应用。另外旋转电极电除尘，粉尘凝聚技术、烟气调质、隔离振打、分区断电振打、脉冲电源、三相电源供电等一批新型电除尘技术也已在一些电厂中得到应用。

2.3.1 低低温电除尘技术

该技术是从电除尘器及湿法烟气脱硫工艺演变而来的，在日本已有近 20 年的应用历史。三菱重工（MHI）于 1997 年开始在大型燃煤火电机组中推广应用基于管式气气换热装置、使烟气温度在 90 ℃左右运行的低低温电除尘技术，已有超 6500 MW 的业绩，在三菱重工的烟气处理系统中，低低温电除尘器出口烟尘浓度均小于 30 mg/m³，SO_3 浓度大部分低于 3.57 mg/m³，湿法脱硫出口颗粒物浓度可达 5 mg/m³，湿式电除尘器出口颗粒物浓度可达 1 mg/m³ 以下。目前日本多家电除尘器制造厂家均拥有低低温电除尘技术的工程应用案例，据不完全统计，日本配套机组容量累计已超 5000 MW，主要厂家有三菱重工、石川岛播磨（IHI）、日立（HITACHI）等。

低低温电除尘技术是通过低温省煤器或热媒体气气换热装置（MGGH）降低电除尘

器入口烟气温度至酸露点温度以下（一般在 90 ℃左右），使烟气中的大部分 SO_3 在低温省煤器或 MGGH 中冷凝形成硫酸雾，黏附在粉尘上并被碱性物质中和，大幅度降低粉尘的比电阻，避免反电晕现象，从而提高除尘效率，同时去除大部分的 SO_3，当采用低温省煤器时还可降低机组煤耗。

国外低低温电除尘技术已有近20年的应用历史，投运业绩超过20家电厂，机组容量累计超 15 000 MW，国外投运情况为低低温电除尘技术的国内应用提供了借鉴。中国福建大唐宁德电厂 2×600 MW 燃煤发电机组是国内首个采用低低温电除尘技术进行改造的电厂，目前低低温电除尘技术在华能长兴电厂 2×660 MW、台州第二发电厂 2×1000 MW 等数十台机组上已经得到应用，运行效果良好。

2.3.2 高频电源电除尘

高频电源作为新型高压电源，除具备传统电源的功能外，还具有高除尘效率、高功率因数、节约能耗、体积小、结构紧凑等优点，同时具备直流和间歇脉冲供电等两种以上优越供电性能和完善的保护功能等特点，已成为 GB 13223—2011 实施后电力行业中最主要的电除尘器供电电源。

经过几年发展，高频电源已作为电除尘供电电源的主流产品在工程中广泛应用，产品容量 32 ～ 160 kW，电流 0.4 ～ 2.0 A，电压 50 ～ 80 kV，已形成系列化设计，并在大批百万千瓦机组电除尘器中应用。

2.3.3 湿式电除尘器

湿式电除尘器具有除尘效率高、克服高比电阻产生的反电晕现象、无运动部件、无二次扬尘、运行稳定、压力损失小、操作简单、能耗低、维护费用低、生产停工期短、可工作于烟气露点温度以下、由于结构紧凑而可与其他烟气治理设备结合、设计形式多样化等优点。同时，其采用液体冲刷集尘极表面进行清灰，可有效收集细颗粒物（一次 $PM_{2.5}$）、SO_3 气溶胶、重金属（Hg、As、Se、Pb、Cr）、有机污染物（多环芳烃、二噁英）等，协同治理能力强。使用湿式电除尘器后，颗粒物排放可达 5 mg/m³ 以下。在燃煤电厂湿法脱硫之后使用，还可解决湿法脱硫带来的"石膏雨"、蓝烟、酸雾问题，缓解下游烟道、烟囱的腐蚀，节约防腐成本。

初期投运的超低排放煤电机组，普遍在湿法脱硫系统后加装湿式电除尘器，湿式电除尘器目前已成为应对 $PM_{2.5}$ 及多种污染物协同治理的主要终端处理设备之一，在各种容量机组中均有大量应用。

2.3.4 电袋复合除尘器

电袋复合除尘器是指在一个箱体内紧凑安装电场区和滤袋区，将电除尘的荷电除尘及袋除尘的过滤拦截有机结合的一种新型高效除尘器，按照结构可分为整体式电袋复合除尘器、嵌入式电袋复合除尘器和分体式电袋除尘器。其具有长期稳定的低排放、运行阻力低、滤袋使用寿命长、运行维护费用低、适用范围广及经济性好的优点，出口烟尘浓度可达 10 mg/m³ 以下。

整体式电袋复合除尘器已被快速推广应用于燃煤锅炉烟尘治理，最大应用单机容量为 1000 MW 机组，共 12 台，其中新密电厂 100 万 kW 机组电袋是迄今为止世界上最早投运的最大型电袋复合除尘器。目前，已投运的电袋复合除尘器超过 350 台，配套应用总装机容量已突破 20 万 MW，实测除尘器出口烟尘浓度 4 ～ 30 mg/m³，其中低于 20 mg/m³ 占 50% 以上；运行阻力 560 ～ 1100 Pa，平均 852 Pa；95% 的项目滤袋寿命大于 4 年。其中部分项目实现了出口烟尘浓度 5 mg/m³ 以下，如珠海电厂 2×700 MW 机组，除尘器出口烟尘浓度分别为 2.55 mg/m³、3.15 mg/m³。

2.3.5 袋式除尘器

袋式除尘技术是通过利用纤维编织物制作的袋状过滤元件来捕集含尘气体中的固体颗粒物，达到气固分离的目的，其过滤机理是惯性效应、拦截效应、扩散效应和静电效应的协同作用。袋式除尘器具有长期稳定的高效率低排放、运行维护简单、煤种适用范围广的优点，出口烟尘浓度可达 10 mg/m³ 以下。电力行业最常用的袋式除尘器按清灰方式可分为低压回转脉冲喷吹袋式除尘器和中压脉喷吹袋式除尘器。随着火力发电污染物排放标准的日趋严格，袋式除尘器在滤料、清灰方式等方面均有改进，尤其是滤料在强度、耐温、耐磨以及耐腐蚀等方面综合性能有大幅度提高，袋式除尘器已成为电力环保烟尘治理的主流除尘设备，并且应用规模逐年稳定增长。

中国袋式除尘器通过不断的结构改进、技术创新和工程实践总结，逐步解决了运行阻力大、滤袋寿命短的问题，可实现出口烟尘浓度小于 30 mg/m³ 甚至 10 mg/m³ 以下，运行阻力小于 1500 Pa，滤袋寿命大于 3 年。自 2001 年大型袋式除尘器在内蒙古丰泰电厂 200 MW 机组成功应用以来，近十几年，袋式除尘器在中国电力燃煤机组中得到了大量推广应用，最大配套单机容量 600 MW。据不完全统计，累计配套总装机容量逾 8 万 MW，成为电力行业主要除尘技术之一。

3 非电行业烟气脱硫脱硝技术

随着超低排放政策推动，电力行业污染物得到妥善控制，污染物减排成效显著。大气污染物减排重点行业转向以钢铁行业为代表的非电燃煤领域。非电领域主要脱硫技术如下：

3.1 湿法脱硫技术

该技术采用石灰石、石灰等作为脱硫吸收剂，在吸收塔内，吸收剂浆液与烟气充分接触混合，烟气中的SO_2与浆液中的碳酸钙（或氢氧化钙）以及鼓入的氧化空气进行化学反应从而被脱除，最终脱硫副产物为二水硫酸钙即石膏。该技术的脱硫效率一般大于95%，最高可超过98%。SO_2排放浓度一般小于$100\,mg/m^3$，可达$50\,mg/m^3$以下。单位投资大致为$150\sim250$元/kW或15万$\sim$25万元/m^2烧结面积。运行成本一般低于0.015元/（kW·h）。

3.2 氨法脱硫技术

该技术尤其适用于自有氨源的化工行业。采用一定浓度的氨水（$NH_3·H_2O$）或液氨作为吸收剂，在一个结构紧凑的吸收塔内洗涤烟气中的SO_2达到烟气净化的目的。形成的脱硫副产品是可作农用肥的硫酸铵，不产生废水和其他废物，脱硫效率保持在95%$\sim$99.5%，可保证标准状态下出口SO_2浓度在$50\,mg/m^3$以下；单位投资约为$150\sim200$元/kW；运行成本一般低于0.01元/（kW·h）。

3.3 活性焦/炭吸附法

在一定温度条件下，活性焦/炭吸附烟气中SO_2、氧和水蒸气，在活性焦/炭表面活性点的催化作用下，SO_2氧化为SO_3，SO_3与水蒸气反应生成硫酸，吸附在活性焦的表面。采用活性焦/炭的干法烟气脱硫技术，其脱硫效率高，脱硫过程不用水，无废水、废渣等二次污染问题。

3.4 干法/半干法脱硫

半干法是把脱硫过程和脱硫产物处理分别采用不同的状态进行反应，特别是在湿状态下脱硫、在干状态下处理脱硫产物的半干法，既有湿法脱硫工艺反应速度快、脱硫效率高的优点，又有干法脱硫工艺无废水废液排放、在干状态下处理脱硫产物的优势。

由于运行负荷变化较大，炉内工况较为复杂，燃煤工业锅炉烟气NO_x的控制存在一些困难。同时，大多数燃煤工业锅炉都没有预留改造空间，改造场地较为紧张，增加了NO_x治理工程的难度。目前，在京津冀等执行特别排放限值的地区，鼓励优先采用低氮燃烧技术、脱硫脱硝除尘一体化控制技术，如果仍不能达标，采用尾端治理技术。在工业锅炉尾端治理技术中，应用较多的是SCR脱硝技术、SNCR脱硝技术、臭氧氧化脱硝技术以及上述各技术的组合。

主要脱硝技术为：①SNCR脱硝技术。以氨或者尿素作还原剂，将还原剂喷入烟气中，然后还原剂与NO_x发生反应，生成N_2和H_2O，在合适的温度范围内，脱硝效率可超过60%。当标准状态下NO_x进口浓度在$350\,mg/m^3$以下时，标状状态下出口浓度可以实现$100\,mg/m^3$。投资费用比同等条件下SCR低60%左右。②SCR脱硝技术。采用选择性催化还原法，以氨为还原剂，利用商用或自主开发的新型脱硝催化剂，将烟气中的 NO_x 还原为氮气。该技术的脱硝效率一般大于 80%。③臭氧氧化脱硝技术。以臭氧为氧化剂将烟气中不易溶于水的 NO 氧化成更高价的 NO_x，然后以相应的吸收液对烟气进行喷淋洗涤，实现烟气的脱硝处理。该技术脱硝效率高（90%），对烟气温度没有要求，可作为其他脱硝技术的补充，达到深度脱硝目的。

4 烟气脱硫脱硝行业市场和新技术动态预测

总体行业动态：燃煤电厂脱硫脱硝进入深度治理消缺阶段，非电行业成为大气治理的重点。

通过近 10 年的治理，煤电超低排放改造完成率已达 80%，累计完成节能改造 6.5 亿 kW，提前完成 2020 年改造目标。随着中国燃煤电厂实现超低排放，减排效果显著，超低排放改造遗留的问题进入消缺阶段。目前，燃煤电厂突出的需求是脱硫废水零排放、"液氨改尿素"改造、过量喷氨（氨逃逸超标）改造治理。此外，生态环境部发文要求，不得强制企业治理"湿烟羽"，因此"湿烟羽"市场观望气氛严重。

非电行业烟气主要污染物排放居高难下，成为大气污染治理重点和改善区域空气质量的关键。大气治理正朝着从燃煤电厂到非电行业这个方向逐步推进。

当前，火电行业污染物进一步削减面临边际空间递减、边际成本攀升的制约，为实现《大气污染防治行动计划》和"十三五"规划的治理目标，推进非电行业大气治理将是相对更经济高效的路径。在 2018 年全国环境保护工作会议上，原环境保护部提出，2018 年启动钢铁行业超低排放改造。2018 年 4 月，河北省印发《钢铁工业大气污染物超低排放标准（征求意见稿）》。2018 年 5 月，生态环境部发布《钢铁企业超低排放改造工作方案（征求意见稿）》。2018 年 9 月，河北省印发《钢铁工业大气污染物超低排放标准》；山东省发布《钢铁工业大气污染物排放标准（征求意见稿）》。国家及地方针对《三年行动计划》中提出的钢铁行业实施超低排放改造，焦化、水泥、平板玻璃、石化及化工等行业 SO_2、NO_x、PM 和 VOCs 实施特别排放限值改造。未来将烟气在线监测小时浓度值作为环境执法依据，未达标排放的企业一律依法停产整治。建立覆盖所有固定污染源的企业排放许可制度。2019 年 3 月，河南省印发《河南省 2019 年工业炉窑治理专项方案》，对有色（含氧化锌）、玻璃制品（玻璃纤维）、耐材、铁合金、陶瓷、砖瓦窑、刚玉、石灰等八大行业烟气 PM、SO_2、NO_x 排放浓度做了具体的规定，同时要求所有氨法脱硝、氨法脱硫氨逃逸小于 $8\,mg/m^3$。非电燃煤行业环保设施新建及提标改造已正式拉开序幕。

非电行业时代来临，烟气治理仍有难题待解，相对于电力行业，非电行业的超低排放改造更复杂。这表现在：①非电行业排放源众多，包括钢铁、水泥、焦化、有色、玻璃等众多工业。②各个工业行业的工艺过程不同，排放的污染物种类复杂、流量及浓度差异较大。③不同工业烟气的温度、湿度及流量、流速等参数波动较大。④技术支撑不足。非电涉及的每个工业都有各自的特点，从技术适应性看，一种技术或一套技术要满足非电各个工业污染源排放特征，实现超低排放难度可想而知。但在环境压力和激励政策的推动下，烟气治理市场由电力转向非电是大势所趋，非电行业将是大气治理的下一个主战场。

目前，钢铁行业的脱硫、除尘工艺较成熟，大多数企业也能够实现超低排放相应的指标，在技术路线上也有多种选择。当前钢铁行业烟气治理最大的难点是脱硝。面对当前的技术现状与市场特点，在烟气治理过程中，钢铁企业要高度重视源头减量和过程控制技术的应用，同时要结合自身实际，慎重选择治理技术，不要盲从，只有这样，才能达到事半功倍的效果。

4.1 钢铁超低排放市场启动，SCR 烟气脱硝将成为非电领域主流技术

2018 年以来，钢铁行业迎来规模最大、执行力度最强的环保限控。不达标即停产，钢铁企业当下正面临着超低排放的严峻考验。

2018 年 5 月，生态环境部发布《钢铁企业超低排放改造工作方案（征求意见稿）》，明确新建（含搬迁）钢铁项目要全部达到超低排放水平。到 2020 年 10 月底前，京津冀及周边、长三角、汾渭平原等大气污染防治重点区域具备改造条件的钢铁企业，基本完成超低排放改造；到 2022 年年底前，珠三角、成渝、辽宁中部、武汉及其周边、长株潭、乌昌等区域基本完成；到 2025 年年底前，全国具备改造条件的钢铁企业力争实现超低排放。钢铁企业超低排放改造时间紧迫。

钢铁行业大气污染影响最大的工序为烧结。钢铁企业排放的烧结废气具有温度较低、量大、污染物含量高、成分复杂的特点，成为钢铁行业废气治理的难点和重点。钢铁烧结废气中 SO_2 排放量占废气排放总量的 50% 左右，NO_x 排放量占 40% 左右，粉尘排放量占 10% 左右。目前钢铁行业烟气脱硫、除尘较为成熟，大多数企业能够实现超低排放指标，在技术路线上也有较多的选择空间。钢铁行业烟气治理最大的难点是脱硝。以往钢铁行业 NO_x 标准状态下特别排放限值（300 mg/m^3）较为宽松，现在超低标准提高到 50 mg/m^3 后，很多企业难以达标，急需治理改造。

市场上的主要烟气脱硝技术方案有活性炭法、SCR 法和氧化法等，目前，逐步占据非电脱硝市场主流的是 SCR 烟气脱硝技术，唐山瑞丰钢铁、敬业钢铁、津西钢铁、河北鑫达等均采用该技术进行烟气脱硝。该技术脱硝效率高，可达到超低排放要求。目前，

中低温脱硝催化剂的研制成为该技术的重点。

4.2 水泥行业改造成本高，需要进一步关注

水泥行业粉尘排放量占全国工业粉尘排放总量的近 40%，NO_x 排放量则约占全国总量的 10% ～ 12%，环保问题十分严峻。

2018 年以来，多省市陆续出台水泥工业大气污染物特别排放值实施计划，要求在 1 ～ 2 年内，水泥行业全部完成超低排放改造，部分地区要求 PM、SO_2、NO_x 的排放浓度要分别不高于 10 mg/m³、50 mg/m³、100 mg/m³。

水泥行业的 NO_x 减排难度大、成本高，且国内鲜有能将其 NO_x 排放浓度成功稳定控制在 100 mg/m³ 以下的技术应用案例，寻找一条可行的技术路径使 NO_x 排放指标满足超低排放要求是当前的重中之重。同时，PM 及 SO_2 减排技术虽然相对较为成熟，但如何改造以及如何降低治理成本仍然是水泥行业亟须解决的问题。

4.3 中国首个超超低排放电厂诞生

超超低排放具体是指排放的烟尘、SO_2、NO_x 排放标准状态下分别低于 1 mg/m³、10 mg/m³、10 mg/m³，远低于天然气（10 mg/m³、35 mg/m³、50 mg/m³）标准。

2019 年 1 月 28 日，国家能源集团海南国电乐东发电有限公司 2 号机组顺利并网，标志着国内首个燃煤电厂超超低排放改造工程安全完工。至此，国家能源集团两台机组皆已完成近零排放改造投入运行。据了解，根据设计，实施超超低排放后，燃煤机组额定工况下大气污染物烟尘、SO_2、NO_x 排放浓度标准状态下不超过 1 mg/m³、10 mg/m³、10 mg/m³。实际运行 1 个月，1 号机组满负荷工况下烟尘、SO_2、NO_x 排放标准状态下为 0.63 mg/m³、4.44 mg/m³、8.37 mg/m³，大幅度低于 10 mg/m³、35 mg/m³、50 mg/m³ 的超低排放限值。

4.4 高硫煤超低排放技术突破

中国煤种的硫分变化范围较大，从 0.1% 到 10% 都有。总体上看，中国属于高硫煤储量较多的国家，据统计，中国煤炭资源中大约 30% 的煤硫含量在 2% 以上，尤其西南地区有些煤田含硫量高达 10%。对于（超）高硫分高灰分燃煤机组，现有的超低排放技术主要存在以下问题：①浆液的 pH 值波动幅度大，难以控制；②中间产物——亚硫酸钙的氧化效果差，石膏结晶困难；③吸收塔内的流场均匀性对于脱硫效率的影响大；④实现达标排放所需的液气比较大，能耗高；⑤达不到超低排放要求。针对（超）高硫分高灰分燃煤机组超低排放的难题，可在现有超低排放技术的基础上，采用多级洗涤工艺方案，实现烟气中污染物的高效脱除，保证超高硫分高灰分燃煤机组实现超低排放。其主要原理是通过采用浆液分区多级洗涤的方式进一步提高脱硫效率，其中采用低 pH 值的

浆液对烟气进行一次洗涤，脱除烟气中大部分的 SO_2，同时在该低 pH 值区内实现高效氧化。其次采用高 pH 值的浆液对烟气进行二次洗涤，达到高效脱硫的要求。

面对新的环保排放标准，中西部地区的（超）高硫分高灰分燃煤电厂将面临超低排放的要求。开发一套适用于（超）高硫分高灰分燃煤机组的脱硫除尘超低排放技术，不仅可以消除已有高硫分高灰分燃煤电厂的超低排放压力，而且能对未来火电厂广泛使用成本较低的超高硫分高灰分燃煤提供技术保障，实现环境效益、经济效益和社会效益的有机统一。

4.5 低成本废水零排放技术

脱硫废水的处理方法主要是通过加药凝聚澄清去除固体悬浮物、氟离子、重金属离子等有害污染物、调整 pH、降低 COD。这种常规脱硫废水处理方法的处理效果有限，但由于环境排放标准、技术处理手段、投资等多方面的因素，目前的脱硫废水处理未对废水中的大量溶解盐进行处理。不降低含盐含氨的废水外排，对水体的直接危害将更加严重。随着《水污染防治行动计划》的颁布和可预期新的水污染排放标准的提高，高含盐含氨（脱硝氨逃逸）的脱硫废水零排放将会日益紧迫。

脱硫废水零排放是即将来临的大市场。至 2018 年 10 月，中国火力发电总装机容量达 11 亿 kW，90% 以上采用了石灰石 - 石膏湿法脱硫。湿法脱硫必然产生一定量的废水，随着政府对水治理的逐渐重视，脱硫废水零排放必将成为各电厂的改造目标。即使 50% 的电厂实施废水零排放，按目前脱硫废水零排放装置的造价估计，市场额也在 300 亿以上。

当前，中国火电厂脱硫废水零排放技术仍处于各种技术工业化示范应用阶段，归纳起来主要有两条工艺路线：①以烟气余热方式实现电厂脱硫废水零排放的工艺路线，即烟道喷雾干燥技术，该技术具有节能环保、运行稳定、占地面积小等优点。但废水蒸发不完全易对烟道造成腐蚀和积灰堵塞。②以水处理方式实现零排放的工艺路线，即"预处理软化 + 膜浓缩减量 + 蒸发结晶"技术，该技术成熟可靠、运行稳定、已有几例成功运行案例且不对电厂发电生产造成任何影响。但投资和运行费用较高，处理过程中易产生较多的固体废弃物。

国电汉川发电厂引入北京朗新明环保科技有限公司的"预处理软化 + 膜分盐 + 膜浓缩减量 + 蒸发结晶"技术，最早实现了百万机组废水的"零排放"和环保综合利用，据工程设计实施方介绍，处理成本 30 ～ 50 元 /t。

2018 年 3 月 30 日，国家能源投资集团股份有限公司在江苏对泰州电厂 2 号机（1000 MW）的低成本脱硫废水零排放的整套工艺流程和核心设备组织了验收会。北京国电龙源环保工程有限公司创新性地提出了低品位余热浓缩、高品位热源干燥的技术路线，系统简洁、工艺合理、运行可靠，采用的塔内喷淋浓缩技术以及惰性载体流化床干燥脱硫废水，解决了堵塞、腐蚀的难题，实现了低成本废水零排放，该项目已通过验收。据工程设计实施方介绍，处理成本不超过 30 元 /t。

湖北能源集团鄂州发电有限公司设立了三峡集团的示范工程课题，在鄂州电厂三期 2×1050 MW 机组上成功投运了 2×10 t/h 的脱硫废水零排放项目。该项目由成都锐思环保技术股份公司承担实施，采用首创的低温烟气余热蒸发工艺，利用自有核心专有技术和国家发明专利。工艺流程简述为：设置专用的废水浓缩塔，利用烟道中低温烟气余热引入浓缩塔与脱硫废水形成接触式换热，随后降落到浓缩塔浆池中形成循环。随着水分的不断蒸发，浆液中溶解盐浓度逐渐提高，部分溶解盐达到饱和形成结晶，固体物下沉输送到公用系统的调质后，经过压滤机脱水，形成泥饼落入自动泥斗，外运至灰场堆放。泥饼参数：产量 2.5 t/h，含水率小于 30%。据成都锐思环保公司介绍，处理费用 19.5 元 /t。

4.6 干法 / 半干法脱硫异军突起

2017 年，非电行业烟气治理工艺和组合呈现多样化。以焦炉烟气为例，中低温 SCR 前置脱硝 + 余热回收 + 湿法脱硫、活性炭活性焦脱硫脱硝一体化、有机催化氧化脱硫脱硝一体化、半干法脱硫（SDA）+ 布袋除尘 + 低温 SCR 脱硝、干法脱硫（SDS）+ 布袋除尘 + 低温 SCR 脱硝、臭氧氧化 + 氨法脱硫一体化脱硫脱硝等众多工艺在焦炉烟气治理上均有应用。

2018 年，随着非电行业提标改造政策的推进以及前期市场检验，由于焦炉烟气排烟温度低（普遍在 300 ℃以下），硫含量低、烟气参数受生产负荷影响大，焦炉串漏问题和煤焦油影响等众多因素，半干法 / 干法脱硫工艺成为焦化行业烟气治理的主流工艺。

据不完全统计，中国大型钢铁联合企业除宝钢湛江钢铁集团有限公司和邯郸钢铁集团有限责任公司外，鞍山钢铁集团有限公司、山西太钢不锈钢股份有限公司、南京钢铁联合有限公司、山东钢铁集团有限公司莱芜分公司、柳州钢铁集团有限公司的焦炉烟气治理工艺均为半干法（SDA）/ 干法（SDS）脱硫 + 布袋除尘 + 低温 SCR 脱硝工艺。

4.7 脱硝装置还原剂"液氨改尿素"成为趋势

江苏盐城市响水县化学储罐发生爆炸事故发生后，国家能源局综合司发布《切实加强电力行业危险化学品安全综合治理工作的紧急通知》，要求推进燃煤发电厂开展液氨罐区重大危险源治理，加快推进尿素替代升级改造进度。按照国家能源局的要求，各大发电集团的"液氨改尿素"工作大幅度提速。

根据测算，截至2018年年底，中国电厂已经安装了尿素水解装置大约340台套；中国各等级燃煤发电机组约2854台，其中300 MW燃煤机组1177台，600 MW机组约571台，1000 MW机组111台，200 MW以下机组约995台（均按200 MW/台计算）。按照国家求，如果大部分脱硝装置改为尿素水解方式供氨，仅按300 MW以上1859台机组计算，未来尿素水解市场容量巨大。目前尿素水解主要生产供货厂家不超过5家，其中成都锐思环保技术股份公司占有60%左右市场份额。

尿素是白色或浅黄色的结晶体，易溶于水，在高温（350～650 ℃）下可完全分解为NH_3。尿素在运输、储存中无须考虑安全问题。脱硝还原剂液氨改尿素，在安全方面将得到大幅度的提升。经济方面无论是选用液氨还是尿素作为还原剂，在运行维护费用中，检修费用相当，蒸汽、水等消耗也相近，还原剂的采购成本和运行电费则为主要费用，因此控制还原剂费用和消耗的电费是控制脱硝生产成本的关键。

组成尿素水解制氨系统主要有以下设备：溶解装置、储藏装置、输送装置、水解反应装置、废水输送装置、废水收纳装置等。尿素制氨系统中主要大型设备有尿素溶液储罐和水解反应器。

尿素水解制氨技术的优点有：能量消耗低、运行过程安全稳定、占用厂房面积小、间接加热方式，各种品质蒸汽均可使用，还可使用电加热。尿素水解制氨技术需克服难点包括水解反应器腐蚀问题、机组负荷变化响应时间问题、管道输送产品气冷凝问题。

4.8 脱硝装置氨逃逸问题需要引起高度重视

目前，由于全行业的低负荷运行，NO_x排放标准严格而环保监管并不考核氨排放、氨在线监测技术缺陷等原因，喷氨过量普遍存在于燃煤电厂脱硝装置运行过程中。在煤种变化、锅炉变负荷、燃烧器调整时表现得更加突出，一些电厂因喷氨过量还会引起脱硝催化剂寿命缩短、空预器阻力升高、电除尘器极线肥大、引/送风机电耗增加、脱硫浆液失效、机组提升负荷困难等一系列问题。

过量的氨与烟气中的SO_3反应生成硫酸氢铵，硫酸氢铵在催化剂的微孔中由于毛细冷凝结露，黏附烟气中的飞灰，最终导致催化剂微孔的堵塞和失活。同时催化剂对烟气中的SO_2还有进一步的氧化作用，导致空预器入口烟气SO_3浓度上升，还会与SCR脱硝过程中逃逸的氨反应生成硫酸氢铵，加剧空预器冷端换热元件的堵塞、腐蚀，影响电厂安全稳定运行。

从工艺上分析，由于SCR烟道和反应器体积大、流速快，流场难以快速混合均匀，过量喷氨是"大水漫灌"，解决这个问题的关键是实施喷氨的"精准滴灌"，所谓"精准滴灌"是基于反应器各个区域的 NO_x、氨浓度，通过精准喷氨的方式达到精准控制氨浓度的目的，以避免过量喷氨，减缓甚至避免硫酸铵和硫酸氢铵生成所造成的催化剂和空预器的堵塞及腐蚀，各大发电企业正在全力以赴开展脱硝装置喷氨系统改造以解决这个突出问题。

目前急需能连续监测 SCR 脱硝出口截面均匀混合烟气，又能同步智能巡测 SCR 出口分区的取样测量技术和具备喷氨总量优化、分区巡测优化双重控制功能的大数据—人工智能控制技术来提高喷氨及时响应性、精准性，以解决电厂最为关心的脱硝 SCR 出口 NO_x 浓度场不均匀、单点测量代表性差、控制调节滞后、自动投入品质差等问题。

以国家能源集团为例，针对燃煤机组脱硝装置存在的问题，北京国电龙源环保工程有限公司从测试诊断、流场设计优化、取样测量、大数据控制、增值服务等方面提出了"脱硝深度优化全流程服务"解决方案，某电厂实施后 300 MW 机组供氨量下降了近 30%，600 MW 机组下降了 10%，效果明显。主要原理如图 1 所示：

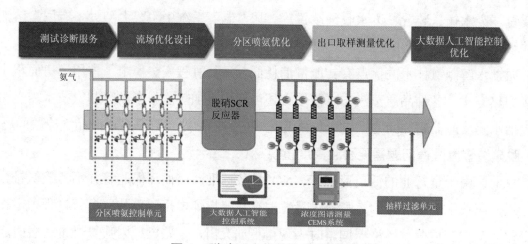

图 1　脱硝深度优化全流程框架

4.9 废弃催化剂处理问题日趋突出

SCR 脱硝催化剂的使用寿命为 3～5 年，预计未来中国将每年产生 15 万 m^3 的废弃脱硝催化剂。脱硝催化剂主要由钒、钨、钛等重金属构成，废弃后如不加以妥善处理，将会对环境造成严重污染，因此中国将出现严重的废弃脱硝催化剂处理问题。2014 年 8 月，原环境保护部发布《关于加强废烟气脱硝催化剂监管工作的通知》，将废烟气脱硝催化剂管理、再生、利用纳入危废管理，并将其归类为《国家危险废物名录》中"HW49 其他废物"，工业来源为"非特定行业"，废物名称定为"工业烟气选择性催化脱硝过程产生的废烟气脱硝催化剂"。目前，中国的废脱硝催化剂再生技术还处于起步阶段。近年来，中国的一些企业通过引进吸收国外技术或与相关科研院所合作，已使废脱硝催化剂再生处理技术得到应用。

从长期市场容量来看，脱硝催化剂使用周期为 1.6 万～ 2.4 万 h，按照火电年运营小时数 5000 h 计算，催化剂 3 ～ 5 年需要更换。如果火电厂所用煤炭质量较差，催化剂的更换频率将更快。在 2015 年之前，主要市场需求来自新增需求（包括旧机组脱硝改造和新建机组脱硝装置安装），而 2015 年之后，随着大部分央企电厂的存量机组实现脱硝运营，催化剂的需求将主要来自新增需求和更换需求（为已安装的脱硝装置更换催化剂）。催化剂新增需求极为有限。而更换需求由于催化剂磨损问题得到了较有效的解决，新增需求量也呈下降趋势。

催化剂的磨损问题是中国高灰煤、反应器流场、高硫煤烟气和流速设计等问题共同导致的。提高流场的均匀度对减轻催化剂的磨损有显著影响。另外，可以通过对催化剂制备工艺（钛钨粉制备方式、催化剂干燥方式、煅烧条件）等的改进，生产高活性、高强度的脱硝催化剂。

在未来几年，将会有大量的催化剂达到使用寿命，如何对这部分催化剂进行妥善的最终处理是一个重大问题。另外，在每次再生时，都有部分催化剂因物理结构破坏而无法再生，亟待开发废催化剂的回收技术来解决这些问题，以资源化利用为目标，提高过程经济性。

4.10 燃煤电厂"湿烟羽现象"

目前，中国燃煤电厂脱硫设施 90% 以上机组均采用石灰石 - 石膏湿法脱硫工艺，该工艺可使烟气温度降低至 45 ～ 55 ℃，这些低温饱和湿烟气直接经烟囱进入大气环境，遇冷凝结成微小液滴，从而产生"白色烟羽"（湿烟羽）。虽然单纯的"白色烟羽"对环境质量没有影响，但会对周围居民生活造成一定的困扰，环保部门也经常接到类似的投诉。因此，许多燃煤电厂把消除"白色烟羽"作为超低排放改造的重要内容之一。

"白色烟羽"治理技术可分为三大类：烟气再热技术、烟气冷凝技术和烟气冷凝再热复合技术。①烟气再热技术是当前应用最为广泛的技术，结合时下烟气超低排放及节能的要求，具有最广阔的应用前景。②烟气冷凝技术对"湿烟羽"的治理亦有明显的效果，且能实现多污染物联合脱除。该技术目前在行业中的多数应用并不完全针对湿烟羽的治理，主要目的是减排、收水和节水，其技术指标未结合湿烟羽的消除来制定，但在客观上已起到了湿烟羽治理的作用。③冷凝再热技术是烟气加热和烟气冷凝技术的组合使用，综合了加热技术和冷凝技术的特点，对于湿烟羽治理有更宽广的适用范围。湿式电除尘器、除雾器、声波除雾和烟囱收水环等技术虽然可以有效去除烟气的凝结水，但由于烟气凝结水在烟气中水汽的占比十分有限，类似技术难以作为治理湿烟羽的主流技术，不能有效消除湿烟羽。

电厂湿烟羽现象已受到相关部门关注，地方政府陆续将燃煤锅炉消除"有色烟羽"写入地方环保标准。烟羽治理市场未来并不乐观。

固体废物处理利用行业 2018 年发展报告

1 2018 年固体废物处理利用行业发展环境

1.1 2018 年发布的有关政策、法规

（1）2018 年 8 月，生态环境部办公厅发布《中华人民共和国固体废物污染环境防治法（修订草案）（征求意见稿）》，并公开征求意见。修订草案共六章 102 条，其中修改 50 条（不包括仅修改"环境保护"为"生态环境"的条款），新增 14 条，删除 4 条。主要修改内容包括：统筹把握减量化、资源化和无害化的关系、明确各方责任促进固体废物协同治理、为生态文明体制改革提供法律支撑、综合运用各种手段深化固体废物管理。

（2）2018 年 1 月 1 日中国开始正式施行《中华人民共和国环境保护税法》（以下简称《环境保护税法》）。对于固体废物，《环境保护税法》明确规定了"应税固体废物的排放量为当期应税固体废物的产生量减去当期应税固体废物贮存量、处置量、综合利用量的余额"。《环境保护税法》还规定了多项税费减免措施，对符合要求的企业和工程项目依法予以免征环境保护税。

（3）2018 年 8 月，十三届全国人大常委会第五次会议通过《中华人民共和国土壤污染防治法》。该法共有 7 条有关固体废物和危险废物的规定，其中包括重点监测曾用于固体废物堆放、填埋的建设用地，禁止将重金属或者其他有毒有害物质含量超标的工业固体废物、生活垃圾或者污染土壤用于土地复垦等。

（4）2018 年 12 月 29 日，为指导地方开展"无废城市"建设试点工作，国务院办公厅印发《"无废城市"建设试点工作方案》。方案明确提出了试点建设的总体要求、主要任务、实施步骤及保障措施。

（5）《进口废物管理目录》。2018 年 4 月 13 日，原环境保护部、商务部、国家发展和改革委员会、国家海关总署联合发布关于调整《进口废物管理目录》（以下简称《目录》）的公告，《目录》将废五金类、废船、废汽车压件、冶炼渣、工业来源废塑料等 16 个品种固体废物，从《限制进口类可用作原料的固体废物目录》调入《禁止进口固体废物目录》，自 2018 年 12 月 31 日起执行。

（6）2018 年 7 月，国家海关总署发布《进口可用作原料的固体废物国外供货商注册登记管理实施细则》。该细则自 2018 年 8 月 1 日起执行，《进口可用作原料的固体废物

国外供货商注册登记管理实施细则》（原质检总局公告 2009 年第 98 号公布）同时废止。

（7）2018 年 2 月 26 日，工业和信息化部、科学技术部、原环境保护部等七部门联合发布《新能源汽车动力蓄电池回收利用管理暂行办法》（以下简称《办法》）。《办法》规定汽车企业需负责新能源汽车动力电池的回收，同时鼓励社会资本设立产业基金，探索动力蓄电池残值交易等市场化模式，促进动力蓄电池回收利用。《办法》自 2018 年 8 月 1 日起施行。

（8）2017 年年底，住房和城乡建设部下发《关于加快推进部分重点城市生活垃圾分类工作的通知》，该通知规定，2018 年 3 月底前，46 个重点城市要出台生活垃圾分类管理实施方案或行动计划，明确年度工作目标，细化工作内容，量化工作任务，形成若干垃圾分类示范片区，探索建立宣传发动、收运配套、设施建设等方面的工作机制。

（9）2018 年 7 月 2 日，国家发展和改革委员会出台《关于创新和完善促进绿色发展价格机制的意见》，要求健全固体废物处理收费机制，建立健全城镇生活垃圾处理收费机制，完善城镇生活垃圾分类和减量化激励机制，加快建立有利于促进垃圾分类和减量化、资源化、无害化处理的激励约束机制。

（10）2018 年国家邮政局制定发布了《快递业绿色包装指南（试行）》，规定了行业绿色包装工作的目标，即快递业绿色包装坚持标准化、减量化和可循环的工作目标，加强与上下游协同，逐步实现包装材料的减量化和再利用。

1.2 打击固体废物环境违法行为专项行动

2018 年 5 月 9 日，生态环境部正式启动"打击固体废物环境违法行为专项行动"，即"清废行动 2018"。该次清废行动，生态环境部从全国抽调执法骨干力量组成 150 个督察小组，通过对长江经济带 11 省（市）2796 个固体废物堆存点位进行现场摸排核实，共发现 1308 个问题。

"清废行动 2018"发现的问题，主要涉及建筑垃圾、一般工业固体废物、生活垃圾等随意倾倒或堆放，其中涉及建筑垃圾 339 个、一般工业固体废物 253 个、生活垃圾 164 个，危险废物 58 个，以建筑垃圾和生活垃圾为主的混合类 345 个，砂石、渣土等其他类 149 个。从问题分布情况看，在长江经济带 11 省（市）均发现较多问题，其中上海 35 个、江苏 187 个、浙江 17 个、安徽 88 个、江西 336 个、湖北 386 个、湖南 69 个、重庆 33 个、四川 60 个、贵州 65 个、云南 32 个。2018 年 5 月 10 日开始，生态环境部在 7 天内共对 111 个突出问题进行挂牌督办，同时将其余 1197 个问题交由有关省级生态环境部门挂牌督办。

生态环境部以旋风般的速度和督察力度对地方违规问题进行了前所未有的查处，执法力度不断加大，彰显了生态环境部对遏制非法转移倾倒案件多发态势、确保长江生态环境安全的决心。

2 行业发展概况

2.1 一般工业固体废物

工业固体废物综合利用是节能环保产业的重要板块，更是保护环境、推动生态文明建设的重要一环。据2018年中国统计年鉴，2017年全国一般工业固体废物产生量共计331 592万t，综合利用量（包含对往年贮存量的利用）181 187万t，处置量79 798万t，贮存量78 397万t，倾倒丢弃量73.04万t（图1）。

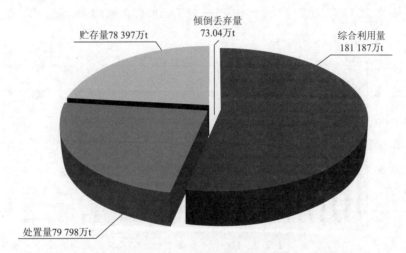

图 1 2017 年全国一般工业固体废物利用、处置情况

据生态环境部发布的《2018年全国大、中城市固体废物污染环境防治年报》。2017年，202个大、中城市一般工业固体废物产生量达13.1亿t，综合利用7.7亿t、处置3.1亿t、贮存7.3亿t、倾倒丢弃9.0万t。一般工业固体废物综合利用量占全国利用处置总量的42.5%，处置和贮存分别占利用处置总量的17.1%和40.3%，综合利用仍然是处理一般工业固体废物的主要方式，部分城市对历史堆存的固体废物进行了有效利用和处置（部分城市一般工业固体废物利用量包含对往年贮存量的利用）。一般工业固体废物利用、处置情况见图2。

2017年，各省（区、市）大、中城市发布的一般工业固体废物产生情况见图3。一般工业固体废物产生量排在前三位的是内蒙古自治区、江苏省、山东省。202个大、中城市中，一般工业固体废物产生量排名前10位的城市见图4。前10位城市产生的一般工业固体废物总量为3.6亿t，占全部信息发布城市产生总量的27.5%。

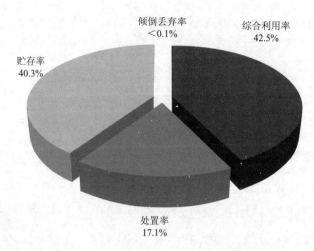

图 2 2017 年 202 个大、中城市一般工业固体废物利用、处置情况

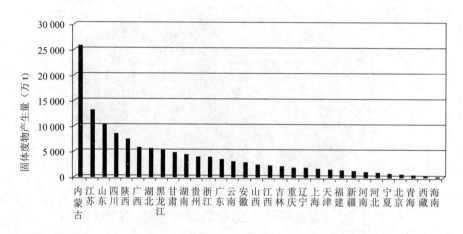

图 3 2017 年各省（区、市）一般工业固体废物产生情况

2.2 危险废物

目前，中国危险废物处理处置存在地区发展不平衡、不充分、企业规模较小等诸多问题。危险废物处理处置领域在加强科学管理、提高效率的同时，要进一步加强风险评估工作，杜绝大型环境事故的发生。根据中国统计年鉴的数据，2017 年中国危险废物产生量 6936.89 万 t，综合利用 4043.42 万 t（包含对往年储存量的利用），处置 2551.56 万 t，贮存 870.87 万 t（图 5）。

2017 年，202 个大、中城市危险废物产生量达 4010.1 万 t，综合利用 2078.9 万 t、处置 1740.9 万 t、贮存 457.3 万 t。危险废物综合利用量占利用处置总量的 48.6%，处置、贮存分别占比 40.7% 和 10.7%，有效利用和处置是处理危险废物的主要方式，部分城市对历史堆存的危险废物进行了有效利用和处置（部分城市危险废物利用量包含对往年贮

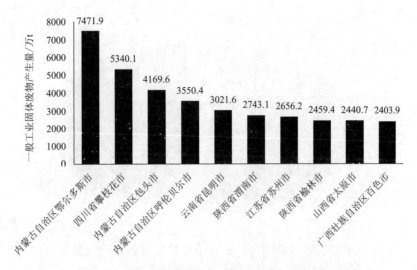

图4 2017年一般工业固体废物产生量排名前10的城市

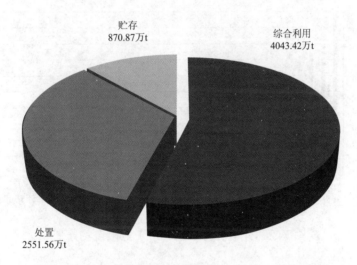

图5 2017年全国危险废物利用、处置、贮存情况

存量的利用）。2017年，202个大、中城市危险废物利用、处置等情况见图6。

2017年，各省（区、市）大、中城市发布的危险废物产生情况见图7。危险废物产量排在前三位的省份是山东、江苏、湖南。202个大、中城市中，危险废物产量居前10位的城市见图8。前10个城市产生的危险废物总量为1304.0万t，占全部信息发布城市产生总量的32.5%。

2.3 生活垃圾

2017年，中国生活垃圾清运量21 520.9万t，无害化处理21 034.1万t，包括卫生填埋12 037.6万t，焚烧8463.3万t，其他无害化处理533.2万t（图9）。2017年中国生活垃圾无害化处理率达97.7%。2017年，中国共有1013座生活垃圾无害化处理厂，其中

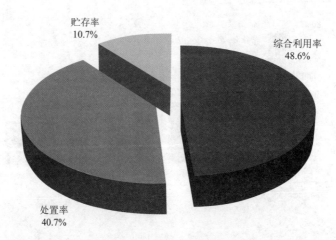

图 6 2017 年 202 个大、中城市危险废物利用、处置等情况

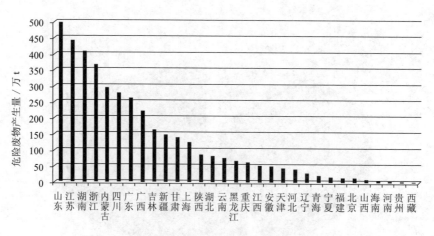

图 7 2017 年各省（区、市）危险废物产量

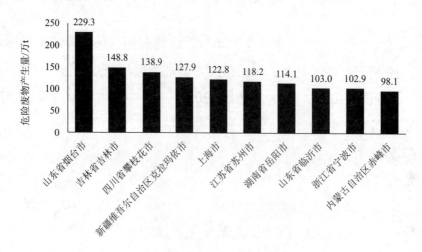

图 8 2017 年危险废物产生量排名前 10 的城市

生活垃圾卫生填埋场 654 座，生活垃圾焚烧厂 286 座，其他生活垃圾无害化处理厂 73 座
（图 10）。生活垃圾无害化处理能力 679 889 t/d，其中卫生填埋处理能力 360 524 t/d，
焚烧处理能力 298 062 t/d，其他无害化处理能力 21 303 t/d（图 11）。

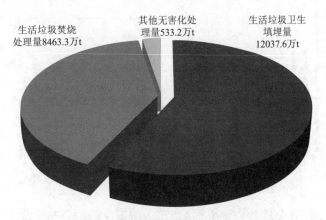

图 9 2017 年中国生活垃圾无害化处理情况

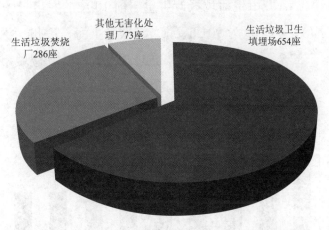

图 10 2017 年生活垃圾无害化处理厂数量

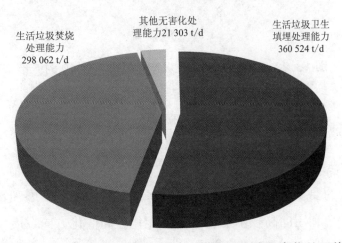

图 11 2017 年中国生活垃圾焚烧、填埋和其他无害化处理能力

2017 年，202 个大、中城市生活垃圾产生量 20 194.4 万 t，处置 20 084.3 万 t，处置率达 99.5%。各省（区、市）发布的大、中城市生活垃圾产生情况见图 12。

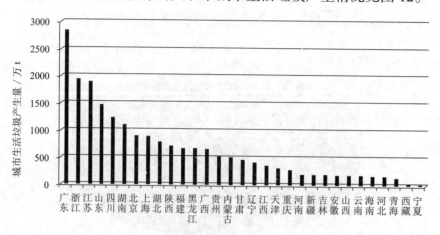

图 12 2017 年各省（区、市）城市生活垃圾产生情况

202 个大、中城市中，城市生活垃圾产生量居前 10 位的城市见图 13。城市生活垃圾产生量最大的是北京市，产生量为 901.8 万 t，其次是上海、广州、深圳和成都等，产生量分别为 899.5 万 t、737.7 万 t、604.0 万 t 和 541.3 万 t。前 10 位城市产生的城市生活垃圾总量为 5685.8 万 t，占全部信息发布城市产生总量的 28.2%。

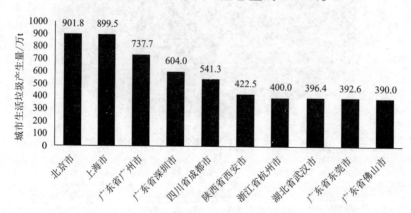

图 13 2017 年城市生活垃圾产生量排名前 10 的城市

3 行业发展趋势

3.1 一般工业固体废物

随着产品标准的要求逐渐升高，市场需求将倒逼产业创新发展和转型升级，促进大宗工业固体废物综合利用向高技术加工、高性能化、高值化方向发展。固体废物处理处置企业还应结合当地的资源环境特点及区位特征，推进区域工业固体废物综合利用产业

协同发展。

3.2 危险废物

随着越来越多的政策出台，以及不断强化的环保督察，将倒逼出更大的市场空间，危险废物处理能力将会有大幅度提高，处置价格也会回落到正常区间，市场也会实现更加规范和良性的发展。工业窑炉协同处置危险废物技术是目前缓解中国危险废物处置能力不足的有效途径之一。其优势在于不仅可以减少危险废物处置设施建设投资，又能有效利用危险废物中的能源和资源。

3.3 生活垃圾

2018年出台的诸多政策为垃圾分类相关产业的蓬勃发展增添助力，中国垃圾分类工作逐步完善，但生活垃圾乱放、混装现象仍存在，有害垃圾分类缺乏资金机制。生活垃圾分类受到党和政府高度重视，地方将会大力推进分类收集，并建立与各地现状相适应的生活垃圾处理、处置设施，统一收运，分类处理、处置各类垃圾。同时推进废塑料的源头分类和减量，提升焚烧比例、降低填埋量。

4 行业发展存在的主要问题

4.1 一般工业固体废物

（1）一般工业固体废物产生量大，综合利用量和处置量小。2017年全国一般工业固体废物产生量共331 592万t，综合利用（包含对往年贮存量的利用）181 187万t、处置79 798万t、贮存78 397万t、倾倒丢弃73.04万t。

（2）大宗工业固体废物资源综合利用率低。2017年，重点发表调查工业企业大宗工业固体废物综合利用率分别为，尾矿27.0%、粉煤灰76.8%、煤矸石53.1%、冶炼废渣89.1%、炉渣74.8%、脱硫石膏75.7%。

4.2 危险废物

（1）危险废物产生量大而危险废物处理设施建设缓慢，处置能力不足。2017年，中国危险废物产生量为6936.89万t，综合利用4043.42万t，处置2551.56万t，贮存870.87万t。东南沿海地区危险废物处理设施能力不足，西北地区处置设施欠缺。

（2）地区发展不平衡，单位质量的危险废物不同省、市的处理价格差别巨大。如浙江省丽水市危险废物焚烧处置价格基准为3200元/t，而据上海市物价局2018年公示，上海市焚烧处置危险废物的价格为8500～10 000元/t。

（3）危险废物分级分类、全过程管理机制未形成，管理不科学，处置不合理。按《国家危险废物名录》（2016），列入附录《危险废物豁免管理清单》中的危险废物，在所列的豁免环节，且满足相应的豁免条件时，可实行豁免管理。《中华人民共和国固体废物污染环境防治法》（修订草案）提出"制定分级、分类管理目录"，仍待进一步落实。

（4）危险废物跨省转移限制，造成设施重复建设、闲置。部分省、市的文件明确提出禁止省外危险废物的入省处置、限制入省资源化利用，可能引发处置设施重复建设和能力闲置。

4.3 生活垃圾

（1）城乡生活垃圾处理水平差距大。中国城市和县城的生活垃圾已基本实现无害化处理，但农村生活垃圾无害化处理率仍很低。2017年，中国202个大、中城市生活垃圾处置率达99.5%，而农村垃圾处理率为62.85%，城乡生活垃圾处理水平差距仍然明显。

（2）生活垃圾乱放、混装仍存在，有害垃圾分类缺乏资金机制。生活垃圾分类制度推行效果不理想，收运过程存在混装等现象；垃圾桶存放处各类垃圾和再生资源乱堆乱放；污染者（产生者）付费机制尚未有效建立，居民环保意识尚待提升，大量应由产生者承担的治理成本转嫁给政府和社会；部分试点未规定有害垃圾回收设施建设、处理责任者和付费机制，进展慢、效果差。

5 解决对策及建议

5.1 一般工业固体废物

强化工业固体废物综合利用。对工业固体废物要强化"以用为主"的方针，加大综合利用技术的研发投入，鼓励规模化的利用和生产高附加值的产品。对于资源可回收型废物，建立健全正规、合法和有效的废物回收体系。

5.2 危险废物

加强危险废物处理、处置设施的能力建设，大力加强危险废物处理处置设施管理和技术人员的培训，提升现有设施的运营管理水平。研究和开发先进适用的危险废物处置技术和装备，提高危险废物处置能力。建立危险废物分级分类管理制度，科学合理简化程序。加强危险废物地方政府治理和监管责任落实，严防、严管、严打危险废物异地非法转移、倾倒。

5.3 生活垃圾

源头分类是实现垃圾减量化、无害化和资源化的重要环节，解决农村垃圾处理，首先要做好源头分类。建议根据当地的实际情况制定相应的垃圾分类方法，强化公众参与生活垃圾分类意识，开展形式多样的宣传教育，积极利用媒体发布等方式，普及固体废物相关知识，动员公众积极践行垃圾分类、废物利用等绿色生活方式。推进有害垃圾分类、收集、贮存、处置设施建设，落实资金机制。

附录：固体废物处理利用行业主要（上市）企业简介

1. 中国光大国际有限公司（股票代码：00257）

中国光大国际有限公司是中国垃圾发电行业的龙头企业，2003年将环保确立为公司的核心业务。公司拥有六大业务板块：环境科技、环保能源、环保水务、绿色环保、装备制造及国际业务协同发展，打造一站式、全方位环境综合治理服务商。公司业务涵盖垃圾发电、水环境治理、生物质综合利用、危险废物处置、风电光伏、环保工程建设、技术研发、环保装备制造、环保产业园规划及建设等。

2. 启迪环境科技发展股份有限公司（股票代码：000826）

启迪环境科技发展股份有限公司是中国固体废物处置的龙头企业，长期致力于废物资源化和环境资源的可持续发展。公司秉承"持续创新、追求完美、诚信至上、永担责任"的核心价值观，向着成为具有国际影响力的综合环保公司迈进。公司主营业务涵盖固体废弃物处置系统集成、环保设备研发制造与销售、城乡环卫一体化、再生资源回收与利用及特定区域市政供水、污水处理项目的投资运营服务等诸多领域。目前，公司在大力拓展"环卫—固体废物—再生资源"纵向产业链，即将垃圾分类、环卫一体化、生活垃圾、餐厨垃圾处理及再生资源回收等细分业务进行串联与协同。

3. 格林美股份有限公司（股票代码：002340）

格林美股份有限公司（以下简称"格林美"）于2001年12月28日在深圳市注册成立，2010年1月登陆深圳证券交易所中小企业板，总股本41.51亿股，净资产99.22亿元，在册员工5000余人。目前，格林美已建成7个电子废弃物绿色处理中心、6个报废汽车回收处理中心、5个废旧电池与动力电池材料再制造中心、3个废塑料再造中心、3个危险固体废物处理中心、2个硬质合金工具再造中心、2个稀有稀散金属回收处理中心、1个报废汽车零部件再造中心、1个动力电池包梯级再利用中心，建成废旧电池与动力电池大循环产业链，钴镍钨资源回收与硬质合金产业链，电子废弃物循环利用产业链，报废汽车综合利用产业链，废渣、废泥、废水循环利用产业链等五大产业链。

4. 北京首创股份有限公司（股票代码：600008）

北京首创股份有限公司是北京首都创业集团旗下的国有控股环保旗舰企业。公司主要从事环境综合服务业务，业务范围包括供水、污水处理等城镇水务业务，垃圾、固体废物收集处理等人居环境改善业务，以及海绵城市、黑臭水体治理、村镇水坏境治理等水环境综合治理业务，并逐步延伸至绿色资源循环利用业务。目前公司拥有的项目类型包括供水、城市污水处理、村镇污水处理、固体废物处理、海绵城市、黑臭水体治理、再生水、污泥处理等。业务覆盖国内各地以及新西兰、新加坡等国家，服务总人口超过5000万，水处理能力达到2400万t/d，固体废物处理能力超过4万t/d，已成为世界第五大环境综合服务商。

5. 东江环保股份有限公司（股票代码：002672）

东江环保股份有限公司（以下简称"东江环保"）创立于1999年，是广东省省属企业广东省广晟资产经营有限公司的控股子公司，深圳证券交易所和香港证券交易所上市环保企业。公司致力于工业和市政废物的资源化利用与无害化处理，配套发展水治理、环境工程、环境监测等业务，构建完整产业链，铸造以废物资源化为核心的多层次环保服务平台，为企业的不同发展阶段定制和提供一站式环保服务，并可为城市废物管理提供整体解决方案。东江环保下设70余家子公司，逐步形成了覆盖泛珠江三角洲、长江三角洲及中西部地区的以工业及市政废物无害化处理及资源化利用为核心的产业布局。业务网络覆盖珠江三角洲、长江三角洲和西南地区等30余城市，20余个行业，客户超过2万家。

噪声与振动控制行业 2018 年发展报告

1 噪声与振动控制行业发展现状

1.1 噪声与振动控制行业发展环境

《中华人民共和国环境保护税法》自2018年1月1日起正式实行，该法规定征收的环境保护税中包括噪声税，不再征收排污费。根据该法的规定，工业噪声作为应税污染物列入环境保护税税目，并按照超标分贝值（dB）来计算，共划分为6个等级：超标1～3 dB，每月税额350元；超标4～6 dB，每月税额700元；超标7～9 dB，每月税额1400元；超标10～12 dB，每月税额2100元；超标10～12 dB，每月税额2800元；超标13～15 dB，每月税额5600元；超标16 dB以上，每月税额11 200元。除此之外，该法还根据同一企业在不同地点作业所产生的超标噪声、昼夜均产生噪声等具体情况，做出了合并计征或累计计征的规定。尽管目前在噪声污染方面应税污染物只包括工业噪声且税额较低，但却结束了企业开展噪声与振动控制经济上只有投入没有产出的历史，对中国噪声与振动控制行业的发展具有重大意义。

2018 年 12 月 29 日，第十三届全国人民代表大会常务委员会第七次会议通过对《中华人民共和国环境噪声污染防治法》做出的修改。

2018 年 8 月，生态环境部发布了《2018 年中国环境噪声污染防治报告》，对 2017 年全国声环境情况以及环境噪声的投诉情况进行了汇总和描述。该报告中提到，各级环保部门对全国地级及以上城市开展了功能区声环境质量、昼间区域声环境质量和昼间道路交通声环境质量三项监测工作，共监测了 79 669 个点位。监测结果表明，全国城市功能区声环境昼间监测总点次达标率为 92.0%，夜间监测总点次达标率为 74.0%。昼间区域声环境质量等效声级平均值为 53.9 dB（A）。昼间道路交通噪声等效声级平均值为 67.1 dB（A）。全国各级环保部门共收到涉及环境噪声的投诉 55.0 万件（占环保投诉总量的 42.9%），办结率为 99.7%。其中，工业噪声类投诉占 10.0%，建筑施工噪声类投诉占 46.1%，社会生活噪声类投诉占 39.7%，交通运输噪声类投诉占 4.2%。

2018年正式实施的标准包括《往复式内燃机排气消声器测量方法 声压法排气噪声声功率级和插入损失及功率损失比》（GB/T 33928—2017）、《声学 建筑和建筑构件隔声测量 第18部分：建筑构件雨噪声隔声的实验室测量》（GB/T 19889.18—2017）、《小艇 机动游艇空气噪声 第2部分：用标准艇进行噪声评估》（GB/T 19

322.2—2017）、《小艇　机动游艇空气噪声　第3部分：用计算和测量程序进行噪声评估》（GB/T 19322.3—2017）、《声学　机动车辆定置噪声声压级测量方法》（GB/T 14356—2017）、《声学　声压法测定噪声源声功率级和声能量级　采用反射面上方包络测量面的简易法》（GB/T 3768—2017）、《声学　声压法测定噪声源声功率级和声能量级　混响场内小型可移动声源工程法　硬壁测试室比较法》（GB/T 6881.2—2017）、《声学　环境噪声评价中脉冲声事件暴露声级分布的计算方法》（GB/T 34834—2017）、《声学　噪声性听力损失的评估》（GB/T 14366—2017）、《船用柴油机辐射的空气噪声测量方法》（GB/T 9911—2018）、《声学　小型通风装置辐射的空气噪声和引起的结构振动的测量　第1部分：空气噪声测量》（GB/T 21231.1—2018）、《声学　小型通风装置辐射的空气噪声和引起的结构振动的测量　第2部分：结构振动测量》（GB/T 21231.2—2018）、《声学　单元并排式阻性消声器传声损失、气流再生噪声和全压损失系数的测定》（GB/T 36079—2018）、《声学　测量道路车辆和轮胎噪声的试验车道技术规范》（GB/T 22157—2018）等多项噪声标准。

环境领域的这些标准和政策指导着噪声与振动控制领域不断完善，持续推进着噪声与振动控制行业的技术进步和业务拓展，为环保行业的发展和治理市场的需求，提供了有利的空间，有效促进了噪声污染防治企业的产业升级。

1.2 噪声与振动控制行业技术发展情况

2018年，为贯彻《中华人民共和国环境保护法》《中华人民共和国固体废物污染环境防治法》《中华人民共和国环境噪声污染防治法》，推动相关领域污染防治技术进步，满足污染治理对先进技术的需求，生态环境部组织筛选了一批固体废物处理处置和环境噪声与振动控制先进技术，编制形成《国家先进污染防治技术目录（固体废物处理处置领域）》（2017年）和《国家先进污染防治技术目录（环境噪声与振动控制领域）》（2017年），并予以发布。其中，阵列式消声器、阻尼弹簧浮置道床隔振系统、噪声地图绘制技术、集中式冷却塔通风降噪技术、全采光隔声通风节能窗、电抗器隔声技术6项被列为推广技术，是经工程实践证明了的成熟技术，治理效果稳定，经济合理可行，鼓励推广应用；预置短板浮置减振道床、橡胶基高阻尼隔声技术、水泵复合隔振技术、应用微型声锁结构技术的隔声门窗、尖劈错列阻抗复合消声器、页岩陶粒吸声板降噪6项技术被列为示范技术，具有创新性，技术指标先进、治理效果好的特点，基本达到了实际工程应用水平，具有工程示范价值。

阵列式消声技术能有效提升低频、高频段降噪效果，系统阻力损失小。适用于大风量、低压头的通风消声，如地铁隧道通风空调和大型建筑风道等通风噪声控制。

阻尼弹簧浮置道床隔振系统在获得较低系统固有频率的同时保持了较高的轨道精度，可满足各项安全和运营平顺性要求，同时具有失效指示、应急限位等，适用于减振效果要求较高的特殊地铁路段（涉及居住、文教、文物古迹、医院等的路段），以及电厂、建筑物、桥梁等需要特殊减振、降噪的部位。

　　噪声预测及噪声地图绘制技术将传统的监测技术、地理信息系统（GIS）技术和计算机仿真技术有机结合，利用已有的监测技术和数据，凭借科学的声学预测模型，实现整个区域声环境质量和变化趋势的把握，噪声地图绘制实现了三维可视化，可为环境噪声管理提供有力支撑。

　　预制短板浮置减振道床基于快速施工的拼装技术应用，预制短板连接采用刚性连接和柔性连接，提高连接后形成的道床系统的综合受力能力，结构简单、安装运输方便，后期维护方便。主要应用于新建或改建的减振要求高的地铁路段。

　　橡胶基高阻尼隔声技术通过阻尼材料配方及其与金属板的组合工艺的改进，提高结构的隔声性能，形成兼有减振、隔声双重性能的新型材料。适用于传播途径的隔声。

　　水泵复合隔振技术采用二次隔振技术，有效提高隔振效率。

　　集中式冷却塔通风降噪技术景观性能良好，成本较低。进出气通道的分设，有利于改善冷却塔的热工性能。适用于多台冷却塔、热泵集中设置情况下的噪声控制。

　　全采光隔声通风节能窗在满足通风需求同时，吸收环境噪声，采用隔热断桥铝型材和塑料型材两大类型材，选用中空玻璃，保温隔热效果良好。适用于大多数建筑物墙体。

　　电抗器隔声技术模块化设计，有利于快速拆装与维护，通风降噪效果好，能够实现自动控制。适用于较高通风要求和消防要求的高噪声设备的噪声控制。

　　应用于隔声门窗的微型声锁结构技术应用便利，门窗开启方便，集成了传统声锁结构功能，提升了整体结构的隔声效果。

　　大风量高声级尖劈错列复合消声系统与同规格的传统阻性片式消声器相比，有效气流通道面积较大，风速较慢，有利于减少气流压损、减少气流再生噪声。可用于通风换气系统的消声，也可用于排气烟囱的消声。

　　页岩陶粒吸声板降噪技术以页岩陶粒为主材，配以胶凝材料制成吸声构件，采用固定限位方式，铺设在铁路无砟轨道顶面，在源头吸收降低铁路轮轨区域噪声。适用于轨道交通的轮轨噪声控制。

　　北京市劳动保护科学研究所牵头完成的《地铁车辆段上盖建筑振动控制成套技术及应用》项目，获2017年度北京市科学技术进步一等奖。该技术已在地铁车辆段上盖建筑以及地铁沿线建筑振动控制中进入工程示范和推广阶段。

除此以外，随着电子技术的不断完善，有源降噪技术在管道乃至空间的应用逐渐兴起。主动降噪技术一般是通过模拟电路或数字信号处理来实现，根据要降低噪声源的特性设计自适应算法，根据特定算法生成一个相位相反的信号。这个反相信号与原有的噪声信号叠加，从而有效降低了噪声的感知度。该项技术现已在耳机领域较成熟，在汽车车厢的噪声、振动与声振粗糙度（NVH）研究中也得到了一定的应用。目前中国的多家相关机构已在有源降噪技术的空间应用领域进行了大量实验研究，并取得了一定的效果。也有企业在管道有源降噪领域投入精力研发，开发有源降噪的消声器。

1.3 市场特点及重要动态

通过对网上招标信息的统计，截至 2018 年 10 月，全国总计噪声控制及声屏障的招标项目共 447 条，招标金额 33.7 亿元，其中声屏障项目工程量较大，仍是噪声与振动控制行业的主要项目，占所有项目的 84.7%。其中，江苏省噪声与振动控制类的招标项目最多，达 83 个，占全国招标项目总量的 18.6%。江、浙、沪三地的招标项目占全国总数的 33.6%。招标项目以东部省份居多，除湖北省外，其他招标项目超过 25 个的均为东部沿海省市。招标金额的情况与项目数量基本一致，以上海市最高，为 11.6 亿元，占全国项目的 34.4%；江、浙、沪三地为 18.7 亿元，占全国项目的 55.5%。

据初步统计，2018 年全国噪声与振动控制行业的总产值约为 133 亿元，与 2017 年相比有所下降，各类污染防治的产值情况见表 1。

表 1　噪声与振动控制行业产值情况表

类别	交通	工业企业	社会生活	技术服务	其他
产值 / 亿元	45	20	18	10	40

1.4 主要企业发展情况

目前，行业内专业从事噪声控制工程与装备制造的企业主要有：北京绿创声学工程股份有限公司、正升环境科技股份有限公司、深圳中雅机电实业有限公司、南京常荣声学股份有限公司、北京九州一轨隔振技术有限公司、上海申华声学装备有限公司、上海新华净环保工程有限公司、北京万讯达声学设备有限公司、福建天盛恒达声学材料科技有限公司、杭州爱华仪器有限公司、浙江天铁实业股份有限公司、华电重工股份有限公司、厦门嘉达环保建造工程有限公司、大连明日环境工程有限公司、上海章奎生声学工程顾问有限公司、中船第九设计研究院工程有限公司、上海泛德声学工程有限公司、北京宝曼科技有限公司。其中，主板上市公司有华电重工股份有限公司，创业板上市公司有浙江天铁实业股份有限公司。据不完全统计，截至 2018 年 10 月底，行业主要企业的全年营收总额为 13 亿元，利润总额为 1.4 亿元，利润率为 11%，从业人员为 6391 人。

多年来，行业骨干企业普遍经历了工程实践的磨砺和考验，大都达到了较高的技术实力和装备水平，工程设计、产品研发和质量控制水平相对较高，也取得了丰富的工程业绩及实践经验。其中部分骨干企业还开展了自备声学实验室、消声器检测台架等基础科研条件的建设，有力推进了全行业的技术进步。

1.5 行业企业国内国际竞争力状况

2018 年，噪声与振动控制行业的市场特点依旧是入行门槛相对较低，业主方对于技术的重视程度不够，造成了工程低价中标的情况依然存在。随着常规项目噪声与振动控制技术的日益普及、建设项目噪声与振动控制工程底价的日益透明，更多的甲方在工程招标中采取低价中标的原则，导致行业内的价格竞争进入白热化状态。

近年来部分重点工程的装机容量和设计布局已提升到临近专业技术极限，其噪声与振动控制的难度和技术风险也有所提升，传统经验公式已难以提供足够的技术支撑，工程设计越来越依赖于声学和热力学方面的计算机仿真技术的预测分析，对从业单位的综合技术实力提出了更高要求，在客观上促进了噪声控制行业技术水平的整合与提升。部分企业开始重视技术更新与横向交流，通过各种技术、设备引进和升级改造，技术实力和装备水平也在不断提升。

目前，中国的城市轨道交通隔振降噪技术领域在技术集成度、成熟度以及产品的标准化、系列化、自动化、机械化、规模化方面都取得了长足的进步，填补了大量技术空白。轨道交通噪声及振动控制领域的市场份额也产生了井喷式增长。

中国噪声与振动控制行业的技术水平与发达国家基本相当，如吸声材料和吸声结构、隔声材料和隔声结构、消声器、隔振器及阻尼材料等常规产品与材料，无论理论研究、产品研发还是工程技术应用，都位居世界前列。尤其在微穿孔板吸声材料吸声结构、微穿孔板消声器、小孔喷注高压排气消声器的研究方面，中国还领先于其他国家。另外，中国的噪声控制产品（或工程）在价格上具有较强的市场竞争力。这些都是中国噪声控制产业的优势所在。

2 存在的主要问题

2.1 科研开发方面

由于中国近年来在噪声与振动控制领域基础理论研究和深层次技术研究开发投入的力度下降，目前虽然取得了 100 多项科研成果，但同一水平的重复研究居多，真正具有高科技含量，拥有自主知识产权的科研成果很少，造成中国噪声与振动控制研究水平与发达国家的差距有增大的趋势，主要体现在噪声与振动源分析预测技术、噪声与振动设备计算机辅助设计技术、噪声与振动设备计算机辅助制造技术、高速运输系统噪声与振动控制设备研究、新材料研究开发等方面。

2.2 规范设计方面

噪声与振动控制规范化设计文件的制订，对噪声与振动控制领域发展具有重要作用。建立完整的设计规范体系，是噪声与振动控制工程设计及产品制作的指导性文件，也是噪声与振动控制产业健康有序发展的重要保证。发达国家制订的设计规范涉及面广且很细，工程中遇到的问题都可以在规范化设计文件中找到依据，这些指导性技术文件主要包括：《低噪声机器设计导则》《消声器设计及在噪声控制中的应用》《隔声罩设计及在噪声控制中的应用》《隔声屏障设计规范》《低噪声工作场所设计导则》《建筑施工噪声控制导则》等。近年来，中国开始着手进行相关设计文件的制定，但与发达国家还存在较大差距，应尽快与国际接轨。

2.3 工程实践方面

发达国家拥有强大的技术储备，在工程实践中，他们应用本国的声源与振源数据库，应用噪声与振动传播规律的计算软件，采用计算机辅助技术（CAD）软件设计系统进行优化设计，因而可以以最小的投资达到最优的减振降噪目的。而中国的噪声与振动控制专家从技术上能够承接各种类型的噪声与振动控制工程的设计，但在设计手段与方法上与发达国家存在很大差距，故工程设计工作的效率和精度相对偏低。

2.4 规范生产方面

中国的大多数噪声控制产品和工程的性能及质量明显不如发达国家的同类产品，这主要受限于中国的噪声与振动控制产品制造业的生产规模、加工能力和企业整体素质。中国的噪声与振动控制设备生产厂大部分为乡镇企业和集体所有制企业，产业规模不大，年营业额不足 1000 万元的企业占总数的 70%，这些厂大多生产工艺装备落后，缺少专用生产工具和设备，有些加工环节只能靠手工完成，基本不具备规模化生产能力，也不具备非标准化设备的加工能力和设备安装能力。大多数企业没有必要的产品质量检测手段，导致生产的产品加工粗糙，存在较大质量问题。

2.5 市场环境方面

噪声与振动控制产业市场是被动市场，用户投资降噪是被动的，是为应付环保检查和百姓的投诉，因此技术要求（标准）普遍低于发达国家，很多噪声控制产品（工程）的性能和质量不是赢得市场竞争的主要指标，导致一些产品及工程的性能和质量也明显不高。

3 解决对策及建议

3.1 加强立法、执法力度

环保产业是一个法规和政策引导型产业，这是环保产业区别于其他产业的一个突出特点。纵观世界各国环境保护的发展史可发现，环境保护法规越健全、环境标准与环境执法越严格的国家，环保产业也就越发达，在国际市场中占优势的环保技术也就越多，市场占有量也就越大。因此，应进一步加强中国噪声与振动污染控制领域的立法，完善和健全该领域的标准、法规体系建设，尽快与国际接轨。另外，在管理层面，还应进一步加大执法力度。

3.2 制定和颁布各类噪声与振动控制工程设计规范

在等效采用国际标准的基础上，根据中国国情制定有关噪声与振动控制导则规范，将噪声与振动治理中基本的、通用的技术要求贯穿工程的设计、施工、验收、运行的全过程。使噪声与振动治理工程规范化、合理化、法制化是非常必要的，不仅可以规范行业竞争行为，使噪声治理措施更合理，产品质量更优，工程造价降低，节约资源，还可以促进企业技术进步，提升整个噪声治理行业的水平。

3.3 加强技术储备与技术创新

加强中国在噪声与振动控制领域的基础研究和具有前瞻性的创新技术研究等深层次研究的开发力度；在积极推动对引进技术消化吸收的基础上，坚持自主创新，大力开展自主知识产权的技术创新和新产品研发，不断推动企业的技术进步；建立中国噪声与振动污染源数据库；通过引进和合作，开发适合中国国情的噪声与振动传递规律的计算软件和CAD优化设计软件系统，用以提高产品开发与工程设计的档次和水平；注重现代新技术（如：计算机技术、数字技术、有源控制技术等）在噪声与振动控制中的应用，开发出中国科技含量高，拥有自主知识产权的噪声控制产品，使中国噪声与振动控制产业在技术层面得到提升，提高噪声与振动控制产品在国际市场的竞争力。

3.4 增加政策及贷款支持力度

作为专业性强但市场规模较小的噪声与振动控制行业，面临着银行贷款难，资金压力大等困难。应通过行业协会的力量，建立与银行金融系统的联络，为行业中信誉度高的企业，提供贷款优惠政策。重点扶持一批在噪声与振动污染控制领域有一定基础的骨干企业，在加工设备和技术力量的配备上加大对骨干企业的支持力度，在政策上予以倾斜，努力促进大型集团公司的建立和发展。引导企业和市场向标准化、规模化、专业化、多元化方向发展，不断提高噪声与振动控制企业的整体素质，树立企业整体形象，提高国际市场的竞争能力。

3.5 充分考虑技术，减少低价中标等现象

噪声与振动行业的专业技术性强，但可模仿度也高。应宣传并鼓励业主充分考虑技术的必要性，将最终解决的效果放在第一位。从专业角度对噪声问题进行可行性分析，减少低价中标等现象，引导降噪企业遵守行业规则，保证行业的公信力。

附录：噪声与振动行业主要企业简介

1. 深圳中雅机电实业有限公司

深圳中雅机电实业有限公司成立于 1993 年，注册资本 3008 万元，是一家专业从事研发、设计、制造声学和噪声控制设备并承接声学和噪声控制工程的国家级高新技术企业。公司的业务范围涉及航空、航海、轨道交通、公路、重化工业、发电输变电、安防、医疗、文教、传媒以及普通工业与民用建筑项目。公司具有科研开发、试验测试、工程和产品设计、制造以及工程承包的综合能力和资质。公司的研发设计和销售中心位于深圳市福田区，在东莞市建有面积超过 6000 m² 的生产基地。

公司是深圳市环境保护工程技术（噪声）甲级企业，并被认定为国家级高新技术企业。公司多次获得"中国环保产业骨干企业"和"优秀环保企业"称号，是广东省首批环保产业产学研合作实习基地共建单位和国家先进污染防治示范技术依托单位。

公司自1998年起开始执行ISO 9000质量管理体系标准并通过认证；2013年通过了ISO 14001环境管理体系认证和OHSAS 18001职业健康安全管理体系认证；2017年通过了武器装备质量管理体系认证。

公司在声学和噪声控制方案和设备方面具有强大的技术实力和研发能力，在行业内处于领先地位。公司掌握国际先进技术，结合国内具体需求，与多所高等院校、科研机构合作，全面实现了研发、设计等技术工作的信息化，每项定型产品的声学、空气动力学、力学等性能参数都在符合国际先进标准的实验室中进行标定，并得到了国内权威检测机构的验证。

公司已获得发明专利 4 项，实用新型专利 8 项和外观设计专利 2 项。先后编制国家标准 19 项（主编 6 项，参编 13 项），编制行业标准 3 项（主编 1 项，参编 2 项）。

20 多年来，公司充分发挥在声学和噪声控制领域科研开发及生产制造等方面的特长，致力于提高社会防治噪声污染的科学理念，积极在各个行业中推广国际先进的噪声控制（声学）技术和产品，产品的性能和品质始终处于领先地位。公司成功解决了包括电厂、地铁、轻轨、船舶、军舰、飞机发动机试车台、飞机维修厂、剧场、音乐厅、演播室、听力中心、声学试验室和各种工业与民用建筑在内的近千项工程的声学和噪声控制问题，产品远销美国、加拿大、俄罗斯、英国、新加坡等国家和地区，受到中外客户的广泛好评，赢得了良好声誉。

2. 正升环境科技股份有限公司

正升环境科技股份有限公司是一家新三板挂牌企业，成立于 2008 年，系在四川正升环保科技有限公司原有噪声控制资产、人才和业务的基础上，成立的提供噪声防控解决方案的专业化公司。

公司的降噪业务始于1999年，近20年来一直致力于噪声防控方案咨询、产品设计、制造及工程设计、施工。产品与服务涉及电力、石化、轨道交通、文体建筑、市政、交通、商业地产等领域，业务覆盖全国，并出口印度、泰国、伊朗、印度尼西亚、巴基斯坦、卢旺达、马尔代夫、博茨瓦纳等国家，已为全球超过500家企业提供过噪声控制服务。

公司拥有目前中国西南地区最大的噪声控制技术及声学材料研究测试中心，在中国噪声控制领域处于领先水平。并于2015年获得国家认可实验室证书。公司拥有一支强大的研发和工程设计团队，现有研究生15名，中高级工程师73名；现已拥有发明专利19项、实用新型专利56项。

3. 上海申华声学装备有限公司

上海申华声学装备有限公司成立于1994年12月，是中国专业从事噪声治理的高新技术企业，拥有环保工程专业承包一级资质和环境工程专项乙级设计资质。公司拥有自己的声学实验室和声学设计研究所，始终走在噪声治理领域的前沿，综合实力在中国同行中名列前茅，企业知名度享誉中外。

公司集研发、咨询、设计、施工于一体，主要生产消声、吸声、隔声三大类100多种声学产品。公司已在中国各地承接了千余项噪声治理项目，工程项目涉及城市轨道交通、高速铁路、高速公路、文体场馆、电厂电网、钢铁企业、公共建筑、航天军工等众多领域，覆盖20多个省（区、市），治理效果均达到不同区域的声环境要求。

公司的经营中心位于上海市火车站北广场东侧，产品生产基地位于上海市青浦区白鹤镇，厂房占地面积4万余平方米，全部实施了标准化工业厂房改建。为了发展环保声学产业，公司花巨资从欧洲引进了一流生产装备，这些设备精度好、效率高，可满足各种生产需要。

公司拥有一支经验丰富、业务精通、训练有素的管理队伍，现有员工200余人，各类工程技术人员近百人，其中拥有中高级技术职称50余人、拥有国家一、二级注册建造师10余人。公司注重引进专业人才，并与国内知名高校、科研院所加强合作，长期聘请知名声学专家作为公司顾问，为公司持续走在噪声治理领域的前沿提供可靠的保障。

公司拥有专利产品54项，其中4项已完成了上海市高新技术成果转化，6项产品获国家级重点新产品称号，5项产品被评为上海市重点新产品。自1996年至今，公司连续被认定为上海市高新技术企业，在国内同行中率先通过ISO 9001、ISO 2008国际质量管理体系认证和ISO 14001环境管理体系认证，以及GB/T 28001职业健康安全管理体系认证，基本实现企业管理正规化、现代化。

公司参与的主要工程有：上海大剧院、杭州大剧院、上海音乐厅、上海东方艺术中心、上海旗忠村网球中心、宁波雅戈尔体育馆、宁波北仑体艺中心、汕头游泳跳水馆、太原理工大学体育馆、国家电网宜都换流站、国家电网龙泉换流站、国家电网上海奉贤换流站、国家电网浙江金华换流站、南方电网深圳宝安换流站、南方电网云南楚雄换流站、南方电网广东从化换流站、上海地铁轻轨、南京地铁、天津地铁、北京地铁、武汉地铁、京沪高铁、江太高速公路、连徐高速公路、沪杭高速公路、上海虹梅路高架、广州新白云国际机场等。

4. 北京九州一轨隔振技术有限公司

北京九州一轨隔振技术有限公司成立于2010年7月，注册资本8852.671万元，是北京市基础设施投资有限公司、北京市科学技术研究院、北京市劳动保护科学研究所和国奥投资发展有限公司合力建立的新型产学研一体化国有控股公司。主营业务是轨道交通隔振降噪技术研发、产品制造、工程设计、市场推广、测试咨询以及轨道运维管理工程技术服务，目标是成为轨道交通减振降噪领域的综合服务商和轨道运维管理技术的引领者。

公司位于北京市房山区中关村科技园区房山园，是中关村股权激励科技创新示范单位之一，是中关村高新技术企业和国家高新技术企业；获得质量、环境和职业健康安全管理体系国家认证；集公司资源优势，建成研发、试验、测试、生产等一体化大型平台；拥有一流的专家技术团队及技术集成和推广转化管理团队；拥有授权专利 50 多项，专职技术研发团队 61 人；已完成全国 26 个城市轨道交通隔振近 200 km。公司拥有打破国外技术垄断的自主知识产权"阻尼弹簧浮置板轨道隔振系统"，填补了国内轨道交通最高等级减振技术的国产化空白，整体达到国际先进水平，部分技术成果达到国际领先水平。

公司坚持以市场需求为导向的自主创新，致力于轨道交通、工业企业与民用建筑领域噪声与振动控制和轨道运维管理等方向的技术和产品开发，提供研发、设计、制造、施工、测试及咨询等全过程和全产品链条的综合技术服务，努力打造一流的行业技术服务实力，积极促进科技成果转化，建成国内领先和国际一流的创新型科技企业。

5. 上海新华净环保工程有限公司

上海新华净环保工程有限公司创建于 1992 年，是从事噪声治理、废气治理和油烟净化、污水处理等环保设备生产和工程的专业公司，现拥有环境工程设计专项（物理污染防治工程）乙级、环保工程专业承包一级、建筑施工安全生产许可证等资质，下属有太仓华太消声通风设备有限公司、上海昊元净之王环保设备有限公司及北京世纪静业噪声与振动控制技术有限公司。工厂占地 3.1 万 m²，建筑面积 1.8 万 m²，固定资产超 6500 万元。公司建有消声器检测台、隔声实验室、混响室等声学实验室和油烟净化检测平台，拥有经验丰富的专业技术团队，具有较强的工程设计和产品研发能力。

公司是中国环境保护产业协会理事单位，通过了 ISO 9001、ISO 14000 和 ISO 18000 体系认证。参与《环境噪声与振动控制工程技术导则》（HJ 2034—2013）、《环境保护产品技术要求通风消声器》（HJ 2523—2012）、《阵列式消声器技术要求》（T/CAEPI 17—2019）、《饮食业环境保护技术规范》（HJ 554—2012）、《风机用消声器技术条件》（JB/T6891）等国家标准和行业标准的编制工作。

近年来公司完成了华能太原东山燃气热电联产、华能天津临港煤气化（IGCC）电站、华能高碑店热电厂三期、太阳宫热电有限公司冷却塔降噪、贵州黔桂发电公司盘县电厂、江苏镇江燃气电厂、上海嘉定再生能源电厂、上海天马生活垃圾末端处置综合利用工程、华能东莞燃机热电（在建）、华电深圳坪山分布式电厂（在建）、河南中弁再生能源电厂（在建）等项目的噪声控制工程。是阵列式消声器产业技术联盟的主要发起单位之一，该项技术入选了《国家先进污染防治技术名录》并已列入国家所得税优惠目录。应用于多个电厂项目的《电厂空冷岛阵列式消声降噪技术的应用》《电厂冷却系统低阻力消声技术研究》获得 2015 年度、2017 年度电力建设科学技术进步三等奖及工程金奖。

公司以科技为动力，以人才为中心。多年来与清华大学、同济大学、日本东洋纺株式会社等科研设计单位建立了良好的合作关系，共同完成了多项环保工程项目。

6. 北京万讯达声学设备有限公司

北京万讯达声学设备有限公司成立于 1996 年，注册资金 2000 万元，是专业生产消声设备、隔声设备及噪声治理的高新技术企业。公司总部设在北京市，在河南省许昌市设有分公司，建有占地约 50 亩的生产加工基地，具有年产约 5000 万元各类消声产品的生产加工能力。公司拥有建筑机电安装工程专业承包三级资质、环保工程专业承包三级资质、建筑装修装饰工程专业承包二级资质，并拥有雄厚的技术实力、完备的生产设备及熟练的技术工人。公司可提供空调通风系统的消声设计、顾问咨询、消声复核服务、消声设备的加工生产及工艺消音空调系统的安装一条龙服务。

公司的产品通过了质量、环境、职业健康安全管理体系的认证及环境保护产品认证。产品大多用于高标准高品质的标志性建筑。如大剧院（国家大剧院、江苏大剧院、河南艺术中心等）、电视台（中央电视台、凤凰卫视（北京）、中国国际广播电台等）、机场（北京首都国际机场 T3 航站楼及大兴国际新机场、郑州新郑国际机场、南宁吴圩机场等）、地铁（福州地铁、成都地铁、石家庄地铁等）。公司的消声产品在高标准声学要求的广电类、剧院、剧场类建筑市场中的占有率超过 70%。公司承接的所有项目均验收达标，满足声学要求。

7. 北京绿创声学工程股份有限公司

北京绿创声学工程股份有限公司（股票代码：834718，以下简称"绿创声学"）是混合所有制高新技术环保企业。专业从事声环境质量控制暨噪声与振动污染防治。绿创声学通过专业检测、技术研发、咨询设计、产品制造、工程承包、IAC 全球为国内外客户提供专业化的服务和一站式噪声与振动控制达标运营服务。

绿创声学以技术创新精准服务为企业核心竞争力，拥有国内一流专业人才组成的声学研发设计制造实施团队和先进设备的实验室及现代化的设备生产线。绿创声学是中国环保产业骨干企业、生态环境部国家环境保护城市噪声与振动控制工程技术中心产业基地、石油和化工环境保护噪声与振动控制工程中心。持有国家住房和城乡建设部颁发的环境工程（物理污染防治工程）专项设计甲级资质和环保工程专业承包一级资质、中国合格评定国家认可委员会认定的 CNAS 实验室认可资质和 CMA 检验检测资质。企业信誉 3A 等级。

20 年来，绿创声学已完成了逾千项客户满意的声环境质量控制和噪声与振动污染防治项目，涵盖电力、交通、冶金、石化、建材、机场、大型公共建筑、室内声学等诸多领域。

8. 南京常荣声学股份有限公司

南京常荣声学股份有限公司成立于 2001 年，是一家专业从事声学产品与工程研究的国家级高新技术企业，主要研发、生产和销售各类声学产品，承接各类环境噪声治理、声学除灰节能减排、声波除尘消白治理和大型声学实验室建设工程。公司已于 2015 年 4 月 20 日起在全国中小企业股份转让系统（新三板）正式挂牌，证券简称：常荣声学；证券代码：832341。

公司已通过 ISO 9001：2008 质量管理体系认证及 GJB 9001B 2009 国军标质量体系认证，具备环保工程专业承包一级资质、大气污染防治工程设计乙级资质，是江苏省创新型企业、江苏省企业知识产权管理标准化示范创建单位、南京市知识产权工作示范企业。公司同时具备武器装备科研与生产资质，是江苏省环境科学学会环境噪声与振动专业委员会挂靠单位，设有江苏省研究生工作站、南京市工程技术中心，拥有各类国家专利 50 余项，参与声学行业 3 部国家标准的起草与制定，并先后承建多个国家与省市科技计划项目。

公司高效复合声波团聚技术应用于电力、钢铁、化工、建材等大气污染企业的超低除尘改造项目，可成功取代湿式电除尘，于 2017 年通过科技成果鉴定，并入选原国家工信部、科技部联合发布的《国家鼓励发展的重大环保技术装备目录（2017 年版）》，市场应用前景广阔。

9. 杭州爱华仪器有限公司

杭州爱华仪器有限公司是浙江省高新技术企业和软件企业，专业从事噪声、电声、声学和振动测量仪器的研发与生产，是中国著名的声学测量仪器研制与生产厂家。公司通过 ISO 9001：2008 质量管理体系认证、浙江省 AAA 级标准化认证，产品符合国家标准和国际标准，主要产品通过中国计量科学研究院或省计量院型式评价，并较早获得计量器具制造许可证。

公司坚持自主创新求发展的理念，建有杭州市爱华仪器高新技术研发中心，承担并完成国家技术创新基金项目、浙江省重点高新技术新产品研制项目和杭州市科技攻关项目。主导起草《电声学 声级计 第 1 部分：规范》（GB/T 3785.1—2010）国家标准，参与起草振动仪器、滤波器、仿真耳等相关国家标准。

公司目前专业生产测试传声器、声级计和噪声测量仪器、环境噪声自动监测系统、电声测量仪器、振动测量仪器和实验室校准测试仪器等系列产品，产品品种 100 多个，涵盖环境噪声测量、工业噪声测量、机场噪声测量、建筑声学测量、电声测量、机器振动测量、环境和人体振动测量等领域，用户遍及全国，并出口东南亚、欧盟、南北美等国家和地区。

10. 厦门嘉达环保建造工程有限公司

厦门嘉达环保建造工程有限公司秉承专业、专注、追求极致的理念，建立了声学实验室，完善了噪声与振动控制检测设备。针对工程实践中存在的技术难题，自主开展研发攻关，已申请 56 项专利，获得 22 项发明专利授权。发明专利"集中式冷却塔通风降噪系统"已通过国际专利合作条约（PCT）途径国际初步审查；拟通过《巴黎公约》申请发达国家国际发明专利。公司与厦门土木工程学会等单位共同开展工程建设地方标准《福建省民用建筑噪声控制技术规程》（DBJ/T 13—269—2017）的编制工作，并担任主编。该规程已于 2017 年 12 月 1 日实施。"水泵复合隔振技术""集中式冷却塔通风降噪技术"入选 2017 年国家先进污染防治技术目录。

公司与福建省电力勘测设计院合作开展"双曲线冷却塔防风防冰降噪系统"节能技术研究开发，并委托加拿大涡轮增压应用动力实验室（Turbomoni Applied Dynamics Lab）进行双曲线冷却塔防风防冰降噪系统的阻力仿真实验（包括无环境侧风、有环境侧风的工况条件），将开展双曲线冷却塔节能减排业务。

11. 福建天盛恒达声学材料科技有限公司

福建天盛恒达声学材料科技有限公司创建于 2004 年，是一家专业从事声学材料研发、生产，噪声工程设计、施工监理的高新技术企业。总部坐落于福州市闽侯经济技术开发区，总占地面积 5000 m²，员工 40 多人，年产量达 50 万 m²。主营静馨系列隔声减振产品涵盖隔声毡、高阻尼材料、减振器、减振垫等。2007 年，公司被福建省科技厅评为"国家高新技术企业"，同年通过 ISO 14001 环境管理体系认证、ISO 18000 职业健康安全管理体系认证。

公司在产品技术上拥有自主知识产权，在产品质量和性能上已陆续通过了上海交通大学、清华大学、同济大学、国家塑料制品质量监督检验中心、德国 Exova 等相关专业机构的检测，在声学方面应用上已逐渐成为中国主导行业品牌。产品广泛应用于交通领域（车、船）、工业厂房设备、大型酒店、娱乐场所、大型体育场馆以及专业场所等。

12. 大连明日环境工程有限公司

大连明日环境工程有限公司成立于 2003 年 11 月，注册资金 1000 万元。是中国环境保护产业协会理事单位，是辽宁省环境保护产业协会噪声与振动控制专业委员会委员单位，是大连市环境保护产业协会理事单位，并于 2005 年被辽宁省环境保护产业协会评为优秀企业。目前已荣获《环境污染治理专项工程乙级设计证书》《环保工程三级专业承包企业资质》证书、《国家重点环境保护实用技术（B类）（DMRZ-Ⅱ声屏障）》证书、辽宁省环保产品（DMRZ-Ⅱ声屏障）认定证书、大连市高新技术企业认定证书，并获得 4 项国家专利。公司在从事环保"三废"治理的同时，注重产品的开发与研制，相继自主研发出各类声屏障系列产品以及 CEE 系列地下车库智能通风系统、MTJ-DI 罩式油烟净化装置及挡风抑尘墙等相关环保产品。公司拥有雄厚的技术创新和开发能力，已通过 ISO 9001 质量管理体系认证和安全许可管理体系认证。

13. 上海章奎生声学工程顾问有限公司

上海章奎生声学工程顾问有限公司成立于 2014 年，是由知名建筑声学专家章奎生教授联合原章奎生声学设计研究所几名骨干合股成立的中国第一家以专家姓名命名的具有独立法人资质的声学专业设计顾问公司。

公司现有业务骨干 6 人，其中教授级高工 1 名、高工 3 名、工程师 2 名。公司配备有各型丹麦 B&K 品牌的音质、噪声及振动测试仪器，拥有丹麦技术大学开发的 ODEON 声场计算机模拟分析软件、B&K 的 DIRAC 建声测试分析软件、4292-L 型全指向球面声源、德国森海塞尔 MKH800 可调指向性无线测试话筒及 B&K2270-G4 型双通道精密噪音分析仪等高新声学测量仪器，具备了现场快速采样、实时分析和无线化、数字化现场音质测试技术。公司拥有自己的实验基地，可以进行混响室吸声系数、构件隔声性能、管道消声性能和声源声功率级测试。无论是现场检测还是实验室测试，均达到了国内领先水平。

14. 浙江天铁实业股份有限公司

浙江天铁实业股份有限公司成立于 2003 年，注册资金 10 650 万元，是一家专业从事轨道工程橡胶制品研发、生产和销售的高新技术企业。主要产品包括轨道结构减振产品和嵌丝橡胶道口板等。产品主要应用于轨道交通领域，涵盖城市轨道交通、高速铁路、重载铁路和普通铁路。同时，公司也从事输送带等其他橡胶制品的研发、生产和销售。

公司坚持以技术创新为发展战略，经过多年发展，公司已掌握轨道结构噪声与振动控制相关的多项核心技术，其中橡胶减振降噪配方和生产工艺在国内轨道交通减振降噪领域居于技术领先地位。依托成熟的橡胶减振材料生产和制造技术，以及新型轨道结构研究、振动和噪声测量分析等多项专业技术。公司的技术团队已开发出多种轨道结构减振产品，获得国家专利 40 多项，其中发明专利 13 项。橡胶减振垫（即针对轨道交通列车运行引起的振动和噪声研发的一种新型道床类轨道结构减振产品）已在国内近百个轨道交通项目中应用，线路总长已超过 350 km。该产品荣获 8 项国家专利，获"浙江省名牌产品"等称号，并被列入 2013 年度"浙江省重大技术专项计划"。

15. 华电重工股份有限公司

华电重工股份有限公司（简称"华电重工"）是中国华电科工集团有限公司的核心业务板块及资本运作平台、中国华电集团有限公司工程技术产业板块的重要组成部分，成立于 2008 年 12 月，

2014 年 12 月 11 日在上海证券交易所成功上市（股票简称：华电重工；股票代码：601226），注册资本金 11.55 亿元。

华电重工以工程系统设计与总承包为龙头，设计采购施工（EPC）总承包、装备制造和投资运营协同发展相结合，致力于为客户在物料输送工程、热能工程、高端钢结构工程、工业噪声治理工程和海上风电工程等方面提供工程系统整体解决方案。公司业务涵盖国内外电力、煤炭、石化、矿山、冶金、港口、水利、建材、城建等领域。

华电重工以"创造绿色生产、促进生态文明"为己任，践行"拼搏进取、严谨高效"的企业精神，秉持"诚信求真 创新和谐"的核心价值观，奉行"客户至上、价值导向"的经营理念，坚持科技引领、资源协同、健康持续的发展道路，不断强化核心能力建设，着力成为具有国际竞争力的工程系统方案提供商。

16. 上海泛德声学工程有限公司

上海泛德声学工程有限公司成立于 2005 年 3 月，是一家专业从事声学技术研究、声环境创建的高科技企业。主营业务为声学实验室、工业企业噪声治理和声学技术服务。

公司在声学实验室方面，设计建造全消声室、半消声室、静音房、混响室、隔声室以及其他声学实验设备、声学实验装置等，并提供一系列声学实验测量服务。在工业企业噪声治理方面，承接工业企业内的各类噪声治理、振动控制工程，包括生产线、动力设备、厂界厂区等的噪声治理，为工业企业提供测量、设计、制造及安装等全方位的专业服务，为工业企业解决环评及职业健康中遇到的各类噪声问题。公司以十多年丰富的声学设计和声学工程的实践经验为依托，为工业企业提供系统、完整、全面、高效的声学技术服务。声学技术服务主要包括工业企业声学顾问、产品声学检测、声学性能开发、声学测试、声学培训等内容。

公司拥有自己的生产基地，已通过 ISO 9001 质量管理体系认证。与清华大学、同济大学、南京大学、中国科学院声学研究所以及德国 BSW 公司等多家单位开展技术交流与合作。在创造超静音环境、控制噪声污染方面广泛服务于汽车、家电、医疗、电子、机械、电声、航空航天、化工、食品等领域，业务范围遍及全国。

17. 中船第九设计研究院工程有限公司

中船第九设计研究院工程有限公司（简称"中船九院"）是由原中船第九设计研究院改制而成，隶属于中国船舶工业集团公司，是一家多专业（30 余个）、综合技术强的大型综合设计研究公司，是从事工程咨询、工程设计、工程项目总承包的骨干单位，也是中国少有的拥有声学专业的大型综合公司。中船九院承担着践行环渤海湾地区、长三角地区、珠三角地区的船舶工业规划设计"国家队"的角色，目前已取得了国家有关部委批准的船舶、军工、机械、水运、建筑、市政、环保、城市规划等领域的工程设计综合甲级以及工程咨询、工程监理等多项甲级资质、房屋建筑工程施工总承包一级资质，具备对外工程总承包、境外设计顾问及施工图审查的资质。

声学设计研究室是中船九院下属的一个专业设计室，是随中船九院发展和壮大过程中形成的、具有特色的专业设计团队，涌现了多名知名的声学专家，主要从事环境声学、振动、建筑声学及舰船声学的工程咨询设计，已有 30 多年的从业历史，是中国噪声与振动控制行业的主要创建者之一，在上海市及全国享有较高的声誉。

声学设计研究室拥有先进声学软件、声学测试基地和用于现场测试分析的声学振动仪器，多年来承接完成了数以百计具有一定规模的工业噪声治理、交通噪声治理、专业的声学实验室、城市建筑行业的建筑噪声和噪声与振动控制设计及舰船声学控制项目。该室开拓创新了多项先进技术，共获得国家、省部级科技进步及设计大奖50余项，主编或参编专业著作近10本，发表论文近百篇，为国内噪声与振动控制技术的发展做出了突出贡献。

18. 北京宝曼科技有限公司

北京宝曼科技有限公司是2003年注册成立的一家专业化的吸音、防寒、减振方案设计及产品加工、销售公司，产品涉及交通设备制造领域（铁路客车、地铁车辆、公路交通车辆、航空等领域）和轨道交通减振领域。公司员工均受过良好的专业技术培训，可针对不同的工况为客户提供最合适的解决方案以及专业的售前与售后服务。

公司设有方案研发设计部、应用技术部、生产部、销售部、财务部、人力资源部等多个部门，具有独立的设计研发能力，并有实用新型专利5项，发明专利5项，外观设计专利1项。公司的产品经中国铁道科学研究院、北京交通大学、上海高分子材料研究开发中心等单位检测，具有完整的线上、线下测试报告。

在轨道车辆业务方面，中国约有一半的高速动车和城轨车辆上都有该公司提供的产品；在轨道减振业务方面，公司自2010年年底开始进行产品和减振方案的推广，主要包括聚氨酯减振垫浮置板、聚氨酯条式弹簧浮置板、聚氨酯点式弹簧浮置板、聚氨酯道砟垫等。公司目前已在哈尔滨、南宁、合肥、重庆、北京、成都、东莞、厦门、徐州等城市拥有成功使用的案例。

环境监测仪器行业 2018 年发展报告

1 2018 年环境监测仪器行业发展概况

1.1 行业发展政策环境

2018 年，是中国环保产业的重要转折年，是贯彻落实党的十九大精神的开局之年，是"十三五"规划实施的关键一年。国家出台系列政策推动环境监测网络建设、监测远程化、智能化的实现以及生态环境的科学决策和精准监管。

2018 年，《中华人民共和国环境保护税法》《中华人民共和国环境保护税法实施条例》和新修订的《中华人民共和国水污染防治法》《生态环境损害赔偿制度改革方案》等多个环保法规和新政正式落地实施。

2018 年 5 月，全国生态环境保护大会召开，会议强调，要自觉把经济社会发展同生态文明建设统筹起来，加大力度推进生态文明建设、解决生态环境问题，坚决打好污染防治攻坚战，推动生态文明建设迈上新台阶。6 月，中共中央、国务院发布《关于全面加强生态环境保护 坚决打好污染防治攻坚战的意见》，这是中国"打赢蓝天保卫战，打好碧水、净土保卫战"的战略详图。

生态环境部印发的《2018 年生态环境监测工作要点》，明确了 2018 年生态环境监测重点任务和工作要求，提出要创新环境监测体制机制，强化环境质量监测预警，不断完善"天地一体"的生态环境监测网络，全面提高环境监测数据质量，大力推进监测新技术发展，加快建立独立、权威、高效的新时代生态环境监测体系，充分发挥环境监测的"顶梁柱"作用。对环境监测影响较大的政策梳理如下。

1.1.1 空气质量监测政策

自 2013 年 9 月 10 日起实施《大气污染防治行动计划》以来，中国取得了空气质量的显著改善，但目前还没有一座城市达到世界卫生组织（WHO）推荐的 $PM_{2.5}$ 年均浓度安全标准（10 μg/m³）。

2018 年 1 月，原环境保护部印发《2018 年重点地区环境空气挥发性有机物监测方案》，对 VOCs 监测的城市、监测项目、时间频次及操作规程等做了详细规定。同月，原环境保护部印发大气 $PM_{2.5}$ 网格化监测点位布设技术指南等 4 项指南（试行）。其中，《大气 $PM_{2.5}$ 网格化监测点位布设技术指南（试行）》规定了城市大气 $PM_{2.5}$ 网格化监测的点位布设原则、热点网格识别、监测点位布设要求、监测点位管理等内容；《大气

PM$_{2.5}$网格化监测技术要求和检测方法技术指南（试行）》规定了城市大气PM$_{2.5}$网格化监测系统的网格化监测设备的技术要求、技术指标和检测方法等内容；《大气PM$_{2.5}$网格化监测系统质保质控与运行技术指南（试行）》规定了城市大气PM$_{2.5}$网格化监测的质量保证、质量控制要求及运行维护工作等内容；《大气PM$_{2.5}$网格化监测系统安装和验收技术指南（试行）》规定了城市大气PM$_{2.5}$网格化监测系统的组成、性能比对、安装、试运行和验收等的技术要求。

为进一步提高大气污染防治和监管执法精细化、科学化、信息化水平，实现对污染物的实时监控、精准排查、精细化管理，切实改善区域空气质量，各地逐步采用大气网格化监测方案。2018年2月，原环境保护部召开大气重污染成因与治理攻关成果研讨与交流会，会上，项目的5个专题负责人及北京、天津、德州、邢台等"2+26"城市跟踪研究工作组的负责人汇报了大气重污染成因与治理攻关阶段性进展。4月，生态环境部发布《关于推荐先进大气污染防治技术的通知》指出，生态环境部决定征集和筛选一批先进大气污染防治技术，编制《国家先进污染防治技术目录（大气污染防治领域）》，为大气污染防治工作提供技术指导。7月，国务院印发《打赢蓝天保卫战三年行动计划》，明确了大气污染防治工作的总体思路、基本目标、主要任务和保障措施，提出了"打赢蓝天保卫战"的时间表和路线图。8月，生态环境部会同市场监管总局发布了《环境空气质量标准》（GB 3095—2012）修改单，修改了标准中关于监测状态的规定，并修改完善了相应的配套监测方法标准，实现了与国际接轨。9月，生态环境部发布《京津冀及周边地区2018—2019年秋冬季大气污染综合治理攻坚行动方案》，要求全力做好2018—2019年秋冬季大气污染防治工作。

1.1.2 水环境监测政策

2018年2月，原环境保护部印发《地表水自动监测技术规范（试行）》（HJ 915—2017）。3月，生态环境部、水利部联合部署全国集中式饮用水水源地环境保护专项行动，开展饮用水专项保护行动，全面解决当前影响饮水安全的环境隐患问题，这不仅是打好"污染防治攻坚战"的重要内容，更是落实"防范化解重大风险"决策部署的一项务实举措。5月，生态环境部制定了《国家地表水水质自动监测站文化建设方案（试行）》，进一步推进水质自动监测站文化建设，丰富和拓展水质自动监测站人文内涵，培育生态环境监测文化理念，树立国家生态环境监测品牌。

2018年10月，住房和城乡建设部、生态环境部联合发布《城市黑臭水体治理攻坚战实施方案》，这是中国印发的第一个涉水攻坚战实施方案，该方案使城市河道实现"清水绿岸、鱼翔浅底"的目标有了清晰的时间表和实施路线图。同月，国务院办公厅印发的《关于加强长江水生生物保护工作的意见》中提出，坚持保护优先和自然恢复为主，强化完善保护修复措施，全面加强长江水生生物保护工作。其中特别强调提升监测能力，全面开展水生生物资源与环境本底调查，准确掌握水生生物资源和栖息地状况，建立水生生物资源资产台账。加强水生生物资源监测网络建设，提高监测系统自动化、智能化水平，加强生态环境大数据集成分析和综合应用，促进信息共享和高效利用。

1.1.3 土壤监测政策

2018年6月，生态环境部、国家发展和改革委员会、科学技术部、工业和信息化部等13个部委联合制定《土壤污染防治行动计划实施情况评估考核规定（试行）》，评估考核内容包括土壤污染防治目标完成情况和土壤污染防治重点工作完成情况两方面。6月24日，中共中央、国务院发布《关于全面加强生态环境保护　坚决打好污染防治攻坚战的意见》，全面落实土壤污染防治行动计划，突出重点区域、行业和污染物，有效管控农用地和城市建设用地土壤环境风险，让老百姓吃得放心、住得安心。

1.1.4 其他有关的政策、法规

2018年1月，原环境保护部新发5项国家环境保护标准，分别为《环境专题空间数据加工处理技术规范》（HJ 927—2017）、《环保物联网总体框架》（HJ 928—2017）、《环保物联网术语》（HJ 929—2017）、《环保物联网标准化工作指南》（HJ 930—2017）和《排污单位编码规则》（HJ 608—2017），此次发布的标准旨在促进环境信息化、环保物联网的发展。

2018年4月，为贯彻落实《中华人民共和国环境保护法》《中华人民共和国环境影响评价法》，完善建设项目环境影响评价及排污许可技术支撑体系，指导和规范钢铁工业、水泥工业、制浆造纸、火电等行业污染源源强核算工作，生态环境部发布《污染源源强核算技术指南准则》（HJ 884—2018）、《污染源源强核算技术指南 钢铁工业》（HJ 885—2018）、《污染源源强核算技术指南 水泥工业》（HJ 886—2018）、《污染源源强核算技术指南 制浆造纸》（HJ 887—2018）和《污染源源强核算技术指南 火电》（HJ 888—2018）五项国家环境保护标准。

1.2 行业发展状况

1.2.1 行业调查情况

2018年中国环境监测仪器行业发展情况调查共涉及59家企业，其中，内资企业53家，占统计总数的90%；外资企业6家，占统计总数的10%。为保证数据调查工作具有充分的行业代表性，调查选取环境监测行业各个领域的骨干企业及国内各个省（区、市）市场占有率较高的企业，企业类型包括环境监测仪器的制造商、集成商以

及服务商等，重点统计分析了企业年度基本情况、企业年度生产情况和企业年度销售情况三类数据。监测仪器的类别包括：环境空气监测仪、烟尘烟气监测仪、水质监测仪、颗粒物采样器以及数采仪等共 5 大类。

1.2.2 行业总体发展情况

1.2.2.1 环境监测产品发展情况

在《"十三五"生态环境保护规划》及一系列政策、法规的指导和驱动作用下，环境监测仪器行业呈现高速发展的趋势。2018 年，中国各类环境监测产品共计销售 111 882 台（套），相比 2017 年，增长率为 97.8%（图 1）。参与调查的五大类产品中，除数据采集设备较 2017 年降低 13.7% 外，其余四大类产品均呈大幅度增长趋势，其中，环境空气类监测设备共销售 14 833 台（套），同比增长 110%；烟尘烟气类监测设备共销售 46 190 台（套），同比增长 150%；水质监测设备共销售 34 872 台（套），同比增长 80.3%；采样器设备 7783 台（套），同比增长 2.8 倍。烟尘烟气监测设备和水质监测设备是环境监测产品销售量最主要的部分，其分别占环境监测产品年销售总量的 41.2% 和 31.2%，数据采集仪、环境空气监测设备和采样器分别占 7.3%、13.3% 和 7%（图 2）。

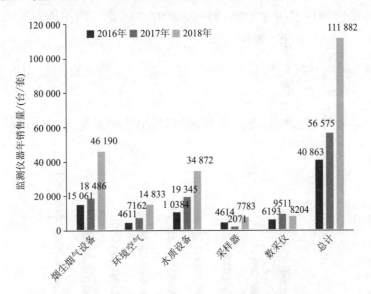

图 1 2016—2018 年中国各类环境监测产品年销售量

近年来，国家高度重视大气环境监测与治理工作，针对各类大气污染源及空气颗粒物，持续收严相关政策，提高排放治理标准，细化监测部署方案，完善环境监测体系，各级监测站对空气站的需求较旺盛，同时，由于"2+26"城市大气污染治理任务的影响，相关省（区、市）将财政的重点转向大气监测，对于水质监测的投入较少，因而导致烟尘烟气类监测设备的年销售量远高于水质监测设备。随着《水污染防治行动计划》

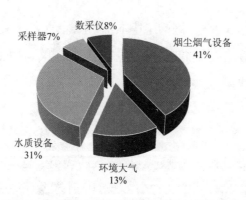

图2 2018年中国环境监测仪器产品结构

《"十三五"国家地表水环境质量监测网设置方案》等政策的推动以及监管力度的逐渐加大，水质监测也迎来了发展良机。按照规划，生态环境部将完成2050个地表水考核断面水质自动站建设，并由生态环境部统一委托给第三方机构运营和维护，实现地表水环境质量主要指标的连续自动监测，实时数据由国家与地方共享。水质监测事权的上收及建设运维工作的推进，为水质监测设备行业未来发展提供了巨大的市场空间。

1.2.2.2 环境监测行业发展情况

2018年，环境监测仪器行业的年销售额达98.2亿元，同比增长51.1%（图3）。环境监测行业内的5家上市公司（聚光科技（杭州）股份有限公司、河北先河环保科技股份有限公司、北京雪迪龙科技股份有限公司、中节能环保装备有限公司下属子公司中节能天融科技有限公司、盈峰环境科技集团股份有限公司下属子公司宇星科技发展（深圳）有限公司）2018年度环境监测设备的销售额共计达到40.4亿元，同比增长27.4%。

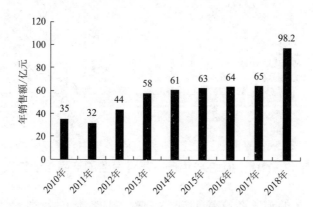

图3 2010—2018年中国环境监测产品年销售额

从整体看，行业的销售额呈增长趋势，但有10余家公司的产品销售额有所降低，其中包括行业的龙头企业聚光科技（杭州）股份有限公司。导致这种情况发生的原因：一方面是由于2018年以来作为中国环保企业主要订单来源的PPP项目发展受到重大打击，国家在地方政府、社会资本、金融机构、PPP项目等方面针对PPP项目基本形成了各个流程的闭环监管，PPP项目长达3年的扩张周期基本结束，降低了对环保设备的需求，限制了行业的发展；另一方面，在金融"去杠杆"政策环境下，环保企业面临融资周期长、成本高的难题，各种融资手段的难度均较大，而环保行业作为一个资金量需求非常大的行业，融资困难将会直接阻碍行业发展。

从环境监测仪器行业的从业人数来看，2017—2018年全国从业人数总体略有增长，从12 910人增加至13 679人，同比增长6%（图4）。虽然硕士及以上高学历人才的总数达到1017人，但博士只有89人，仅占高学历人才总数的8.8%，行业人才存在整体结构性失衡。环保企业需要高层次人才来研制高附加值、高技术含量、满足特种工艺污染治理需求的产品，以带动行业整体技术水平不断提升。

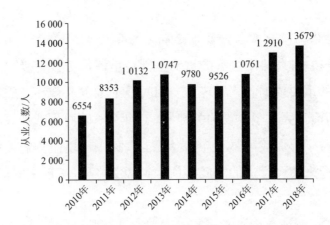

图4 2010—2018年环境监测行业从业人员情况

1.2.2.3 环境监测仪器地区销售结构

从地区销售情况看，随着国家对环境质量监测的重视程度不断增大，环境监测设备的市场需求会进一步扩大。2018年，京津冀地区的销售量为45 362台（套）占全国销售总量的42%，上海、江苏、浙江、安徽、江西、湖北、湖南、重庆、四川、云南、贵州等长江经济带沿岸11省（市）销售量为29 559台（套），占全国销售总量的26%，京津冀地区和长江经济带地区销售量之和占全国总量的67%，成为环境监测设备的最主要销售地区。《京津冀协同发展生态环境保护规划》以及长江经济带保护和发展政策的发布，使京津冀地区和长江经济带沿岸成为中国环境保护的重点监控区域，以上地区对于环境监测设备的需求量在未来一段时期内仍将占全国较高的比例（图5）。

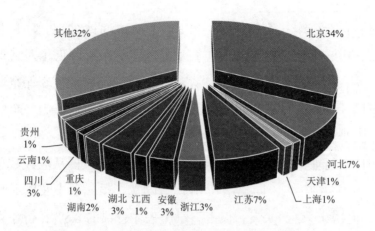

图 5 2018 年中国环境监测仪器地区销售结构

1.3 行业发展特点

1.3.1 政策利好持续促进行业需求，行业整体发展迅速

环境监测是环境管理和科学决策的重要基础，是评价考核各级政府改善环境质量、治理环境污染成效的重要依据。"十三五"期间是中国以改善环境质量为重点，打好大气、水、土壤污染防治三大攻坚战役的关键期。近年来，政府不断加大对生态环境监测行业的扶持力度。受益于环保政策驱动与社会资本青睐，环境监测的重要性正日益凸显，环境监测行业也将迎来突飞猛进的发展，预计到 2020 年可实现 900 亿～ 1000 亿元的市场规模，5 年复合增速约为 20%。

1.3.2 环境监测趋严，行业竞争逐步规范

近年来，中国高度重视空气环境监测与治理工作，针对各类大气污染源及空气颗粒物，持续加严相关政策，提高排放治理标准，细化监测部署方案，完善环境监测体系。

2018 年 8 月，生态环境部印发《生态环境监测质量监督检查三年行动计划（2018—2020 年）》，监督检查将全面覆盖生态环境监测机构、排污单位、运维机构三类主体，对于检查发现的问题，将视监测企业、党政人员、地方政府不同情况分别予以资质惩罚、党政纪处分、追究刑事责任和纳入中央环保督察范畴等多种高压惩罚措施，环境监测数据监管全面从严。

在第一轮中央环保督察和第一批中央环保督察"回头看"工作中，环境监测数据造假行为被高频曝光，部分地方甚至因为干预环境监测数据问题而被生态环境部直接约谈问责，凸显国家对环境监测的重视，势必极大震慑环境监测数据造假行为，对于规范行业竞争起到重大作用。

1.3.3 水质监测市场进入快速释放期

随着国家对环境保护的重视，水质监测行业近年来发展迅速，特别是2018年4月习近平总书记视察长江时提出"共抓大保护，不搞大开发"，为水质监测的发展注入了强劲动力。《"十三五"国家地表水环境质量监测网设置方案》发布，要求完善全国的水环境监测网络。以污水处理或者河道治理为代表的传统"末端治理"模式正在向"全流域治理"推进，全流域一体化生态单元的运营，在水域生态在线监测、水污染应急预警方面产生了极大的市场。水质监测体系逐步清晰和完善，正在向更广泛的覆盖面以及更系统性的方向布局。

2018年，国家环境监测总站耗资16.8亿元用于水质监测站的建设和运维，这标志着水质监测站市场已经进入了快速释放期。

1.3.4 智慧环境加速发展

在智慧环境领域，基于环保"十三五"规划，环境监测要素从大气到水质到土壤，监测领域不断扩展，监测网络从传统的"三废"监测发展为覆盖全国各省（区、市），涵盖多领域多要素的综合性监测网。环境监测机构加快构建多级联动的生态环境监测大数据平台，将空气、水、土壤、污染源、生态环境等环境相关因素都汇集于一个平台进行监测，"互联网＋大数据＋环保"，真正实现"一网一库一平台"。智慧环保实现环境监测全覆盖，在智慧城市的驱动下，通过超级计算机和云计算将环保领域物联网整合起来，利用环境大数据，进行空气质量的预警预报，为科学决策提供技术支撑，环保智能化发展迅猛，但同时也使得技术优势成为环境监测领域牢不可破的壁垒。

1.3.5 监测技术体系及质量控制体系基本建成

基本建成满足现代环境管理需要的环境监测技术体系，以科学的方法、手段、标准支撑监测业务的高效开展。

目前已确立了环境空气、地表水、噪声、固定污染源、固体废物、土壤、生物等要素的监测技术路线；建立了采样传输、实验室分析、现场检测、自动在线监测、流动监测等多手段点、线、面、立体空间相结合的监测技术方法；形成了环境监测领域技术标准1030余项，基本实现了环境质量标准和污染源排放标准控制指标的全覆盖。

逐步建立完善全覆盖的质量控制体系，包括内部质量控制体系及外部质量监测体系。内部质量控制体系通过布点、采样、制样、测试、评价等标准体系确立，实现全要素、全指标、全过程控制。外部质量监测体系则由机构体系运行检查、自动检测运维检查、能力考核/验证、网络远程监控及仪器适用性检测等方面构成。

1.4 环境监测行业存在的问题

1.4.1 仪器国产化程度低

目前，环境监测仪器的核心技术仍被国外垄断，高端仪表、仪器设备短缺，监测人员的素质有待提高等，为产业健康、可持续发展带来不小的威胁。

尽管国家对科学仪器产业的发展给予了多层次、多方位的支持，高端仪器自主创新能力得到了加强，仪器产业获得了长足的进步。但值得注意的是，中国 90% 的仪器市场仍被国外公司垄断。科学仪器发展仍处于跟踪发展阶段，市场反应速度缓慢，科学仪器的科技创新能力还较弱。

此外，仪器自主可控问题亟待解决，科学仪器用关键材料、关键元器件、核心部件、嵌入式计算机、操作系统等已取得了重要进展，但仍有部分仪器的关键核心部件依赖国外进口。

1.4.2 专业技术人才仍然不足

环境监测行业对专业人员的技术水平要求较高，不仅需要技术人员具备较强的理论水平、技术综合运用能力，还需要具备多年的相关工作经验，熟悉实验流程，拥有较强的解决问题能力。尤其是现代环境监测需要将监测结果与信息化技术相结合，对环境问题进行大数据分析，高水平技术人才的缺乏已成为环境监测行业发展的一个重要制约因素。

2 环境监测仪器行业发展趋势

2.1 行业整体发展趋势

2.1.1 环境监测向天地一体化全面拓展

监测设备的发展趋势必将是在价格更低、易于维护、运行稳定、适应恶劣环境等基础上，向自动化、智能化和网络化方向发展。环境监测网络将从省级到地级再到县级全面覆盖。监测领域将从空气、水向土壤倾斜，同时由较窄领域监测向全方位领域监测的方向发展，监测指标不断增加。监测空间不断扩大，从地面向空中及地下延伸，由单纯的地面环境监测向与遥感环境监测相结合的方向发展。监测指标向组分监测、前提物监测等倾斜，明确污染物来源、成因与形成机理。

2.1.2 对环境监测要求更加严密

未来，环境监测将统筹城市 / 农村、区域 / 流域、传输通道、生态功能区等不同尺度监测布点，监测点位布局增多；监测频次更密，将由手工监测为主向连续自动监测为主升级；评估要求向准确预测预警倾斜，更趋向于为污染减排提供依据，科学反映环境质量与治理成效。

2.1.3 环境监测将逐渐发展为向企业提供数据服务价值的模式

2018年以来，环保税、排污许可证及非电行业大气治理提标等政策为监测领域的发展带来巨大变化，环境监测将成为地方政府推进环保治理的首要步骤和重要依据，环境的精准监测和数据共享的重要性将被大幅度提升。

随着政府购买服务逐渐在环境监测领域推广，环境监测领域数据资源将整合其他信息，并进一步开发和共享，从而为企业或政府的环境管理提供数据协同和挖掘服务，同时结合环境模型、评价方法等为环境管理决策提供信息支持。随着排污权交易、碳排放交易在全国的逐步推广，排污企业同样也需要各种环境管理数据及分析，从而管理好自身的各项环境交易指标，并进而通过节能环保的精细化管理而获益。在政府及污染企业对环境监测数据价值的需求过程中，环境监测企业的商业模式也在发生变化，监测企业正在沿着设备供应商、系统集成商到运营服务商，进而向数据服务价值提供商的路径进化。未来，环境监测企业提供的不仅是设备或服务，而且还有数据价值。

2.1.4 现代生态网络体系构建将成为重点

今后，环境监测行业将重点进行地下水、海洋、农村、温室气体等监测网络建设；实现全国统一的大气和水环境自动检测数据联网，大气超级站、卫星遥感等特征性监测数据联网，构建统一的国家生态环境监测大数据管理平台。持续推进环境遥感与地面生态环境监测已成为生态环境保护未来的工作重点。未来将建立基本覆盖全国重要生态功能区的生态地面监测站点，加强环境专用卫星与无人机的监测能力建设，逐步构建天地一体化的国家生态环境监测网络。

2.2 行业发展热点预测

2.2.1 环境质量监测

2.2.1.1 水环境监测方面

（1）黑臭水体监测：城市黑臭水体在水生态环境整治中已成为重中之重。2015年，《水污染防治行动计划》首次制定了城市黑臭水体治理详细的任务表。2018年，关乎黑臭水体整治的顶层设计相继落地。2018年10月，生态环境部与住房和城乡建设部联合印发《城市黑臭水体治理攻坚战实施方案》，提出到2018年年底，直辖市、省会城市、计划单列市建成区黑臭水体消除比例高于90%，基本实现长治久清。到2019年年底，其他地级城市建成区黑臭水体消除比例显著提高，到2020年年底超过90%。鼓励京津冀、长三角、珠三角区域城市建成区尽早全面消除黑臭水体。除中央发布的政策外，多地已开展省级城市黑臭水体整治专项行动。环境治理，监测先行。近两年，随着国家对城镇环境治理力度不断增大，黑臭水体治理产业发展前景巨大，必然会拉动黑臭水体水质监测领域快速发展。

（2）小型化水质多参数自动监测：随着生态环境监测网络的发展和水质网格化监测的推广，水环境自动监测站需要进行更密集的布点，以满足污染溯源、水质预警、河长考核等大数据应用需求。常规水质自动监测站占地面积大、基建投入高，难以适应环境监测新形势下的应用需求。小型化水质多参数自动监测系统以占地面积小、无须征地、安装灵活、建设周期短、投资少，低成本实现与固定站房式水质监测站相同的功能配置等优势，将成为水质监测产品热点。

（3）水中 VOCs 监测：近年来，水域微量 VOCs 污染越来越受到关注，VOCs 会对人体健康造成不利影响。VOCs 常在空气污染中提到，然而水体中也存在着 VOCs 污染，且形势并不比空气 VOCs 的污染情况乐观。VOCs 大部分是由燃料、溶剂、油漆、黏合剂和制冷剂等引起的，也可由有机物的不完全燃烧产生，通常是在生产、分配、贮藏、处理和使用的过程中释放到环境中，有时通过补充水从一些点源和非点源进入表层水和地下水体。地下水中，VOCs 是普遍存在的污染物，而在地表水中 VOCs 含量较低。明确水体中挥发性有机物的来源及其含量对污染物的控制以及对水质的改善有着重要意义，水中 VOCs 监测仪作为专门监测水体中 VOCs 含量的仪器应运而生，近年来备受关注。水中 VOCs 监测仪采用动态吹脱捕集气相色谱法，色谱柱为 100% 二甲基聚硅氧烷（0.32 mm×30 m，0.4 μm，或等效的色谱柱）、微氩电离检测器（MAID）、氩气为载气。水样通过在线吹扫捕集探头，吹出的 VOCs 被捕集在装有 TENAX 等填料的捕集阱中，对捕集阱进行快速加热解吸，将目标化合物转移至 GC 色谱柱，VOCs 在 GC 仪色谱柱中分离，继而在检测器中被检测并产生色谱图，通过与标准物质色谱的对比，得到水中各种 VOCs 物质的浓度。

未来中国将进一步加强地表水中 VOCs 监测能力的建设，提高国家水质自动监测技术水平和预警能力，在现有的国家水质自动监测站的基础上，加快水中 VOCs 自动监测仪器的发展。

（4）其他：长江干流生态环境无人机遥感调查。

2.2.1.2 大气环境监测方面

（1）VOCs 监测：《中华人民共和国环境保护税法》应税污染物种类里并没有列出 VOCs，但苯、甲苯等类型的 VOCs 已被纳入征税范围。因此，这也是将来发展的一个方向，可以考虑将一些类型的 VOCs 分批、逐步纳入征税范围。2017 年 12 月，原环境保护部印发了《2018 年重点地区环境空气挥发性有机物监测方案》，该方案对于 VOCs 监测的城市、监测项目、时间频次及操作规程等做了详细规定，为获得准确和科学有效的监测数据提供了保障。

VOCs 监测技术的未来发展趋向于多样化、小型化、集成化。随着前处理设备、色谱材料与质谱技术的发展，VOCs 在离线监测与在线技术方面都具有非常大的前景。吸附管与罐采集方式与气相色谱、质谱联用的方法逐步成熟；与此同时，结合顶空进样、固相微萃取前处理技术的在线、便携式 VOCs 的商业化设备在现场有机污染物快速筛查与定量分析上形成有效的补充，尤其是固相微萃取探针材料的发展与质谱技术的结合，可以实现超微量气体如香气、低阈值气体组分的辨识研究。近年来发展的全二维气相色谱分析方法（GC×GC）具有高峰容量和高分辨率，对复杂基质中的未知污染物具有很好的定性鉴别能力，在环境污染物的分析中具有非常广阔的应用前景。

特别值得关注的是，工业生产中若对有机废气排放源中的每种化合物都进行定性、定量分析，所需时间较长且费用极大，因此通常将其非甲烷总烃含量作为替代方案。但目前非甲烷总烃的国家标准监测方法是实验室气相色谱法，需要将现场采集到的样品送回实验室采用气相色谱法进行分析，监测带有明显的滞后性，并且在样品的取样、运输与储存过程中发生的样品失真也会使监测结果出现偏差，无法满足监测代表性和时效性的要求。而要实现对环境空气或固定污染源废气排放的真正污染防治，需要实时了解 VOCs 的排放浓度与排放量，才能实现对污染源特别是重点污染源准确的减排核算。另外，在环境执法检测和应急监测中，需要在现场快速获取污染的数据和测量结果，以便及时采取相应控制措施。因此，迫切需要将便携式仪器应用于 VOCs 的快速、定量监测。随着《环境空气和废气总烃、甲烷和非甲烷总烃便携式监测仪技术要求及检测方法》（HJ 1012—2018）的发布，便携式非甲烷总烃检测方法将能够成为未来通过中国计量认证（CMA）的"正规军"，其检测结果能够成为验收监测与监督执法的依据，并激发出该类便携式仪器的巨大市场潜力，便携式非甲烷总烃监测仪将成为 VOCs 市场发展的下一个风口。

（2）恶臭气体监测：过去的一年，大气污染举报高居各类污染举报之首，其中恶臭污染最为公众反感，占涉气举报的 30.6%。2018 年 3 月，《恶臭污染环境监测技术规范》（HJ 905—2017）正式实施。社会需要对于环境监测领域技术不断提出新的要求，使得恶臭等有毒有害气体的监测技术得以不断发展。恶臭气体环境污染监测成为创新、创业的切入点。人们用电子方法替代人工方法精准确定恶臭的成分，从而实现对恶臭气体的在线监测。恶臭污染想要得到控制，需要通过标准的制定以及控制技术和监测配套，扩展到整个恶臭污染防治工作。

随着人们对恶臭问题的日渐重视，针对恶臭的治理也有了广阔的市场。在日前由中国环境报社与国家环境保护恶臭污染控制重点实验室联合举办的"第七届全国恶臭污染测试与控制技术研讨会暨恶臭监管与治理高峰论坛"上，与会专家表示，随着大气污染防治逐渐进入细分领域，恶臭污染催生的治理、监测和监管等领域的市场空间有望达到千亿元量级。

（3）激光雷达：激光雷达主要由激光器、发射和接收光学系统、探测器、高速数据采集卡和数据分析软件等部件组成，其核心技术在于稳定可靠的激光器和性能优良的反演算法，激光器单脉冲能量大小直接决定了激光雷达的探测高度，保证激光器单脉冲能量，能够有效保证系统信噪比，实现理想高度的探测。

近年来，激光雷达的技术发展逐渐成熟、应用范围逐渐扩大，在环境监测领域可以用来测量颗粒物、臭氧、温度和湿度的变化等，实现大气中所有颗粒物，包括臭氧污染的活动时间、空间立体动态监测，动态反映大气污染的过程、特征及来源。激光雷达能够通过 $PM_{2.5}$ 的形状判断雾、霾形成的成分；判识雾、霾的空间分布，监测空气中雾、霾的动向和污染物的来源，对局部污染、外来输送污染和高空沉降污染进行区分，有效地为污染预警、防治提供更全面的数据支撑；监测沙尘天气发生的过程、时间、沙团输入的高度、强度等特征。针对区域性大气污染问题及监测管理的迫切需求，作为一种成熟的主动遥感手段，颗粒物激光雷达在大气环境监测方面具有重要的意义。其在大气环境监测中的应用可分为以下几点：①垂直监测：监测边界层变化特征，了解污染来源和变化趋势；②水平扫描监测：可获取区域污染物的空间立体分布、变化规律和排放特征，摸清局地污染物对污染形成的贡献；③车载移动监测：对污染源进行快速溯源，应对污染突发事件，并对污染气团进行跟踪；④雷达组网监测：理清区域间污染跨界传输，为短时间空气质量预警、预报提供及时、有效、准确的数据支撑。

激光雷达等光学遥感监测技术的发展将改变传统的由点到线再到面的演绎方法，为大气环境研究提供了一个新的技术手段，克服了传统大气环境研究中的诸多局限性，实现大空间、长时间、多尺度、多参数的遥感遥测。

（4）大气 $PM_{2.5}$ 成分监测——重金属元素成分监测：大气颗粒物中的重金属元素主要来自重工业生产、煤炭燃烧产生的废气，汽车排放的尾气，焚烧垃圾和秸秆、火力发电、矿山开采等产生的有害气体和粉尘，其中 Cd、Zn、Pb、Cu 等重金属元素会严重危害人类的身体健康。因此，对大气重金属污染的监测愈发重要。当前对于颗粒物中的重金属元素测定主要采用原子吸收光谱法（AAS）、X射线荧光光谱法（XRF）、原子荧光光度法（AFS）等无机测定方法。AAS 作为传统测定方法，准确度和精密度较高，价格较低，但劳动强度大、效率低、测量范围窄；XRF 是一种较新的方法，无损、灵敏度高、反应速度快、前处理简单，应用前景较为广阔；AFS 谱线清晰、干扰少、灵敏度高、线性范围大，但测定的元素种类仅限于汞、砷、硒等少数几种。

随着中国环保工作的不断推进，针对大气颗粒物中重金属的监测必将持续深化，在完善现有单元素监测方法的同时，积极研发具有普适性特点的大气颗粒物重金属监测方法也非常重要。此外，随着来源解析等工作的深入发展，微波等快速便捷前处理方法得到了广泛关注，且优势愈发明显，为重金属监测工作进一步开展提供了极大的支持。未来，需要针对重金属监测技术不断创新监测方法，及时发现大气颗粒物中含有的重金属种类、含量等要素，并制定针对性治理对策，从而确保大气颗粒物中重金属监测的精准性和高效性，以便为后续重金属污染预防和治理提供可靠依据。

（5）大气 $PM_{2.5}$ 成分监测——水溶性阴阳离子监测：水溶性无机离子及铵根离子是大气颗粒物的重要组成部分，占 $PM_{2.5}$ 总量的 20% ～ 50%，同时，由于水溶性离子有较强的亲水性，可直接影响降水的酸度，是酸雨形成的主要原因。因此，加快 $PM_{2.5}$ 中水溶性离子分析方法的研究，不仅是环境监测工作的需要，也是社会发展的需要。$PM_{2.5}$ 中水溶性离子的测定方法主要有比色法、浊度法和离子色谱法（IC）等。其中离子色谱法具有操作简便快速、方法检出限低、灵敏度高、选择性好等优点，具有良好的稳定性和重现性，可满足多种水溶性无机离子同时在线测定的要求，已广泛应用于水溶性离子的定量检测。

目前已有相关研究在离子色谱法的基础上进行创新，其中一种用空气智能采样器采集 $PM_{2.5}$ 膜样品，去离子水超声提取膜中水溶性离子，离子色谱分析各组分含量，具有前处理简单、方法易于推广、精密度和准确度高等优点，此方法在大气环境监测中逐步完善并推广使用，可为环境监测的相关领域提供技术支持。另有一种利用超声提取，具有高效、快速、节约试剂、污染小以及干扰因素少等优点，建立以超声提取 - 离子色谱法测定 $PM_{2.5}$ 中无机离子的检测方法，经实践验证，该方法操作简单、干扰少、回收率高、结果准确，且不局限于离子种类，可用于 $PM_{2.5}$ 中多种水溶性离子监测。

（6）大气 $PM_{2.5}$ 成分监测——OC/EC 监测：有机碳（OC）、元素碳（EC）是 $PM_{2.5}$ 的重要组成成分，可通过光散射和光吸收直接和间接地影响大气辐射，其组成与分布对大气气溶胶的物理、化学性质有重要影响。OC/EC 的主要测定方法分为 3 大类：热学法利用 OC、EC 挥发性不同，以及在不同温度下产物的逸出速率不同，实现对 OC、EC 的测定，但由于在加热分解过程中有部分 OC 会碳化成 EC，因而无法准确分割 OC 和 EC；光学法根据碳组分对光的吸收或散射作用实现测定，但实际上测得的是 EC 和 OC 的吸光性总和；热光法是国际上广泛应用的 OC/EC 分析方法，通过在热分解过程中滤膜上的激光强度变化，来判断 OC 和 EC 的分割点。

当前研究的首要任务是样品的准确采集和测定，且应在相同区域进行大量的实测，对比各种分析仪器的精度和可靠性，开发可靠的在线分析仪器，实时监测大气中 OC/EC 含量。同时，将"地对空研究"与"空对地研究"相结合，即利用长期的实地观测数据与卫星反演预测数据相结合，校验碳质组分排放清单的准确性和卫星反演的可靠性，也是 OC/EC 研究的未来发展方向。

（7）其他：大气传输通道城市监测，将加强走航监测应用和尘沙等遥感监测应用。

2.2.1.3 土壤环境监测方面

2017 年 6 月，《中华人民共和国土壤污染防治法（草案）》通过一审，并在同年 12 月通过二审。2018 年，生态环境部在京召开全国环境保护工作会议强调：推进土壤污染防治法、排污许可管理条例等法律法规和规章制修订。经过五次征求意见，将原来的国家标准《土壤环境质量标准》（GB 15618—1995）一分为二，从农用地和建筑用地两方面出发，发布了《土壤环境质量 农用地土壤污染风险管控标准（试行）》（GB 15618—2018）和《土壤环境质量 建设用地土壤污染风险管控标准（试行）》（GB 36600—2018）两项国标，并于 2018 年 8 月 1 日正式实施。"十三五"期间，随着国家层面对土壤污染检测、调查、防治、修复的重视及政策的不断利好，土壤检测、土壤修复行业的投资将超 60 000 亿元。

2.2.1.4 固定污染源重金属监测

目前中国尚未系统开展重金属的污染源排放监测和环境质量监测。《"十三五"生态环境保护规划》指出，2018 年年底前建成全国重金属环境监测体系。随着规划的推进，有关企业安装重金属监测设施的需求将增加；考虑到 14 410 家国家重点监控企业中，重金属企业占 2771 家，按目前 120 万元/台价格计算，短期市场空间达 36 亿元。长期来看，按污水排放污染源 4000 台需求，燃煤机组 4000 台需求，流域水质监测 2000 台需求估算，未来随着重金属监测建设的接棒，将打开超百亿元的新市场。

2.2.2 生态环境监测

2018 年 8 月，生态环境部为提高重点区域环境监管效能，第一时间发现问题、解决问题，启动"千里眼计划"，对京津冀及周边地区"2+26"城市全行政区域按照 3000 m×3000 m 划分网格，利用卫星遥感技术，筛选出 PM$_{2.5}$ 年均浓度较高的 3600 个网格作为热点网格，进行重点监管。

生态环境部为开展"千里眼计划"制定了路线图：2018 年 10 月前实施范围为"2+26"城市（合计 36 793 个热点网格、3600 个重点网格）；10 月起增加汾渭平原 11 城市（目前规划为 23 400 个热点网格、773 个重点网格）；2019 年 2 月起增加长三角地区 41 城市，从而实现对重点区域的热点网格监管全覆盖。在监测网格内，主要采用卫星遥感＋地面监测微站＋移动式监测设备的工作模式，而其中与环境监测行业相关的主要是地面监测微站和移动式监测设备部分。

下一步，生态环境部将逐步扩大"千里眼计划"的实施范围。通过地面监测微站和移动式监测设备（车载式或便携式）等技术手段，进一步缩小热点网格至100 m×100 m的尺度，更精准"锁定"问题区域等专项治理举措也已在路上。

2.2.3 生态环境大数据应用

2018年全面启动打赢蓝天保卫战作战计划。制定实施《打赢蓝天保卫战三年行动计划》，出台重点区域大气污染防治实施方案。值得注意的是，随着2017年珠三角区域9个城市$PM_{2.5}$浓度降至34 $\mu g/m^3$，达到国家空气质量二级标准，退出了重点区域之列，汾渭平原第一次被提到"重点区域为主战场"的地位。

在政策的大力推动下，智慧城市的建设在一线城市和发达的二线城市已开始进行。然而，由于城市的发展水平和信息化程度千差万别，对于一些小城市或欠发达地区来说，无论是基础设施还是信息化建设，都无法与发达地区站在同一起跑线上，因此这些城市或地区的智慧市场建设的侧重点也与上海、北京、深圳、南京、武汉等信息化基础设施较完善的城市有所不同。

目前，智慧城市建设正快速向其他二三线城市和区县蔓延，且除了试点城市，许多非试点城市也开始规划建设智慧城市。目前中国100%的副省级城市、89%的地级城市、47%的县级城市，均在政府工作报告或"十三五"规划中明确提出建设智慧城市。目前，"十三五"规划对智慧城市的投资总规模将逾5000亿元。

此外，根据国家政务信息系统整合共享要求以及生态环境大数据建设新部署、新要求，明确了生态环境大数据"一张网、一朵云、一套数、一扇门、一张图"的新目标，促进生态环境信息化从支撑向引领转变，形成业务协同"大应用"。

2.2.4 第三方检测

近年来，随着国内经济快速发展及市场管制逐渐放松，第三方检测的市场需求迅速增多，国内第三方检测机构迎来发展的黄金时期，未来前景空间十分广阔。据统计，近年来中国第三方检测机构数量增长迅速，2013年只有14 000多家，到2016年已增长到20 481家，第三方检测比重在整个检验检测行业中的比重越来越高。未来5年，中国第三方检测市场规模将持续增长，到2022年有望达到1700亿元。

2.2.5 第三方运维服务

2018年6月，生态环境部、国家市场监督管理总局联合印发《关于加强生态环境监测机构监督管理工作的通知》，提出要加强制度建设，创新管理方式，加强政府部门事中、事后监管并提高监管能力和水平，以此有望加强对环境监测的监督考核，不断促进生态环境工作健康发展。并且国家后续还发布《生态环境监测质量监督检查三年行动计划（2018—2020）》。该行动计划主要分为生态环境监测机构数据质量专项检查，排污单位自行监测数据质量专项检查和环境自动监测运维质量专项检查 3 部分。此次生态环境部和国家市场监督管理总局两部门协作具有里程碑式的意义，通过管理部门协作，形成工作合力，建立长效工作机制，共同加强对生态环境监测机构的监管，规范其监测行为。

为保证数据的真实、准确，环境保护部门越来越倾向于将监控点位委托第三方运营，环境监测运营维护市场将充分释放。环境监测行业在"十三五"期间仍将有望维持20%～30% 的增速。

3 环境监测仪器行业发展建议

3.1 给相关管理部门的建议

（1）进一步强化环境监测执法政策建设。政策制定方面需要更加理性和合理化，生态环境保护监管执法避免"一刀切"，保护企业合法权益。对于符合超低排放的企业，可给予政策优惠和让步。

（2）网格化监测的趋势化明显，将热点网格监管范围扩大。加快建设完善污染源实时自动监控体系，打造监管大数据平台，推动"互联网＋监管"，提高监管执法针对性、科学性、时效性。

（3）加大投入力度，出台相关政策，扶持高端仪器发展。加大政府采购国产仪器的比例，促进国产仪器发展。

3.2 给企业的建议

（1）抓住机遇，实现跨越式发展。2018 年以来，随着环保监管政策频繁落地，极大地刺激了环境监测设备以及运维市场的需求，监测行业订单有望维持高增长，企业应当充分利用这一契机，实现企业的跨越式发展。

（2）加强技术创新能力。建立起自身的独立研发和创新能力，建立起自有的技术中心、工程研究中心等研发机构，或与大学、科研院所在技术研发方面形成稳定的合作机制，不断提升企业创新能力。开展环境监测新技术、新方法和全过程质量控制技术研究，加快便携、快速、自动检测仪器设备的研发与推广应用，提升监测仪器国产化水平。

（3）建立科学的管理体系和安全生产体系。企业结合生产经营和产品使用要求等方面建立相应的管理体系，落实安全生产责任，建立安全保障规章制度。

（4）加强行业自律，以诚信为本，保证监测数据真实可靠。

机动车污染防治行业 2018 年发展报告

1 2018 年行业发展概况

据生态环境部发布的《中国机动车环境管理年报（2018）》显示：中国已连续九年成为世界机动车产销量第一大国，机动车污染已成为空气污染的重要来源，是造成环境空气污染的重要原因，机动车污染防治的紧迫性日益凸显。汽车是机动车大气污染排放的主要贡献者，其排放的一氧化碳（CO）和碳氢化合物（HC）超过大气污染物的 80%，NO_x 和颗粒物超过 90%。柴油货车排放的 NO_x 和颗粒物明显高于客车，是机动车污染防治的重中之重。非道路移动源排放对空气质量的影响也不容忽视，其 NO_x 和颗粒物排放与机动车相当。

为贯彻落实党中央、国务院决策部署，打好柴油货车污染治理攻坚战，国务院、生态环境部等部委、各省（区、市）地方人民政府陆续出台政策、标准、法规等，全面统筹油、路、车，协同推进交通运输行业高质量发展和高标准治理，以降低柴油车污染排放总量为主线，以提升柴油品质为主攻方向，以优化调整交通运输结构为导向，以高污染高排放柴油货车为重点，建立实施最严格的机动车"全防全控"环境监管制度，实施清洁柴油车、清洁柴油机、清洁运输和清洁油品四大行动，确保铁路货运比例明显提升，车用柴油和尿素质量明显提升，柴油车排放达标率明显提升，污染物排放总量明显下降，促进城市和区域环境空气质量明显改善。

1.1 出台政策，强化机动车污染防治工作

2018 年 5 月，全国生态环境保护大会将"打好柴油货车污染治理攻坚战"提升至"标志性的重大战役"的高度；《关于全面加强生态环境保护 坚决打好污染防治攻坚战的意见》提出治理机动车排放污染是"蓝天保卫战"的关键环节，其中柴油车为防治的重点。

2018 年 6 月，国务院发布《打赢蓝天保卫战三年行动计划》，明确加快车船结构升级、加快油品质量升级、强化移动源污染防治等。2018 年 12 月 30 日，生态环境部、国家发展和改革委员会等 11 部门联合印发《柴油货车污染治理攻坚战行动计划》。与此同时，北京、天津、河北、山东等省（市）也陆续发布"打赢蓝天保卫战"三年攻坚方案，对机动车污染防治的重视程度已上升到前所未有的高度。

1.1.1 严格源头控制

原环境保护部制定发布了《关于开展机动车和非道路移动机械环保信息公开工作的

公告》等政策，各地方加强了新车准入管控以及新生产和销售环节的环保达标监督检查，实行柴油货车注册登记环节环保审核全覆盖，并推进车辆结构升级。为进一步规范柴油车排放，2018年6月22日，生态环境部发布《重型柴油车污染物排放限值及测量方法（中国第六阶段）》（GB 17691—2018），明确规定了重型柴油车国六排放标准各类限值。同时，取消地方环保达标公告和目录审批，简化新车发布流程。

1.1.2 强化在用车的监管

国务院提出构建全国机动车超标排放信息数据库，追溯超标排放机动车生产和进口企业、注册登记地、排放检验机构、维修单位、运输企业等，实现全链条监管。地方政府根据各地机动车污染防治实际，制定相应管控措施，确定深入开展入户抽查、扎实推进路检路查和严格监管环保检验机构等管控要求，强化排放检验和维修治理闭环工作机制，并提出加强在用柴油货车排放在线监控，加强大数据的分析和应用，为移动源污染联防联控提供数据支持。

1.1.3 推进老旧柴油车深度治理

具备条件的老旧柴油车安装污染控制装置、配备实时排放监控终端，并与生态环境等有关部门联网，协同控制颗粒物和NO_x排放。中国环境保护产业协会依托中国汽车技术研究中心有限公司等行业力量制定了《在用柴油车排放污染治理技术指南》和《非道路柴油机械排放污染治理技术指南》，并通过环保产品认证推动建立了"排放污染治理用后处理装置目录"，为地方生态环境部门和用户筛选排放治理产品提供指导和支持。目前北京、河北的相关文件已引用上述治理技术指南推动柴油车和非道路柴油机械排放治理工作。

1.1.4 鼓励老旧车淘汰

京津冀及周边地区、长三角地区、汾渭平原等区域（简称：重点区域）采取经济补偿、限制使用、严格超标排放监管等方式，大力推进国三及以下排放标准营运柴油货车提前淘汰更新，加快淘汰采用稀薄燃烧技术和"油改气"的老旧燃气车辆。

1.1.5 加快油品质量升级

2019年1月1日起，中国全面供应符合国六标准的车用汽柴油，停止销售低于国六标准的汽柴油，实现车用柴油、普通柴油、部分船舶用油"三油并轨"，取消普通柴油标准，重点区域、珠三角地区、成渝地区提前实施国六排放标准。商务部发布《关于开展2018年度原油成品油经营企业年度定期检查工作的通知》，加强原油成品油流通行业的管理。国家发展和改革委员会、国家能源局等15个部委联合发布《关于扩大生物燃料乙醇生产和推广使用车用乙醇汽油的实施方案》，提出到2020年全国范围内推广使用车用乙醇汽油。这将进一步推动国内机动车排放控制产业链技术的革新和发展，目前天津市已在全市推广应用车用乙醇汽油。

1.1.6 强化非道路移动机械管控

主要通过划定非道路移动机械低排放控制区、污染物排放治理改造、工程机械安装精准定位系统和实时排放监控装置、鼓励优先使用新能源或清洁能源机械等途径进行严格管控。

1.2 标准法规升级，推动机动车污染防治技术提升

随着机动车排放防治工作的加强，一方面重型柴油车排放法规不断升级，对生产的车辆排放限值更加严格，测试方法也更加合理；另一方面在用车和非道路机械等成为机动车污染物控制的重点，需要使用更加科学的方法来限制和测量其排放。这对机动车及非道路移动机械排放限值、排放检测技术等提出了更严格的要求。

新车方面，生态环境部发布了《重型柴油车污染物排放限值及测量方法（中国第六阶段）》（GB 17691—2018），国六重型柴油车排放标准测试工况从欧洲稳态循环（ESC）和欧洲瞬态循环（ETC）改为更具代表性的全球统一的稳态循环（WHSC）和全球统一的瞬态循环（WHTC），增加了循环外排放测试要求，升级了排放控制装置耐久里程，提出 OBD 永久故障码等反作弊要求，并首次应用远程 OBD。这将带动排放控制系统升级，同时也带动载体、催化剂、氮氧化物 / 颗粒物传感器、衬垫等领域技术产品的升级。

在用车方面，生态环境部发布了《柴油车污染物排放限值及测量方法（自由加速法及加载减速法）》（GB 3847—2018）、《汽油车污染物排放限值及测量方法（双怠速发及简易工况法）》（GB 18285—2018）以及《非道路柴油移动机械排气烟度限值及测量方法》（GB 36886—2018）等标准，对机动车及非道路移动机械排放限值、排放检测技术等提出了更严格的要求。

新修订的《柴油车污染物排放限值及测量方法（自由加速法及加载减速法）》（GB 3847—2018）和《汽油车污染物排放限值及测量方法（双怠速法及简易工况法）》（GB 18285—2018）对 OBD 检查、柴油车 NO_x 测试方法和限值、加载减速法工况以及排放检测的流程和项目等提出了新的要求，进一步推动中国机动车环保检验机构整体检测能力的升级，有助筛查高排放机动车。

国家首次发布《非道路移动柴油机械排气烟度限值及测量方法》（GB 36886—2018），实现生态环境部门采用统一的限值、方法和执法尺度开展非道路柴油机械排放检查，便于非道路机械排放监管。

随着国家生态环境主管部门对新车和在用车排放执法监管力度的不断加大和政策措

施的逐步落地，环保产业潜在市场的需求将加速到来。

1.3 机动车污染防治产业需求分析

目前国家及各地方政府在机动车污染防治政策、法规等方面陆续出台诸多文件，强化机动车污染防治工作，也为新车和在用车环保市场带来巨大的机遇和挑战。环境领域政府和社会资本合作加快推进，政府向社会力量购买服务、污染第三方治理、机动车监测社会化等政策需求不断释放。简政放权改革加快推进，促使市场准入和运行的制度成本大幅度降低。绿色金融、绿色债券等有利于环保企业债权融资的政策逐步落地，金融政策支持环保产业发展步伐加快。

据中国汽车工业协会发布的数据显示，2018 年 1—9 月汽车产销均完成 2049.1 万辆，产销量比上年同期分别增长 0.9% 和 1.5%，带动了整个排放治理产业链的发展。机动车污染防治产业除了在传统的新车和在用车污染控制装置领域发展外，还需要通过 OBD Ⅲ、遥感遥测、黑烟抓拍等先进在线远程监控技术手段对机动车排放进行在线监管，特别是针对排放超标的车辆加强监管，进而推动产业发展。

2 机动车污染控制技术发展

机动车污染防治行业涉及的汽车排放控制技术可分为 7 大子系统：尾气后处理系统（载体、催化剂、衬垫、封装、尿素喷射系统），发动机管理系统（燃油喷射系统、传感器、电磁阀、电机等），OBD，燃油蒸发系统（碳罐），曲轴箱通风系统（PVC），涡轮增压系统（涡轮增压器、增压中冷器）、废气再循环系统（EGR、EGR 中冷器）等。

柴油机（道路和非道路）主要排放控制技术包括：排气后处理技术（DPF、SCR、DPF+SCR）、电控高压喷射（共轨、泵喷嘴、单体泵等）技术、发动机综合管理系统、发动机本身结构优化设计技术、可变增压中冷技术、废气再循环（EGR）技术等。

汽油车主要排放控制技术包括：电控发动机管理系统、配备三元催化转化器（TWC）技术、车载加油油气回收系统（ORVR）技术以及汽油机颗粒捕集器（GPF）新技术等。

2.1 柴油机排放控制技术

2018 年 6 月，生态环境部发布"关于发布国家污染物排放标准《重型柴油车污染物排放限值及测量方法（中国第六阶段）》公告"，标志着重型柴油车正式进入国六阶段。与自 2017 年 7 月 1 日起全面实施的重型车国五标准不同，国六标准加严了污染物排放限值，增加了粒子数量排放限值，变更了污染物排放测试循环；增加了非标准循环排放测试要求和限值（WNTE）；增加了整车实际道路排放测试要求和限值（PEMS）；提高了耐久性要求；增加了排放质保期的规定；对车载诊断系统的监测项目、阈值及监测条件等技术要求进行了修订；增加了双燃料发动机的型式检验要求；增加了替代污染控制装置的型式检验要求；增加了整车底盘测功机测量方法。

2.1.1 DOC+DPF+SCR 系统

以国六产品开发为例，首先是国六后处理系统设计非常复杂。比如，采用 DOC（柴油氧化催化器）+DPF+SCR（选择性催化还原系统）+ASC（氨逃逸催化器）技术路线后，整个系统中温度传感器从 1 个增加到 5 个，氮氧传感器从 1 个增加到 2 个，同时还引入压力传感器和悬浮颗粒传感器。此外，排放标准升级到国六后，OBD 在线诊断的复杂程度急剧上升。国四、国五在线诊断参数大概有几千个，而国六系统里总参数有十多万个，其中大部分是 OBD 参数。因此，从整个系统来看，国六后处理系统设计非常复杂，本身的价值翻了一倍不止，也给整车、发动机和后处理企业带来了极大的挑战。重型车在国五阶段的技术路线通常采用的是 SCR 技术路线，由于国六对排放限值、耐久性和一致性的高要求，所以对 SCR 要求也会随之提高。

国六标准要求 SCR 在控制成本的前提下，更加关注道路实际排放，同时提高耐久里程。

2.1.2 车用固态氨技术

车用固态氨系统（ASDS）是可满足未来机动车 NO_x 严苛排放要求的一种车用氨储存和输送系统，其产生的氨气与柴油车辆 SCR 催化剂作用，通过氧化还原反应将发动机尾气中的 NO_x 去除。该系统可用于商用柴油车辆（如公共汽车、中型车、中型/重型卡车和轻型卡车）、乘用车柴油车（轿车和 SUV）以及非道路移动机械的尾气处理系统中。

2.1.3 电控高压喷射技术

目前，燃油高压喷射系统主要包括：高压共轨系统、泵喷嘴、电控单体泵等。电控高压喷射系统最大喷射压力可超过 1600 Bar，在一个喷射循环中能实现 4 次以上多次喷射（包括预喷、主喷和后喷）并精确控制喷射时间、喷油量。

喷射系统对 NO_x 排放影响较大，推迟提前角可以很大程度上减少 NO_x 的产生。一般国四柴油机在排放区大部分区域的提前角很小，这样油气混合在活塞下行程集中燃烧，可以有效降低燃烧压力和温度，减弱 NO_x 形成条件，但会带来燃烧不充分、油耗增加和增压器耐久性降低的后果。同时，高压喷射系统通过提高燃油喷油嘴的喷射压力，可以改善燃油雾化，细化油雾微粒及提高油气混合的均匀性，有效减少炭烟的排放。

2.2 汽油车排放控制技术

国五/六汽油车排放控制技术应不断优化和提高，主要有：①催化剂性能的优化，包括耐硫性能、耐久性能提高，涂层更耐高温，起燃温度更低，贵金属含量低等；②发动机标定策略的优化，主要包括发动机标定的精细化，对更多不同工况下参数进行数据的采集和优化，并对 OBD 性能进行优化。

2.2.1 车载加油油气回收系统

活性炭罐属于汽油蒸发控制系统（EVAP）的一部分，该系统是为了避免发动机停止运转后燃油蒸汽逸入大气而被引入的。1995 年起，中国规定所有新出厂的汽车必须具备此系统。其工作原理是：发动机熄火后，汽油蒸汽与新鲜空气在罐内混合并贮存在活性炭罐中，当发动机启动后，装在活性炭罐与进气歧管之间的电磁阀门打开，活性炭罐内的汽油蒸汽在进气管的真空度作用下被洁净空气带入气缸内参加燃烧。这种做法不但降低了排放，而且也降低了油耗。

随着排放法规的升级，车载加油油气回收系统（ORVR）逐渐在汽车上得到应用。

2.2.2 汽油机后处理技术（TWC+GPF）

缸内直喷汽油机（GDI）因较好的动力性、燃油经济性等优点，在乘用车上得到愈来愈广泛的应用。但由于 GDI 汽油机的燃油直接喷入气缸，导致油气混合不均匀和燃油湿壁使颗粒物排放质量和数量显著增加。

对于在用汽油车的后处理系统主要是采用 TWC，其重点要求是低温起燃性能、动态转化性能优异，反应窗口拓宽。当废气经过净化器时，铂催化剂就会促使 HC 与 CO 氧化生成水蒸气和 CO_2；铑催化剂会促使 NO_x 还原为氮气和氧气。对于新出厂汽油车，日益严苛的法规要求直喷汽油机在更宽范围的工况都保持稳定而且较低的颗粒物排放。欧 Ⅵ 排放法规对颗粒物排放质量限制更加严格，颗粒物限值降为 4.5 mg/km。中国即将实行《轻型车污染物排放限值及测量方法（中国第六阶段）》排放标准，与传统的排放标准相比，国六标准对后处理系统的动态性能和颗粒物排放要求更高，且后处理系统的控制更复杂，因此 TWC+GPF 的后处理系统应运而生。

GPF 过滤机理与 DPF 基本相同，排气以一定的流速通过多孔性的壁面，这个过程称为"壁流"（Wall-Flow）。壁流式颗粒捕集器由具有一定孔密度的蜂窝状陶瓷组成，通过交替封堵蜂窝状多孔陶瓷过滤体，排气流被迫从孔道壁面通过而被捕集。大量研究表明，壁流式过滤器是目前减少颗粒排放最有效的手段。

最新发布的《外商投资产业指导目录》（修订稿）中将"柴油颗粒捕集器"改为"颗粒捕集器"，意在除柴油颗粒捕捉器外也鼓励外商投资 GPF。国外零部件企业如佛吉亚、巴斯夫等都在研究 GPF 技术且已在市场上应用，大众集团宣布于 2017 年 6 月逐步在汽油发动机上全面普及 GPF。其实，很多企业也制定了 GPF 策略，但并未正式公布全线布局，国内也有企业走 GPF 路线，威孚、贵研等企业也拥有该技术，但与国外技术相比差距仍较大。随着排放法规的逐步推进，未来 GPF 有望成为标配。

2.3 非道路移动机械排放控制技术

为满足现阶段的排放法规，经行业企业共同探讨，认为：电控方面有高压共轨、单体泵，而后处理方面主要有两种基本的排放控制技术路线：一是 EGR+DOC（DPF）；二是优化燃烧 +SCR 技术路线。对于 SCR，法规方面，需满足排放限值，对尿素品质、NO_x 控制、EGR 监控提出了更高的要求；市场方面，需考虑成本、系统布置、系统适应性等要求。针对这些要求，可考虑集成式后处理系统结构设计，混合结构优化设计，优化整车布置，缩短排气管长度。排气管过长时，包裹保温材料，减小热量损失，都能使 SCR 得到更充分的应用。

2018 年 2 月 22 日，原环境保护部发布《非道路移动机械及其装用的柴油机污染物排放控制技术要求（征求意见稿）》，该标准对《非道路移动机械用柴油机排气污染物排放限值及测量方法》（GB 20891—2014）中第四阶段标准的内容进行了补充和完善，提出电控燃油系统、SCR 系统、DPF 系统等，并要求安装卫星定位系统车载终端，实现排放远程在线监控。

2.4 车载诊断系统

OBD 是检测汽车各系统运行参数并读取数字的终端产品。系统能在汽车运行过程中实时监测发动机电控系统及车辆其他功能模块的工作状况，如发现工作状况异常，则根据特定的算法判断出具体的故障，并以诊断故障代码（DTC）的形式存储在系统的存储器上。系统自诊断后得到的有用信息可以为车辆的维修和保养提供帮助，维修人员可利用汽车原厂专用仪器读取故障码，从而可以对故障进行快速定位，便于对车辆进行修理，节省人工诊断的时间，提高维修效率。OBD 接口作为车载监控系统的通信接口，除了读取故障码以供修车外，首要的功能是可以提供车辆的各种工况数据，除了车辆仪表显示的数据外，实际在行车电脑中所记录的数据要多得多，包括很多无行车电脑显示屏配置的车辆，各项油耗记录、电池电压、空燃比、节气门开度、爆震数量等数据在系统中均有记录。

OBD 装置监测多个系统和部件，包括发动机、催化转化器、颗粒捕集器、氧传感器、排放控制系统、燃油系统、EGR 等。OBD 是通过各种与排放有关的部件信息，连接到电控单元（ECU），ECU 具备检测和分析与排放相关故障的功能。当出现排放故障时，ECU 记录故障信息和相关代码，并通过故障灯发出警告，告知驾驶员。ECU 通过标准数据接口，保证对故障信息的访问和处理。

2.5 基于OBD的远程监测技术

为满足中、重型柴油车国六排放标准限值要求，新生产柴油车必须安装符合要求的DPF、SCR等排气后处理装置，且营运重型商用车应采用OBD远程监控技术。新生产的中、重型柴油车OBD排放远程监测技术，全面提升了对车辆排放状态的实时监控，及时发现车辆排放故障，保证车辆得到及时和有效的维修。《非道路移动机械污染防治技术政策》要求新生产的非道路工程机械增加排放在线诊断系统，对排放关键零部件运行状态进行实时监控。

《打赢蓝天保卫战三年行动计划》提出了加强移动源排放监管能力建设，并要求推进工程机械安装实时定位和排放监控装置。通过安装卫星定位及远程排放监控装置、电子围栏平台建设、数据库动态分析等方法，逐步实现对新生产和在用机动车的OBD远程排放监控。

对于经排放治理的在用柴油车，同样可采用远程检测技术，实时检测排放治理装置和车辆的运行情况，远程监测平台可根据异常状态和故障信息及时反馈，在法律允许的条件下，有关部门甚至可以对严重违规车辆或排放超标车辆发出禁行指令。

2.6 发动机管理系统

在以汽油机和柴油机为动力的现代汽车上，发动机管理系统（EMS）以其低排放、低油耗、高功率等优点而获得迅速发展，且日益普及。

EMS采用各种传感器，把发动机吸入空气量、冷却水温度、发动机转速与加减速等状况转换成电信号，送入控制器。控制器将这些信息与储存信息进行比较，精确计算后输出控制信号。EMS不仅可以精确控制燃油供给量以取代传统的化油器，而且可以控制点火提前角和怠速空气流量等，极大地提高了发动机性能。

通过喷油和点火的精确控制，可降低污染物排放达50%；如果采用氧传感器和三元催化转化器，在 $\lambda=1$ 的一个狭小范围内，可降低有毒排放物90%以上。在怠速调节范围内，由于采用了怠速调节器，怠速转速降低 $100 \sim 150$ rpm，并使油耗得到进一步下降 $3\% \sim 4\%$。如果采用爆震控制，在满负荷范围内可提高发动机功率 $3\% \sim 5\%$，并可适应不同品质的燃油。

2.7 曲轴箱通风系统

当发动机运转时，通过活塞与缸筒之间的间隙窜入曲轴箱的废气，以及由于温度升高所产生的机油蒸汽在曲轴箱内聚集，这些气体中含有大量水蒸气及未燃尽的燃油，凝结后会对机油造成稀释和氧化，进而影响发动机的耐久性和可靠性。

为避免上述问题发生，目前多数柴油机采用开式曲轴箱通风系统，即曲轴箱内的污染物通过油气分离装置后，分离出的机油重新流回到机油盘中，气体则排入大气。采用开式曲轴箱通风系统的优点是曲轴箱污染物通过分离装置后排入大气，不再参与发动机的燃烧、排放循环过程，不会对增压器系统、燃烧系统以及后处理系统造成不良影响。但最新的重型车国六要求，曲轴箱通风排出的污染物将和排气管中的污染物混合在一起进行排放监测，曲轴箱通风污染物所携带的悬浮颗粒将增加整机颗粒物的排放量。

为满足国六排放标准要求，大部分柴油机开始采用闭式曲轴箱通风系统。区别于传统的开式曲轴箱通风系统，闭式曲轴箱通风系统中曲轴箱中产生的污染物经过油气分离后需要回到发动机进气系统参与燃烧。闭式曲轴箱通风系统的功能主要有两个，首先是将曲轴箱污染物中的油气进行分离，其次是合理控制曲轴箱压力。

2.8 涡轮增压技术

传统汽油机的工作方式为自然吸气，通过活塞下行过程中气缸内部形成的真空，利用外界的大气压力，将混合气压入气缸中。但由于受到内外界的影响，气缸的进气率无法达到100%。涡轮增压技术可以提高进气压力，弥补自然吸气技术的缺陷，从而提高内燃机动力，并提高其经济性及排放性能。涡轮增压技术几乎应用于所有的现代压燃式内燃机，且为越来越多的点燃式内燃机所采用。

涡轮增压是利用内燃机排出废气的惯性冲力为原动力做功，将空气进一步压缩进入发动机，使燃料在气缸中的燃烧更充分。这一技术可以在不增加油耗的同时显著提升发动机的功率和降低废气中的有害气体排放。废气涡轮增压器从本质上来说是利用内燃机排出废气的惯性冲量，但对于废气中的热量并未充分利用，因此，将废弃蜗轮增压技术与内燃机废气余热能利用结合起来进行研究开发，是废气涡轮增压技术的一个发展方向，也是有效提升内燃机功率的方法，同时也是提高能源利用率的一大突破口。

废气涡轮增压技术能够有效节能减排，与当今节能环保的大趋势吻合，其中废气涡轮发电系统对废气余热的利用也能进一步提升资源利用率，减少环境污染。

2.9 电控高压喷射

目前，满足国六排放要求的燃油高压喷射系统主要包括：高压共轨系统、泵喷嘴、电控单体泵等。电控高压喷射系统最大喷射压力可超过1600 Bar，在一个喷射循环中能实现4次以上多次喷射（包括预喷、主喷和后喷）和精确控制喷射时间、喷油量。

喷射系统对NO_x排放影响较大，推迟提前角可在很大程度上减少NO_x的产生。一般国四柴油机在排放区大部分区域的提前角很小，这样油气混合在活塞下行程集中燃烧，可以有效降低燃烧压力和温度，减弱NO_x的形成条件，但会带来燃烧不充分、油耗增加和增压器耐久性降低的后果。

另外，高压喷射系统可以提高燃油喷油嘴的喷射压力，改善燃油雾化，细化油雾微粒并提高油气混合的均匀性，能有效减少炭烟的排放。

3 行业发展状况

3.1 后处理行业总体概况

国家对机动车污染防治的重视拉动了机动车环保产业的发展。据调研统计，2018 年机动车环保产业链上的相关企业依然保持在 150 余家，其中载体生产企业有 10 余家、催化剂涂层企业在 8 家以上、隔热衬垫企业在 4 家以上、催化器封装企业在 60 家以上、尿素喷射系统企业在 5 家以上、发动机管理系统相关产品生产企业在 17 家以上、涡轮增压系统生产企业在 10 家以上、EGR 系统生产企业在 7 家以上、燃油蒸发系统生产企业在 25 家以上、曲轴箱通风装置生产企业在 15 家以上。主要生产企业见表 1。

表 1　机动车环保产品主要生产企业

企业类别		企业名称
燃油喷射系统	柴油机	德尔福（上海）科技研发中心、博世汽车柴油系统股份有限公司、电装（中国）投资有限公司、康明斯燃油系统（武汉）有限公司、成都威特电喷有限责任公司、辽宁新风企业集团吉尔燃油喷射有限公司、亚新科南岳（衡阳）有限公司、江苏南京威孚金宁有限公司
	汽油机	联合汽车电子有限公司、北京德尔福万源发动机管理系统有限公司、电装（中国）投资有限公司、大陆汽车电子（长春）有限公司
尾气后处理系统	载体	康宁（上海）有限公司、NGK（苏州）环保陶瓷有限公司、江苏宜兴非金属化工机械厂、贵州黄帝车辆净化器有限公司、云南菲尔特环保科技股份有限公司、山东奥福环保科技股份有限公司
	催化剂涂层	巴斯夫催化剂（上海）有限公司、无锡威孚力达催化净化器有限公司、庄信万丰（上海）化工有限公司、优美科汽车催化剂（苏州）有限公司、昆明贵研催化剂有限责任公司、东京滤器（苏州）有限公司、科特拉（无锡）汽车环保科技有限公司
	隔热衬垫	3M（中国）有限公司、奇耐联合纤维（上海）有限公司
	催化器封装	无锡威孚力达催化净化器有限公司、佛吉亚（中国）有限公司、上海天纳克排气系统有限公司、克康（上海）排气控制系统有限公司、康明斯排气处理系统、东京滤器（苏州）有限公司、埃贝赫排气技术（上海）有限公司、安徽艾可蓝节能环保科技有限公司、艾蓝腾新材料科技（上海）有限公司
	尿素喷射系统	博世汽车柴油系统股份有限公司、无锡威孚力达催化净化器有限公司、佛吉亚（中国）有限公司、天纳克（苏州）有限公司
涡轮增压系统		霍尼韦尔汽车零部件服务（上海）有限公司、无锡康明斯涡轮增压器有限公司、湖南天雁机械有限责任公司、宁波天力增压器有限公司、上海菱重增压器有限公司
废气再循环系统		北京新峰天霁科技有限公司、无锡隆盛科技有限公司、宜宾天瑞达汽车零部件有限公司、德国胡贝尔自动化股份有限公司
燃油蒸发系统		天津市格林利福新技术有限公司、霸州市远祥汽车配件有限公司、厦门信源环保科技有限公司、河北华安汽车装备有限公司

企业类别	企业名称
曲轴箱通风装置	汉格斯特滤清系统（昆山）有限公司、上海曼胡默尔滤清器有限公司、爱三（佛山）汽车部件有限公司、贵州新安航空机械有限公司、北京市北汽新峰天霁汽车技术公司、天津认知汽车配件有限公司

3.2 产业总体规模及技术研发情况

据行业调研统计，目前的 150 多家企业中，江苏、上海、北京、浙江等地的企业数目位居前四位。华东地区（沪、苏、浙等）的机动车污染防治产品生产企业约占总数的 66%（图 1），是机动车污染防治产品的主要生产基地；中国后处理行业主要技术来源见图 2；后处理行业的研发费用比重见图 3（图 1～3 的数据均来自中国环境保护产业协会机

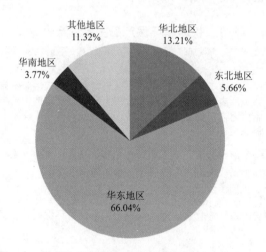

图 1 后处理产业规模分布

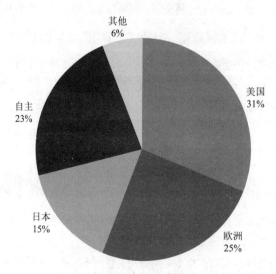

图 2 后处理行业主要技术来源

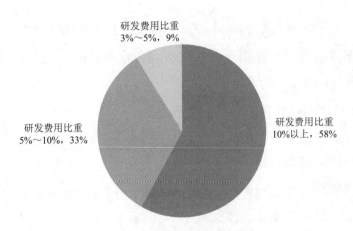

研发费用比重
3%～5%,9%

研发费用比重
5%～10%,33%

研发费用比重
10%以上,58%

图3 后处理行业研发费用比重

动车污染防治技术专业委员会对150多家企业的调研统计分析结果,仅供参考)。

由图1～3可看出,中国后处理行业研发费用占销售额10%以上的企业约占58%,表明现阶段后处理行业非常重视产品的开发和升级。目前中国后处理行业的自主技术仅占23%,而来源于国外的技术约占77%,其中来源于美国的约占31%,欧洲的25%,这可能与国内的机动车排放标准现状以及油品质量等因素有关,因此国内的后处理行业的自主研发技术水平有待进一步提高。同时,国内后处理企业主要分布在华东地区,与这些地区的机动车排放标准现状以及油品质量等因素有关。

4 机动车污染控制管理中存在的问题及解决方案

机动车污染防治是一项系统工程,应加强"车、油、路"统筹,采取法律、行政、经济、技术等综合措施进行防治,强化信息公开,形成政府主导、部门协作、市场调节、社会监督的工作机制。以改善环境质量为核心构建机动车污染防治体系,形成区域联防联控机制,推进机动车污染防治的系统化、科学化、法治化、精细化和信息化。

4.1 中国机动车污染控制的发展现状

4.1.1 基于政策法律的机动车污染控制现状

目前,中国关于机动车排放标准的相关法律、政策已基本形成框架。但机动车排放的管理与控制仍处于较低的水平。例如:《中华人民共和国大气污染防治法》仅把机动车尾气排放污染的抽检定点定在了机动车停放的地方,而对于路中正行驶的机动车则难以进行动态的监控;《中华人民共和国道路交通安全法》没有明确的机动车尾气排放污染条文,交通相关部门不能因尾气超标而扣留驾驶证等,这使得一些排放超标车辆的车主脱离相关部门的监管,甚至拒绝修理超标车辆,严重削弱了机动车道路抽检部门的执法力度。

近年来，各地方生态环境部门逐步成立了机动车排放管理工作机构，但管理人员和执法人员在机动车排放管理与控制方面缺乏基础和专业知识，难以开展相关工作，急需进行系统化、专业化的培训和学习。

4.1.2 基于排放控制技术的机动车污染控制现状

与国际先进技术相比，中国的机动车排气污染控制技术尚存在较大差距，关于汽车产品试验的投资及技术设备不足，主要表现在：①排放后处理装置售后市场混乱。当前尾气后处理装置的售后市场管理不严，不合格的催化净化产品较多，导致售后市场无序竞争，严重影响了在用车污染排放控制水平。②企业技术水平参差不齐，存在产品生产一致性问题。部分尾气后处理装置生产企业存在技术水平低下、工艺管理流程不规范、研发和检测设备与手段缺乏等问题，应加强对这些企业的产品质量进行一致性的监控。

4.2 建立科学合理的机动车污染控制对策方案

4.2.1 进一步完善法律法规，提高执法水平

国务院发布的《关于深化环境监测改革 提高环境监测数据质量的意见》，明确把机动车排放检测纳入环境监测和监管执法体系。生态环境部将继续完善机动车排放监管，继续完善新生产机动车和非道路移动机械信息公开制度。

建立健全相关法律、法规，在生产、销售、检验、路检路查等多个环节设定机动车的环保排放标准，地方政府也可制定严格的相关规定，例如：强制高排放车辆报废、增加车辆检测频率、积极进行路检抽查等，加大路检执法力度，切实落实超标车辆的行政处罚与维修治理。基于地方政府经济、条件，应当严格实施排放标准检测方法，引进符合车辆道路行驶实际的排放检测技术进行机动车尾气排放排查，对不达标的车辆进行全面的维修治理，切实建立完整有效的检测与维修制度。

4.2.2 通过信息手段和现代化技术，提高监管机动车污染的技术水平

依托现代化"互联网+"技术，相关部门相互配合，有效合作，构建网络管理平台。车辆基本信息、标志管理情况、排放检测状况等基本信息，应在生态环境、交通运输等部门间实现信息共享，加强相关部门的交流协作。拓宽融资渠道，在提高执法监管队伍执法能力及装备水平的基础上，实现机动车污染防治系统标准化的建设。

4.2.3 建立以达标排放为核心的社会信用评价体系

生态环境部提出把所有生产企业、所有生产行为通过现有的技术手段、科技手段，通过环保定期检验、遥感监测、路检路查发现的超标车辆信息，建立超标排放车辆车型信息数据库，再结合生产企业环保信息公开数据，全面分析超标车辆的生产、使用单位，以及与其配套的污染控制装置相关关键零部件供应商，把发生机动车排放超标的原因找

出来，进而从整个产业链的各个环节对超标准的单位实施精准打击。

4.2.4 制定行业规范，做好柴油车污染治理

为规范中国在用柴油车和非道路柴油机械排放治理，以当前的技术发展和应用状况，为在用柴油车的颗粒物（和 NO_x）排放和非道路柴油机械的颗粒物排放污染治理提供技术指导，在中国环境保护产业协会指导下，中国汽车技术研究中心有限公司联合机动车污染防治委员会，制定中国首个在用柴油车和非道路柴油机械排放治理技术指南行业规范——《在用柴油车排放污染治理技术指南》和《非道路柴油机械排放污染治理技术指南》。

《北京市大气污染综合治理领导小组办公室关于组织本行业落实禁止使用高排放非道路移动机械有关规定的通知》和《河北省机动车污染防治三年作战方案（2018—2020年）》中提出，参照上述技术指南开展柴油车和非道路柴油机械排放治理工作。

为推广先进实用的排放污染治理技术和装置，促进非道路柴油机械和在用柴油车排放污染治理工作，中国环境保护产业协会整理了通过中环协（北京）认证中心"环境保护产品认证"的排放治理用后处理装置，发布"非道路柴油机械排放／柴油车排放污染治理用后处理装置目录"。各地方生态环境部门或治理车辆／机械业主可优先选用经过"环境保护产品认证"的产品进行排放治理工作。中环协（北京）认证中心等行业专业认证机构已依据上述标准开展了柴油车排放治理产品认证工作。认证过程除了随机抽取产品并按照标准进行性能检测以外，还要对产品生产企业进行质量管理体系考核，产品性能和一致性均合格后方可获得认证[①]。

5 机动车排放控制行业发展展望

2019年是落实"打赢蓝天保卫战"的关键之年，国家及地方政府将采取多种手段、多种途径来全面落实国务院《打赢蓝天保卫战三年行动计划》及各地制定的"打赢柴油货车污染防治攻坚战"计划方案，切实降低机动车污染排放，这也为机动车污染防治行业带来新的机遇与挑战。

5.1 健全在用车排放检测与维修（I/M）体系

全国机动车环保检验机构（I站）将按照 GB 3847 和 GB 18285 标准的要求全面升级。2019年5月1日起，开始实施新的《尾气排放检测方法及限值》。2019年11月1日起，正式执行柴油车 NO_x 检测和 OBD 检查。对于 OBD、污染物排放检测等不达标的车辆，车主需到维修站（M站）对车辆进行维修后再进行复检，这将进一步推动各地加

---

① 注：本章节部分内容引自周磊·机动车尾气污染控制管理的现状及其发展趋势，科技资讯，2014，25：112

快健全完善闭环的检测与维修制度，切实降低在用车排放。

5.2 建立基于 OBD 检查的排放监管体系

GB 3847 2018 和 GB 18285 2018 中规定新生产汽柴油车下线检验、注册登记检验和在用汽车检验等环节均要开展 OBD 检查工作，并要求各个环节 OBD 检查等数据通过计算机系统实时自动检测、记录、传输、存储，并依法报送给环保管理部门。国家及各地方将建立基于 OBD 检查的排放监管体系，实现 OBD 检查数据管理和分析应用。

5.3 新车排放控制技术提升及监管能力建设

北京、天津、河北、山东等省（市）将提前实施国六排放标准，这将进一步推动国六排放控制技术的快速研发和应用，特别是柴油车排放控制技术的升级。同时，生态环境部门将配备排放检测、OBD 检查等相关设备，在新车销售、检验、登记等场所开展环保装置抽查、OBD 功能检查；具备条件的老旧柴油车将安装污染控制装置、配备实时排放监控终端，并与生态环境等有关部门联网。

5.4 高排放柴油车和非道路机械排放治理升级

在用汽车车队排放结构明显升级，国三及以上阶段的车辆占 90% 以上。目前各地正在研究制定国三柴油车限行政策，对于残余价值高、行驶里程短、车况比较好、具备条件的柴油车安装污染控制装置，协同控制颗粒物和 NO_x。

对于非道路机械，中国部分省市已划定低排放控制区，将迫使残余价值高、在城市建设中发挥作用的非道路机械开展治理技术升级改造。

5.5 出租车三元催化器替代

经过国外以及中国北京、上海等地区的实践证明，更换高排放出租车三元催化器能有效地降低污染物排放。目前国家已经要求有条件的城市定期更换出租车三元催化装置。需要提醒的是，部分省市出租车存在"油改气"的情况，在更换催化器时应有针对性地选择适用产品。

5.6 推广新能源汽车

财政部、国家税务总局、工业和信息化部与科学技术部等部门联合发布的《关于免征新能源汽车车辆购置税》，自 2018 年 1 月 1 日至 2020 年 12 月 31 日实施，期间，对购置的新能源汽车免征车辆购置税。

附录：机动车污染防治行业主要企业简介

载体企业：

1. 康宁（上海）有限公司

独资企业。主营产品：汽油车尾气净化用蜂窝陶瓷载体，柴油机颗粒物过滤器。产品配套国内欧美系合资企业、奇瑞、吉利等。

2. NGK（苏州）环保陶瓷有限公司

独资企业。主营产品：汽油车尾气净化用蜂窝陶瓷载体，柴油机颗粒物过滤器。产品配套国内日系合资企业、奇瑞、吉利等。

3. 贵州黄帝车辆净化器有限公司

合资企业。主营产品为柴油车颗粒物捕集器载体、主动再生颗粒过滤器系统。员工总数500余人，公司产品已获得50个专利，其中发明专利22个，国家重点专利5个，产品配套整车企业有奇瑞、长城等。参与武汉、南京、天津等地区在用柴油车和非道路柴油机械排放改造等。

催化剂企业：

1. 巴斯夫催化剂（上海）有限公司

独资企业。主营产品：汽油车、柴油车、摩托车用催化剂。产品配套整车企业为：沈阳华晨、上汽通用五菱、奇瑞、安徽江淮、上海大众、玉柴、锡柴等。

2. 优美科汽车催化剂（苏州）有限公司

独资企业。主营产品：汽油车、柴油车用催化剂。产品配套整车企业为：长安、上汽通用、奇瑞、沈阳华晨、上海大众、中国重汽等。

3. 庄信万丰（上海）化工有限公司

独资企业。主营产品：汽油车、柴油车用催化剂。配套整车企业：上海大众、昌河汽车、北京奔驰 - 戴姆勒·克莱斯勒、神龙富康、东风本田、长安福特、长城汽车、东南、江铃、吉利、中国重汽等。

4. 昆明贵研催化剂有限责任公司

国有企业。主要产品为机动车催化剂，包括汽油车 TWC/NSR 催化剂，柴油机 SCR/DOC/POC 催化剂，摩托车催化剂，替代燃料车用催化剂；贵金属产品：贵金属化合物、失效催化剂回收贵金属；环境催化剂产品：工业废气 NO_x 净化催化剂；化工催化剂产品：炭载催化剂。产品配套整车企业为：沈阳华晨、十汽通用五菱、平原航空、长安、奇瑞、昌河。产品还出口伊朗、泰国、马来西亚、俄罗斯、哈萨克斯坦等国家。

5. 无锡威孚力达催化净化器有限责任公司

股份制企业。主要产品：汽油车、柴油车、摩托车、LPG（CNG）和非道路机械用催化剂和催化器封装，员工总数700人，技术人员280人。公司建有国内领先的催化剂和后处理系统生产线，具备800万件汽柴催化剂、800万件摩托车催化剂、800万件通机催化剂和300万套催化净化器的年产能（其中歧管式净化器年产能100万套），产品达国四及以上排放水平。公司集合催化剂和后处理系统集成优势于一身，提供催化剂、净化器（含 SCR、DPF）和消声器三大系列多个品种的后处理产品，与国内各主要汽车、摩托车、通机厂家进行广泛配套，为主机厂家产品升级换代、满足更高排放标准提供有力的支撑。产品配套整车企业有奇瑞、吉利、一汽夏利、一汽海马、北汽福田、江淮、锡柴等。

6. 中自环保科技股份有限公司

股份制企业。主要致力于汽油燃料发动机、柴油燃料发动机、CNG/LNG/LPG 燃料发动机等尾气净化催化（剂）器研发、生产和销售的国家火炬计划重点高新技术企业。依托四川大学雄厚的科研实力，坚持产学研用相结合的创新发展之路，公司共拥有专利 24 项，其中国际 PCT 发明专利 1 项，国家发明专利 16 项，实用新型专利 7 项，主持和参与制定行业标准 8 项。

电控系统企业：

1. 博世汽车柴油系统股份有限公司

合资企业。主营产品：柴油机燃油高压共轨喷射系统、尿素喷射系统以及柴油机系统匹配。产品配套的主机企业包括潍柴、玉柴、东风、一汽、东风朝柴、大柴、云内等。

2. 联合汽车电子有限公司

合资企业。主营产品：汽油发动机管理系统零部件生产、自动变速箱控制系统零部件生产、发动机系统匹配。产品配套的整车企业包括吉利、奇瑞、上海大众、上海通用、长安等。

3. 北京德尔福万源发动机管理系统有限公司

合资企业。主要产品为汽油发动机零部件技术——电控燃油喷射系统。公司为上海通用、华晨集团、长安汽车等整车厂的几十种汽车成功开发了电喷系统。前 10 大客户除以上三家外，还包括沈阳航天三菱、一汽天津丰田、江淮、东风渝安、哈飞、东安三菱及吉利等。

4. 大陆汽车电子有限公司

合资企业。产品线覆盖汽车各个领域。其核心产品 NO_x 传感器、空气流量传感器、爆震传感器、EGR 阀体等在全球市场占有率居前两位。其中，NO_x 传感器技术更是全球的行业技术标准。公司作为该产品在全球知名的供应商，客户涵盖了行业内绝大部分汽车生产制造商。

排放后处理系统企业：

1. 佛吉亚（中国）排放控制技术有限公司

该公司下属 3 家合资公司，即上海佛吉亚红湖排气系统有限公司、武汉佛吉亚通达排气系统有限公司和长春佛吉亚排气系统有限公司，以及独资的佛吉亚（长春）汽车部件系统有限公司上海分公司。主营产品：排气歧管、催化转换器、排气消声器、柴油后处理系统集成。配套整车企业：一汽、上汽、上海大众、长安福特、上海通用、广西玉柴、一汽解放、东风汽车、潍柴动力等。

2. 上海天纳克研发中心

公司下属四大合资企业：上海天纳克排气系统公司、天纳克同泰（大连）排气系统有限公司、天纳克-埃贝赫（大连）排气系统有限公司、天纳克陵川（重庆）排气系统有限公司。主营产品：催化转化器、排气消声器、排气歧管、柴油机后处理系统集成。产品配套整车企业有上海大众、上海通用、上汽汽车、奇瑞汽车、长安福特、一汽大众、沈阳华晨、江铃汽车、长城汽车等。

3. 浙江邦得利汽车环保技术有限公司

股份制企业。主营产品为三元催化转化器、排器歧管等。公司各类排放后处理产品年生产能力达 100 万套，控股子公司上海歌地催化剂有限公司年生产能力达 300 万 L。产品配套企业一汽夏利、重庆庆铃、东风柳汽、东风轻发、东风朝柴、一汽轿股、东风商用车等。

4.安徽艾可蓝节能环保科技有限公司

股份制企业。公司已完成汽、柴油和天然气发动机尾气净化产品的全系列开发，包括三元净化器（TWC）、氧化催化净化器（DOC）、选择性催化还原器（SCR）及尿素喷射控制系统、主动再生式颗粒物捕集器系统（DPF）和颗粒物氧化器（POC），产品全面达到国四和国五排放标准，可以满足中国未来10～15年的排放升级要求。配套企业：东风、广汽、陕汽、福田、江淮、奇瑞、潍柴、全柴、常柴、合力叉车、金城摩托、宗申摩托等。

5.艾蓝腾新材料科技（上海）有限公司

独资企业。经营产品：柴油机颗粒捕集器系统。配套整车企业有安徽江淮汽车、东风朝阳朝柴动力、广西玉柴机器、三一重工、恒天动力等。

土壤与地下水修复行业 2018 年发展报告

1 土壤与地下水修复行业有关政策、标准

1.1 国家有关政策和法规的出台情况

1.1.1 生态环境部的组建

2018 年 3 月 17 日，第十三届全国人大一次会议审议通过国务院机构改革方案，明确把环境保护部的全部职责和其他六个部门相关的职责整合到一起，组建生态环境部，将原来分散的污染防治和生态保护职责统一起来，实现有机统筹、系统贯通，统一行使生态和城乡各类污染排放监管与行政执法职责，加强了环境污染治理政策的制定范畴，加强生态环境规划的衔接统一，加强生态环境监测和执法工作力度和中央生态环境保护督察等重要环保监督措施的实施保障。

1.1.2 《中华人民共和国土壤污染防治法》颁布实施

2018 年 8 月 31 日，第十三届全国人大常委会第五次会议表决通过《中华人民共和国土壤污染防治法》（简称《土壤污染防治法》）自 2019 年 1 月 1 日起施行。在《土壤污染防治法》出台之前，《中华人民共和国环境保护法》《中华人民共和国土地管理法》《中华人民共和国水污染防治法》《中华人民共和国固体废物污染环境防治法》等法律法规对土壤污染防治有一些较为分散的规定，未形成独立、完整的体系，也未涉及土壤污染防治的监管、修复以及相应的法律责任。《土壤污染防治法》是中国首次制定的土壤污染防治专门法律，填补了污染防治立法的空白，完善了生态环境保护、污染防治的法律制度体系。该法就土壤污染防治的基本原则、土壤污染防治基本制度、预防保护、管控和修复、经济措施、监督检查和法律责任等重要内容做出了明确规定。

随着《土壤污染防治法》的出台，有望在未来几年内陆续出台土壤修复相关的法规政策，完善土壤修复法律体系，为场地污染修复行业提供更加详细的指导意见，推动污染场地修复行业的有序发展。

1.2 地方政策和法规出台情况

《土壤污染防治法》出台后，各地方政府迅速做出反应，包括河北、河南、广西、广东、山东、山西等省（区、市）陆续出台《土壤污染防治攻坚三年作战方案（2018—2020 年）》《土壤污染防治 2018 年工作方案》《污染地块土壤管理办法（征求意见稿）》等地方政策，提出具体治理目标及实施方案（表 1）。这些政策的出台，推动了各个省

（区、市）土壤及地下水修复行业的发展。

表 1　2018 年地方出台的土壤污染有关政策和法规

时间	地区	政策和法规名称	文号
2018.12	北京	《北京市打赢净土持久战三年行动计划》	京政办发〔2018〕46 号
2018.12	河北	《河北省净土保卫战三年行动计划（2018—2020 年）》	冀土领办〔2018〕19 号
2018.12	安徽	《安徽省污染地块风险管控方案》	皖环函〔2018〕1683 号
2018.12	宁夏	《宁夏回族自治区关于印发推进净土保卫战三年行动计划（2018 年—2020 年）的通知》	宁政办发〔2018〕129 号
2018.12	山东	《山东省打好农业农村污染治理攻坚战作战方案（2018—2020 年）》	鲁政办字〔2018〕247 号
2018.12	辽宁	《辽宁省污染地块土壤环境管理办法（试行）》（征求意见稿）	
2018.11	广东	《广东省实施〈中华人民共和国土壤污染防治法〉办法》	广东省第十三届人民代表大会常务委员会公告（第 21 号）
2018.11	四川	《四川省全面加强生态环境保护坚决打好污染防治攻坚战的实施意见》	
2018.11	吉林	《关于加强涉重金属重点行业企业污染防控工作方案》	
2018.9	河南	《河南省污染地块土壤环境管理办法（试行）》	豫环文〔2018〕243 号
2018.9	河北	《河北省污染地块土壤环境管理办法》	
2018.8	天津	《天津市打好净土保卫战三年作战计划》	津政发〔2018〕18 号
2018.8	广西	《广西土壤污染防治攻坚三年作战方案（2018—2020 年）》	桂政办发〔2018〕82 号
2018.8	陕西	《陕西省土壤污染防治 2018 年度工作方案》	陕政办发〔2018〕38 号
2018.7	天津	《污染地块再开发利用管理工作程序（试行）》	津环保土〔2018〕82 号
2018.7	青海	《青海省 2018 年度土壤污染防治工作方案》	政青政办〔2018〕102
2018.7	黑龙江	《黑龙江省黑土耕地保护三年行动计划（2018—2020 年）》	黑政办规〔2018〕41 号
2018.7	陕西	《陕西省矿山地质环境治理恢复与土地复垦基金实施方法》	陕国土资发〔2018〕92 号
2018.6	浙江	《浙江省净土行动实施方案（征求意见稿）》	
2018.6	广东	《广东省土壤污染 2018 年工作方案》	粤环〔2018〕35 号
2018.6	山西	《山西省土壤污染防治 2018 年行动计划的通知》	晋政办发〔2018〕53 号
2018.5	海南	《海南省土壤污染防治项目管理暂行规定》	琼环土字〔2018〕8 号
2018.3	浙江	《浙江省污染地块开发利用监督管理暂行办法》	浙环发〔2018〕7 号
2018.3	北京	《北京市土壤污染治理修复规划》	京环发〔2018〕6 号

1.3 导则和规范出台情况

在场地修复的政策、法规指引下，国家和地方相继出台了各项标准、规范文件，以指导场地修复从调查、评估到修复治理、验收监测的全流程。

1.3.1 国家导则和规范出台情况

2018 年 4 月，生态环境部发布《工矿用地土壤环境管理办法（试行）》，对工矿用地涉及土壤和地下水污染的现状调查、环境准入、设施防渗漏、隐患排查、企业自行监测、风险管控和修复等都做了系统的规定。该管理办法于 2018 年 8 月 1 日起施行，工矿用地这个广大领域的土壤环境管理实现了有章可循。

2018 年 5 月，生态环境部发布《建设项目竣工环境保护验收技术指南　污染影响类》。该技术指南规定了污染影响类建设项目竣工环境保护验收的总体要求，提出了验收程序、验收自查、验收监测方案和报告编制、验收监测技术的一般要求。该技术指南适用于污染影响类建设项目竣工环境保护验收，已发布行业验收技术规范的建设项目从其规定，行业验收技术规范中未规定的内容按照本指南执行。

2018 年 6 月，生态环境部与国家市场监督管理总局联合制定《土壤环境质量 农用地土壤污染风险管控标准（试行）》（GB 15618—2018）、《土壤环境质量 建设用地土壤污染风险管控标准（试行）》（GB 36600—2018）两项国家环境质量标准，标准自 2018 年 8 月 1 日起实施。《土壤环境质量 农用地土壤污染风险管控标准（试行）》本次修订的主要内容有：标准名称由《土壤环境质量标准》调整为《土壤环境质量 农用地土壤污染风险管控标准（试行）》；更新了规范性引用文件；增加了标准的术语和定义；规范了农用地土壤中镉、汞、砷、铅、铬、铜、镍、锌等基本项目，以及六六六、滴滴涕、苯并〔a〕芘等其他项目的风险筛选值；规定了农用地土壤中镉、汞、砷、铅、铬的风险管制值；更新了监测、实施与监督要求。《土壤环境质量 建设用地土壤污染风险管控标准（试行）》为首次公布，规定了保护人体健康的建设用地土壤污染风险筛选值和管制值，以及监测、实施与监督要求。自该标准实施之日起，《展览会用地土壤环境质量评价标准（暂行）》（HJ 350—2007）废止。

2018 年 9 月，生态环境部发布《环境影响评价技术导则 土壤环境（试行）》（HJ 964—2018），将于 2019 年 7 月 1 日起实施。该标准规定了土壤环境影响评价的一般性原则、工作程序、内容、方法和要求。

2018 年 12 月，生态环境部印发《生态环境损害鉴定评估技术指南 土壤与地下水》，进一步完善生态环境损害鉴定评估体系，规范涉及土壤与地下水的生态环境损害鉴定评估工作，并为环境管理与环境司法提供依据。

2018 年 12 月，生态环境部发布关于征求《污染场地地下水修复技术导则（征求意见稿）》意见的函。该导则的制定是为了加强场地开发利用过程中的地下水环境管理，保护人体健康和生态环境，规范污染场地地下水的修复。

2018 年国家发布的有关标准和规范见表 2。

表 2　2018 年国家发布的有关标准和规范

时间	标准名称	文号
2018.04.12	《工矿用地土壤环境管理办法（试行）》	生态环境部令第 3 号
2018.05.15	《建设项目竣工环境保护验收技术指南 污染影响类》	生态环境部令第 9 号
2018.06.22	《土壤环境质量 农用地土壤污染风险管控标准（试行）》	GB 15618—2018
2018.06.22	《土壤环境质量　建设用地土壤污染风险管控标准（试行）》	GB 36600—2018
2018.09.13	《环境影响评价技术导则　土壤环境（试行）》	HJ 964—2018
2018.12.20	《生态环境损害鉴定评估技术指南 土壤与地下水》	环办法规〔2018〕46 号
2018.12.21	《污染场地地下水修复技术导则（征求意见稿）》	环办标征函〔2018〕71 号

1.3.2　地方导则和规范出台情况

随着国家政策法规、导则规范的出台，各省（区、市）根据区域的自身特点也出台了一些地方性的标准与规范。尤其是江、浙、粤等经济发达地区，这些区域在历史上曾有很多重污染企业，地方性导则规范出台较为集中。2018 年各地方发布的有关标准和规范见表 3。

表 3　2018 年地方发布的有关标准和规范

时间	地区	标准和规范名称
2018.7	浙江	《污染地块治理修复工程效果评估技术规范》
2018.7	广东	《广东省污染地块治理与修复效果评估技术指南（征求意见稿）》
		《广东省污染地块治理与修复工程环境监理技术指南（征求意见稿）》
		《广东省污染地块修复后土壤再利用技术指南（征求意见稿）》
2018.8	北京	《地块土壤环境调查和风险评估技术导则（征求意见稿）》
2018.4	江苏	《江苏省固体废物污染环境防治条例》

1.4 行业其他政策指南支持情况

1.4.1 国家环保科技专项支持

2018 年，国家相继启动"场地土壤污染成因与治理技术""重大科学仪器设备开发"年度项目等环保科技专项，中央财政资金对修复领域科技创新支持力度大幅度增加，多项技术研发课题要求修复企业牵头承担，为修复企业参与国家科技创新提供资金支持，为壮大修复产业规模提供了技术保障。在 2018 年的"场地土壤污染成因与治理技术"环保科技专项中，行业领头企业积极参与，由中国环境保护产业协会土壤与地下水专业委员会委员单位承担的项目包括：北京建工环境修复股份有限公司承担了"有机污染场地土壤修复热脱附成套技术与装备"，江苏大地益源环境修复有限公司承担了"地下水原位修复功能材料精准注入与强化传输技术及装备研究"，永清环保股份有限公司承担了"中南有色金属冶炼场地综合防控及再开发安全利用技术研发与集成示范"，中冶南方都市环保工程技术股份有限公司拟承担"重金属尾矿库污染高效固化 / 稳定化材料、技术与装备"项目，江苏盖亚环境工程有限公司拟承担"污染场地土壤及地下水原位采样新技术与新设备"等。

1.4.2 新增"环境技术进步奖"促行业发展

2018 年，依据《国家科学技术奖励条例》及科学技术部《关于进一步鼓励和规范社会力量设立科学技术奖的指导意见》，中国环境保护产业协会设立了面向全国的"环境技术进步奖"。此奖的设立将充分发挥科技奖励对土壤与地下水修复产业技术进步的促进作用，建立以修复企业为主体、市场为导向、产学研用相结合的修复产业科技创新体系，鼓励中国场地修复技术原始创新、集成创新，促进修复产业高质量发展。

1.4.3 团体标准不断完善，推动行业进步

中国环境保护产业协会（以下简称"协会"）高度重视团体标准的制定，2017 年启动了土壤修复领域 7 个团体标准的编制工作，在协会的总体组织和指导下，各标准牵头单位和参与单位共同努力，行业标准的编制工作顺利推进。2018 年 11 月和 12 月正式发布《污染地块勘探技术指南》和《企业设备、建（构）筑物拆除活动污染防治技术指南》。同时，《污染地块风险管控与修复效果评估技术导则（征求意见稿）》《污染地块阻隔工程技术指南（征求意见稿）》《污染地块阻隔工程技术指南（征求意见稿）》已公开征求意见，拟于 2019 年正式发布。

2 土壤与地下水修复行业 2018 年市场分析

2.1 土壤污染防治专项资金安排

2018 年，《财政部关于下达 2018 年土壤污染防治专项资金预算的通知》中，共计拨付资金 35 亿元，与 2017 年 65.35 亿元的执行数相比，呈下降趋势。其中资金占比较高的省份包括以常德市、黄石市、台州市、河池市、韶关市、铜仁市等 6 个土壤修复先行区为代表的湖南、湖北、浙江、广西、广东、贵州、云南等省（区），分别为 5.45 亿元、3.04 亿元、3.02 亿元、2.74 亿元、2.45 亿元、2.33 亿元、2.93 亿元（图 1）。从前期资金拨付情况来看，各省（区、市）的重点基本都集中在土壤污染数据详查及历史遗留矿渣、冶炼厂、农药厂等项目的修复上。

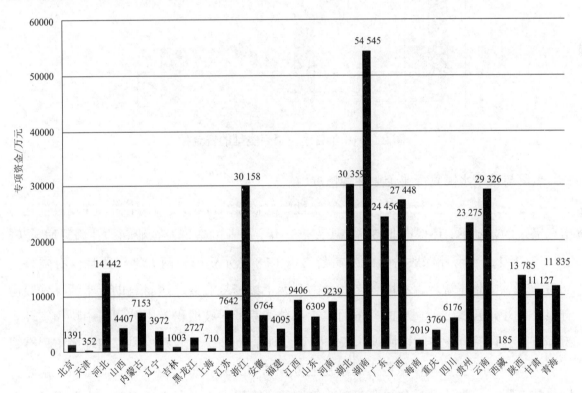

图 1 2018 年各地土壤污染防治专项资金安排

2.2 土壤修复项目类型及金额

通过对中国采购与招标网等公开途径的不完全统计，2018 年工业污染场地修复工程类项目仍占主要部分，200 个项目约 61.6 亿元，而且资金规模愈来愈集中于大项目，1 亿～2 亿元的大项目 8 个，2 亿元以上的项目 5 个。从中标数据统计结果看，单个亿元以上的项目业主多为当地的土地储备中心，地点多集中在武汉、苏州、广州等土地出让较容易的城市。由此可看出，目前土壤修复的市场空间主要集中在两方面：一是中央财政专项转移支付的修复项目，二是一二线城市受污染地块的修复增值项目。

农田修复项目和矿山治理项目的统计数据较少，农田修复类项目为 78 个约 9.2 亿元；矿山治理类项目为 46 个约 10.1 亿元（图 2）。

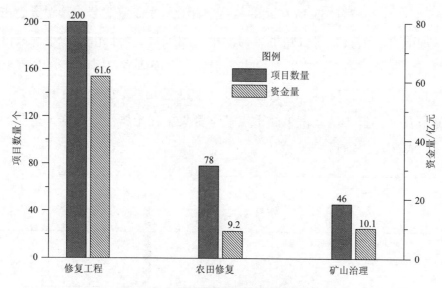

图 2 2018 年各修复项目类型的资金额

2.3 土壤与地下水修复行业企业并购情况

土壤与地下水修复行业是一个受政策性影响较强的行业，2018 年初，在政策催化与市场需求的带动下，环保产业整体势头发展迅猛，企业的融资及企业间的并购更加活跃。2018 年 2 月，永清环保股份有限公司公告以 1.78 亿元获得云南大地丰源环保有限公司 66% 股权，大地丰源环保有限公司在云南开展土壤修复业务，这将有助于永清环保股份有限公司开拓云南市场。2018 年 6 月，上市公司京蓝科技股份有限公司与中科鼎实环境工程有限公司签订股份收购协议，双方同意以现金 3.03 亿元收购中科鼎实环境工程有限公司 21% 股份，完成了体量最大的修复业务收并购交易。2018 年 8 月，上海傲江生态环境科技有限公司为了满足公司业务高速倍增的资金需求，宣布由环境领域纵深服务生态平台北京易二〇环境股份有限公司（简称"E20"）领衔完成 Pre-A 轮 1 亿元的融资。江苏盖亚环境科技股份有限公司自 2017 年完成 A 轮融资 4000 万元（启明创投独家投资）以后，2018 年企业发展迅速，预计 2019 年将开始 B 轮亿元融资目标。

与此同时，行业内部出现分化，部分企业融资受困。如 2018 年 5 月，东方园林股份有限公司发债失败、盛运环保集团股份有限公司未能偿还 6.3 亿元的债务等，多家公司出现债务危机和现金流恶化的情况，陷入经营困难。2018 年 11 月，针对企业股权质押、债务风险等问题的政策解决方案密集发布，修复企业融资环境正在逐步改善，包括中央及地方政府、市场机构、国有资本和社会资金陆续进入环保市场。

2.4 工业污染场地市场增长情况

据统计，2013—2018年开展实施的工业污染场地修复工程案例431个，项目金额共计171.3亿元（表4）。表明2013年以来中国工业污染场地修复项目数量及投资额度均呈逐年上升趋势，特别是自2017年开始上升幅度较大，《土壤污染防治行动计划》和土壤专项资金对土壤修复市场的促进作用明显。

表4　2013—2018年土壤修复行业（工业污染场地）市场增长情况

年度	总项目数量（个）	项目数增长率（%）	总中标金额（亿元）	中标金额增长率（%）
2013	20	—	15.4	—
2014	27	35.0	10.1	-34.4
2015	39	44.4	18.8	86.1
2016	37	-5.1	29.4	56.4
2017	116	213.5	36.9	25.5
2018	200	72.4	61.6	66.9
合计	439	—	172.2	—

2.5 从业企业和从业人员情况

企业数量根据"企查查"APP，搜索关键词"土壤修复"和"环境修复"后，得到的企业名单通过excel删除排查后得出。删除公司名称与污染场地修复行业不相关的"海洋科技、检测公司、农业发展、园林绿化、市政工程、种子公司、机械制造"等得出，2016年修复企业1541家，2017年修复企业2074家，2018年修复企业3830家（图3）。这些企业已构建出一个包括场地调查、风险评估、工程实施、项目监理、效果评估、第三方检测、修复装备与材料在内的较完整的产业链。

在国家环保政策驱动下，自2017年下半年至2018年初，一些央企、国企和上市企业也开始跨界进入修复领域。例如：中车控股成立了控股子公司中车环境科技有限公司；中核集团成立了控股子公司中核环保有限公司；中国中铁股份有限公司成立了控股子公司中铁高新工业股份有限公司；康恒环境将土壤修复业务从母公司剥离出去，成立了全资子公司上海康恒环境修复有限公司；中化集团成立了控股子公司中化环境控股有限公司等，这些公司依托央企的市场资源背景和雄厚的资金实力，未来将给修复领域带来更大的变数。

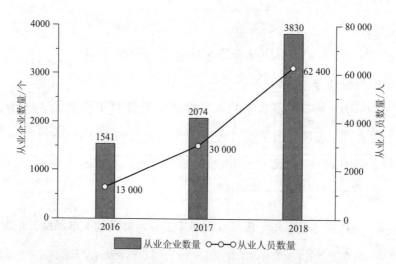

图 3 2016—2018 年从业企业和从业人数增长情况

　　根据目前已公开的项目中标及企业的专利情况，在污染场地修复工程实施方面实力相对较强的企业有 10 家左右。虽然每年都有较多新的修复企业注册成立（以土壤修复相关命名的企业多达几千家），但由于绝大多数企业缺乏项目经验，而目前市场的集中度较高，修复工程项目大部分由这 10 余家企业承担。

3　2018 年修复项目特征分析

3.1　修复项目全国分布情况

　　进入 21 世纪以来，国家相继提出并实施了"退二进三""退城进园""产业转移"等政策，国内的大中城市都面临着大批污染企业关闭和搬迁问题，同时也遗留了大量的污染场地，这些污染场地通常位于城区，具有较高的开发利用价值。本报告收集了 2018 年国内修复工程项目 200 例，主要为工业污染场地修复项目，不含矿山废渣、河道底泥、废水及农田治理项目。各省（区、市）修复工程数量统计情况见图 4。

　　从图 4 可看出，2018 年中国污染场地修复项目主要集中在经济较为发达或环境问题较为突出的区域。污染场地修复项目的开展首先需要解决资金问题，如苏、浙、沪等沿海或经济较为发达区域的土地价值较高，场地修复所需的高额费用更容易落实。江苏省土地污染的特点与土地开发的强度密切相关。苏南地区受污染的土壤主要是工业企业搬迁后遗留的，而苏中、苏北地区由于当地的工业产业相对落后，仍在造成新的土壤污染。2018 年江苏省开展污染场地修复项目高达 41 例，这与近年来土壤修复政策的不断出台及公众环保意识的不断加强有关。后续一些环境问题较为突出的区域，如湖南、湖北、云南等地，污染场地修复项目将逐步开展。

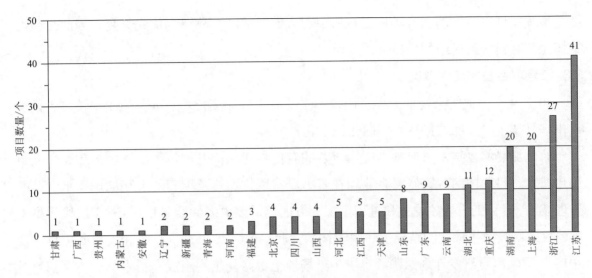

图 4 工业污染场地修复项目地区分布（项目样本 200 个同区域

不同地块，按招标内容作为单独修复工程统计）

3.2 修复项目场地污染类型特征

2014 年发布的《全国土壤污染状况调查公报》显示，全国土壤环境状况总体不容乐观，点位超标率达 16.1%。工矿业、农业等人为活动以及土壤环境背景值高是造成土壤污染或超标的主要原因。污染类型以无机型为主，有机型次之，复合污染比重较小。

据 2018 年已开展实施的工业场地修复工程案例，其中已知污染类型修复工程样本 126 个进行统计，重金属污染场地 43 个、复合污染场地 43 个、有机污染场地为 40 个（图 5）。这与全国土壤污染状况调查（2014）结果略有不同，工业污染场地修复项目污染类型中复合污染及有机污染占比较高，其主要原因是统计样本的差异。该次统计的修复工程样本主要为位于城区的工业污染场地，工业污染场地由于生产历史久，生产方式较为粗犷，污染程度相对较重，大多具有刺激性气味，容易被周围人群感知，尤其包含挥发

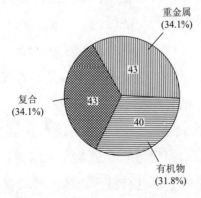

图 5 2018 年修复项目污染类型统计（项目样本：126 个）

性、半挥发性有机物的污染场地更容易引起人们的关注，故得到优先修复，因此复合污染场地及有机污染场地数量显著较多。

3.3 修复项目技术应用情况

2018 年，工业污染场地工程应用技术主要有原位加热技术、异位热脱附技术、化学氧化修复技术、多项抽提技术、固化稳定化技术等。

原位加热修复技术目前基本应用成熟的有传导式原位电加热、燃气加热和原位电阻加热技术。目前国内各家修复企业均在着力研发原位加热及配套的多相抽提和水汽地面处理技术，但在工艺参数设置和过程模拟等方面仍需要更多的经验积累。对于有机污染土壤，目前修复效果最优的是异位热脱附技术，近些年国家"863"计划相关科研项目以及 2018 年国家重点研发计划课题"有机污染场地土壤修复热脱附成套技术与装备"都给予了此类技术研究支持。化学氧化技术对中轻度有机污染土壤具有效果好、经济、施工便捷等优点，但土壤中有机污染物的不同赋存形态对化学氧化修复效果具有显著的影响。

除工程应用技术外，2018 年在污染土壤修复领域也涌现出一批前沿的科研成果。中国环境科学研究院探讨了腐殖酸活化的磷酸盐矿物稳定化铅、锌和镉污染土壤的可行性，并提出了一种采用磺化油固化 / 稳定化高分子难降解有机污染物污染土壤的新方法，取得了较好的效果。生态环境部环境规划院开发了场地修复二次污染影响在线监控和评估方法，与南方科技大学联合开发了场地修复扬尘和 VOCs 在线预警系统。中国科学院南京土壤研究所开展了土壤中微塑料污染研究，在微生物聚集体抵抗毒性以及过硫酸盐氧化修复有机污染土壤机制方面取得进展，同时在重金属超标农田和稀土尾矿的安全利用关键技术研究方面取得成果。中国科学院沈阳应用生态研究所研究了电动修复效率的影响机制；中国海洋大学利用土著微生物开展了微生物淋滤和微生物降解修复重金属和石油污染土壤的研究，并取得了较好的效果。

农田土壤修复为土壤修复的另一主要领域，根据中国已经开展的农田土壤污染修复试点项目来看，目前还没有技术能做到经济可行、对正常农业生产干扰可接受，主要还是根据《土壤污染防治法》的第五十三条和第五十四条开展一些探索性工作。

根据收集的 2018 年已开展实施的修复工程案例，其中有技术应用信息的工程案例为 91 个，各修复技术应用情况统计结果见图 6。

根据图 6 中技术应用情况统计结果，2018 年修复技术应用次数较多的为固化 / 稳定化（44 次）、化学氧化（31 次）、水泥窑协同（19 次）、填埋 / 安全处置技术（12 次），异位热解吸、原位热脱附技术等的应用也有显著提高。各项目修复技术的选择受场地污染类型、污染物理化性质、资金落实情况、技术成熟度及修复效果等多种因素影响。

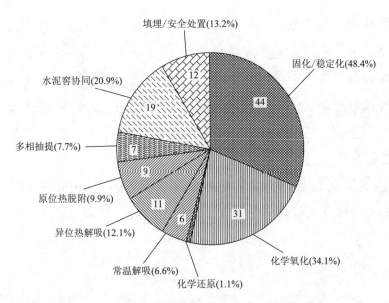

图6 修复技术2018年应用情况统计（项目样本：91个）

将单独重金属污染场地及单独有机污染场地技术应用情况进行对比分析，结果见图7。

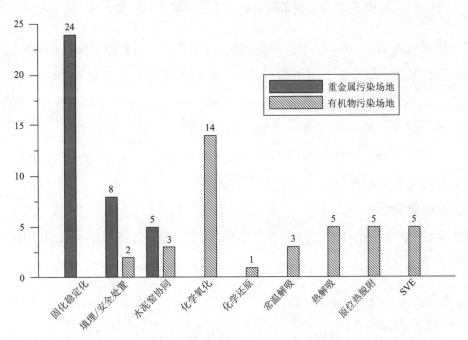

图7 修复技术统计（重金属场地样本：29个；有机物场地样本：27个）

对于重金属污染场地，修复技术应用最多的为固化／稳定化修复技术，29个统计样本中有24个场地应用该项技术，占比高达83%；其次为填埋／安全处置修复技术，有8个修复项目应用该技术，应用率达到27.6%。对于有机污染场地，修复技术应用最多的为化学氧化修复技术，27 个统计样本中有 14 个场地应用该项技术，占比为 51.9%；热解吸、原位热脱附、SVE 技术的应用均为 5 次（占比 18.5%）。近年来，随着政府及公众环保意识的提高以及修复行业的发展，国外一些先进修复技术、修复设备的引进及国产化，热解吸、原位热脱附、SVE 等技术的应用逐渐增多，不过目前仍受资金情况、技术水平及装备水平等限制。

3.4 修复项目工期分析

根据收集的国内 2018 年已开展实施的修复工程案例，其中有修复工期信息的项目 159 个，对这 159 个修复工程样本的修复工期进行统计，结果见图 8。

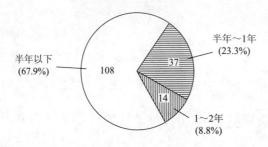

图 8 修复工程工期统计（项目样本：159 个）

从统计结果可以看出，2018 年开展的修复工程项目工期普遍较短。67.9% 的修复工期不超过半年，91.2% 的修复工期不超过 1 年，超过 1 年的修复工程仅 14 个，占 8.8%，没有工期超过 2 年的修复项目。当前，中国土壤修复行业尚处于起步阶段，修复后的场地大多用于地产开发，为缩短开发周期加快土地周转，一般对修复项目工期提出较为苛刻的要求。且民众对修复行业的理解不深，大多数将修复工程当土石方工程来对待，而忽视了环境治理工程的科学性、系统性以及长效性。

3.5 修复项目规模分析

根据收集的 2018 年已开展实施的修复工程案例，其中有修复规模数量的项目为 130 例，统计结果见图 9。

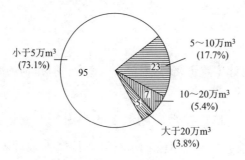

图 9 修复工程土方量统计（项目样本：130 个）

根据这 130 个已知土方量的修复工程样本，大多数修复工程的土方量小于 5 万 m³，项目数为 95 个，占总统计样本量的 73.1%。体量较大的超过 10 万 m³ 的特大型项目仅 12 个，占总统计样本量的 9.2%。特大型修复项目相对较少的原因主要受资金、技术限制，根据资金落实情况及修复技术企业持有情况将整个项目拆分成多个地块、多个标段修复项目进行治理。

4 行业发展存在的主要问题

4.1 环境调查及风险评估阶段存在的问题

（1）《土壤污染防治法》要求省级人民政府生态环境主管部门对土壤污染风险评估报告组织评审，省级主管部门面对全省报告评审的组织工作，人力物力相对有限的局面尚待改善。

（2）《土壤环境质量 建设用地土壤污染风险管控标准（试行）》（GB 36600—2018）中提出筛选值 / 管制值的污染物种类远少于《污染场地风险评估技术导则》（HJ 25.3—2014）所列健康风险评估涉及的污染物种类，相关标准、导则与规范的统一性还需协调。

（3）针对污染地块的建筑物、构筑物污染调查与风险评价相关标准、导则与规范有待建立与完善。

（4）生态环境主管部门与行业专家对企业生产历史、工艺变更、污染物产生排放与处理等资料完整性的日益重视，与关停搬迁企业资料严重缺失的现实情况的矛盾有待解决。

（5）地方对环境调查与风险评估从业单位资质要求、管理流程的差异有待统一。

（6）不同地区的气候条件、暴露人群活动模式与特征等因素对污染物的风险表征结果均有影响，全国各典型地区、不同人群的特征化暴露参数的研究工作有待加强。

4.2 修复工程实施存在的问题

（1）修复工程中的环评问题。根据《环境影响评价技术导则 地下水环境》（HJ 610—2016）规定要求，污染场地修复属于"地下水环境质量评价行业分类 U 城镇技术设施及房地产"中的 153 项"污染场地治理修复工程"，需编制地下水环境影响三级评价；原环境保护部 2017 年第 44 号令《建设项目环境影响评价分类管理名录》及 2018 修改单的要求，污染场地修复项目属于"三十四、环境治理业"中的"102、污染场地治理修复"类别项目，需编制环境影响评价报告表；但没有对应的技术导则进行参照，审批流程也不健全，实际操作难度大，导致在环评流程上耽误很多时间。

（2）修复过程中信息的流转问题。项目实施往往需要根据污染物的空间分布以及采取的修复技术路线等对场地污染数据进行重新分析、组合。根据行业的通常做法，参与调查和风险评估的单位不能参与后续的项目实施，同时项目实施单位又很难获得场地调查与风险评估阶段的原始数据，造成两个环节数据的流转不畅，极大影响了修复项目实施。

（3）修复项目的修复工期问题。目前业主方对修复工程的复杂性以及艰巨性没有概念抑或是认识不够，专家评审只能对于技术路线进行把关，行政部门也无法干预业主决策。一方面，业主方不合理的缩减前期调查及工程咨询投入资金，导致前期没有充分摸清楚污染状况；另一方面，对于修复资金投入量和工期预估不合理，强行限制资金的投入和工期的长度，对修复项目的顺利实施和竣工造成很大的困难。业主方常常忽视污染责任方无论何时都是修复的第一主体。

4.3 修复药剂存在的问题

（1）缺乏对修复材料的表征和效果评估差。如：微生物修复材料缺乏特效基因库和识别技术，固化稳定化缺乏对材料修复效果快速准确评估的技术体系。

（2）高校科研院所研发的修复材料实际应用很少，产学研用结合不紧密。国家科研经费投入重视研究和论文专利，对实际应用的重视程度不够，而国外的修复材料基本都是高校的科研成果，经过长期反复应用改进完成产业化生产。此外，中国对修复材料缺乏长期研究。材料提供商不能根据土壤污染的实际情况对修复材料进行改进。

（3）修复材料缺乏国家、行业和企业的标准，从事修复材料研发和制造的企业较少，可供市场选择的修复材料种类较少，技术水平有待提高，国家对材料造成的次生危害约束不够。

4.4 修复设备存在的问题

土壤修复行业发展初期，土壤修复专业设备主要为进口设备，与发达国家相比，中国的污染场地具有污染成因复杂、污染种类繁多、污染程度严重、修复规模大等特点，因此设备在国内使用时遇到诸多问题。一些龙头企业在使用国外设备期间，经过改进已能开始适应国内场地修复条件的要求。

随着修复行业的发展，国内修复专业设备制造开始逐渐发力，但因为设备设计与工艺技术、工程技术、现场操作等诸多因素相关。设备制造完成后，需要有一个改进、改造的过程，而改进和改造阶段，则需要有一批长期伴随设备使用，了解设备实际问题的工程师，目前行业缺乏这类复合型工程技术人才。

4.5 商业模式创新问题

商业模式方面，中国的污染场地修复资金需求量较大，已实施的污染场地修复项目中，大部分是由地产驱动，少数是利用国家财政资金。盈利模式不明确、商业模式不清晰，一直困扰中国污染场地修复行业的发展。政府鼓励更多社会资本参与污染土壤治理项目的投资建设，将促使该行业在专业承包和总承包模式的基础上，发展多种具有融资性质的创新经营模式。

近些年，在国家相关政策（环境第三方治理和PPP模式）和国外修复管理经验的双重引导，以及在政府及业主多样化的需求下，环境修复管理模式逐渐从工程管理向多元化模式发展，如棕地开发模式、PPP模式、环境综合管理服务模式等。但综合来看，由于相关政策不明确、管理机制不健全、资金来源单一、修复理念与区域规划和产业发展融合不够等多重原因，多元化管理模式尚未形成系统化和规模化应用，未来仍需要国家相关政策红利的支持（如财政激励）以及绿色金融发展模式的创新来推动环境修复行业持续健康发展。

5 行业发展展望

5.1 政策方面

《土壤污染防治法》于2019年1月1日起施行，对土壤修复行业将产生巨大影响。2019年，生态环境部将发布《污染场地地下水修复技术导则》《污染地块风险管控与修复效果评估技术导则》《污染地块阻隔工程技术指南》等技术指导文件。

5.2 市场方面

2016年发布的《土壤污染防治行动计划》中，要求2018年和2020年分别完成农用地详查、重点行业详查。2019年是第二次全国污染源普查的收官之年，预计环境调查与风险评估、全国详查、污染场地修复方案与风险管控方案设计等咨询类项目将有所增长。

《土壤污染防治法》的出台将逐步推动土壤污染防治产业结构调整和优化；随着公众对土壤污染防治工作的关注提升，将促使污染场地修复项目、地下水修复项目持续增长。根据近几年的土壤修复项目及资金增长趋势，预计2019年中国土壤修复的市场总规模将超过150亿元。

随着政策的不断完善、技术的持续升级以及修复标准的逐步细化，行业壁垒将明显提升，预计土壤修复企业数量的增速将放缓，先期进入土壤修复行业的龙头企业具备更强的竞争力，一些在细分领域专业性强的技术企业也将脱颖而出。

5.3 技术方面

近年来，在国家风险管控思路指导下，污染场地修复和风险管控的技术组合正在兴起，将有更多的场地，特别是大型复合场地根据地块的使用功能和利用规划，采用修复和风险管控相结合的修复方案。随着修复工程经验的积累，修复项目也将由单纯的技术和设备主导，向方案设计和工程设计主导转变，即由"硬"技术向"软"技术发展，逐步摆脱"土方"工程的形象。随着国家对修复项目的长期效果和管控效果的重视，现场在线的污染筛选技术和地层刻画技术等精准调查技术将在修复项目中推广应用，污染源—地层—地下水的精细三维识别技术和与之对应的大数据分析技术将助力修复和管控设计、实施的精准化。

2019 年，原位加热和异位热脱附技术将应用更广泛，对设备的需求量有所增加。原位加热技术会同时在电加热热传导、燃气加热热传导和电阻加热三个技术方向发展，原位加热的尾气处理将出现吸附、直接焚烧、RTO 和低温冷却等技术。采用国际先进设计理念制造的回转式间接热解吸装备将得到广泛的应用。挥发性有机污染场地采用 SVE 或多相抽提技术的数量将增多；重金属污染土壤的修复主要仍将采用稳定化技术，结合场地条件，淋洗技术的应用也将增多。原位化学氧化 / 还原技术依然是地下水污染修复的重要手段，修复药剂的注入将更加精准。

农田治理方面，对于安全利用类农用地地块，将以农艺调控、替代种植为主要修复手段；对于严格管控类农用地地块，将更多采用调整种植结构、退耕还林还草、退耕还湿、轮作休耕、轮牧休牧等风险管控措施，工程化的农田修复项目将继续小范围推广示范。

环境影响评价行业 2018 年发展报告

1 行业发展综述

1.1 行业发展环境

1.1.1 相关法律法规体系进一步完善

1.1.1.1 持续深化"放管服"改革，新"环评法"修订通过

随着党中央、国务院把"放管服"改革作为全面深化改革的重要内容持续加以推进，环评行业深化改革进程也在进一步推进。经第十三届全国人大常委会第七次会议修改通过的《中华人民共和国环境影响评价法》（新《环评法》）于2018年12月29日公布施行，该法取消了建设项目环境影响评价资质行政许可事项，不再强制要求由具有资质的环评机构编制建设项目环境影响报告书（表），规定建设单位既可以委托技术单位为其编制环境影响报告书（表），如果自身具备相应技术能力也可以自行编制环评报告书（表），主管部门制定相应的能力建设指南和监管办法，对环评机构的监管方式由事前审批转为事中事后监管。另外，新《环评法》增加了信用体系建设，规定环评审批部门应将编制单位、编制主持人和主要编制人员的相关违法信息记入社会诚信档案，并纳入全国信用信息共享平台和国家企业信用信息公示系统向社会公布。引入信用体系，对企业和环评机构加强行为约束，达到"一处受罚、处处受限"的目的。

新《环评法》出台于年末岁尾，对环评行业的影响目前尚未显现。随着新《环评法》的实施，以及后续配套文件的陆续出台，预计2019年环评行业会发生较大变化。

继2017年修订《建设项目环境影响评价分类管理名录》后，2018年4月再次修订了该名录，将16项环评类别由编制报告书降级为报告表，15项环评类别由编制报告表降级为登记备案表，3项取消填报登记表，优化分级分类管理。

1.1.1.2 进一步加强事中事后监管

2018年2月，原环境保护部印发《关于加强"未批先建"建设项目环境影响评价管理工作的通知》（环办环评〔2018〕18号），进一步加强对"未批先建"违法行为的细化管理。

2018年3月，原环境保护部印发《关于建设项目"未批先建"违法行为法律适用问题的意见》（环政法函〔2018〕31号），针对环评"刚性"约束不强的问题，从完善全流程、全方位的建设项目环评事中事后监管体系出发，进一步明确监管的内容和方法，

加大环评违法行为惩戒力度。

1.1.1.3 出台相关规范性文件

为切实保障环评制度效力，进一步强化建设项目环评事中事后监管，原环境保护部于 2018 年初发布《关于强化建设项目环境影响评价事中事后监管的实施意见》（环办环评〔2018〕11 号）。

2006 年 2 月，原国家环境保护总局印发《环境影响评价公众参与暂行办法》（环发〔2006〕28 号），首次对环境影响评价公众参与进行了全面系统规定。历经 12 年之后，生态环境部完成对其修订，出台《环境影响评价公众参与办法》及配套文件（公告 2018 年第 48 号），自 2019 年 1 月 1 日起施行。通过修订，进一步优化建设项目环评公众参与，解决了公众参与主体不清、范围和定位不明、流于形式、弄虚作假、违法成本低、有效性受到质疑等突出问题，增强了其操作性和有效性。

为贯彻落实《建设项目环境保护管理条例》和《建设项目竣工环境保护验收暂行办法》，进一步规范和细化建设项目竣工环境保护验收的标准和程序，提高可操作性，生态环境部制定了《建设项目竣工环境保护验收技术指南 污染影响类》（生态环境部办公厅 2018 年 5 月 16 日印发）。

在行业管理方面，生态环境部相继印发了《关于生产和使用消耗臭氧层破坏物质建设项目管理有关工作的通知》（环大气〔2018〕5 号）、《关于印发机场、港口、水利（河湖整治与防洪除涝工程）三个行业建设项目环境影响评价文件审批原则的通知》（环办环评〔2018〕2 号）、《关于印发制浆造纸等十四个行业建设项目重大变动清单的通知》（环办环评〔2018〕6 号）、《城市轨道交通、水利（灌区）两个行业建设项目环境影响评价文件审批原则》（环办环评〔2018〕7 号）、《生活垃圾焚烧发电建设项目环境准入条件（试行）》（环办环评〔2018〕20 号）、《关于做好畜禽规模养殖项目环境影响评价管理工作的通知》（环办环评〔2018〕31 号）、《关于印发〈涉及国家级自然保护区建设项目生态影响专题报告编制指南（试行）〉的通知》（环办函〔2014〕1419 号），推进分行业精细化管理与引导。

1.1.2 导则、标准体系进一步调整与完善

为贯彻《中华人民共和国环境保护法》和《中华人民共和国环境影响评价法》，进一步规范环境影响评价技术工作，生态环境部于 2018 年下半年密集出台了 5 项技术导则，包括《环境影响评价技术导则 大气环境》（HJ 2.2—2018 代替 HJ 2.2—2008）、《环境影响评价技术导则 土壤环境（试行）》（HJ 964—2018）、《环境影响评价技术导则 地表水环境》（HJ 2.3—2018 代替 HJ/T 2.3—93）、《建设项目环境风险评价技术导则》

（HJ 169—2018 代替 HJ/T 169—2004）以及《环境影响评价技术导则 城市轨道交通》（HJ 453—2018 代替 HJ 453—2008）。其中土壤导则为首次发布，填补了保护土壤环境质量、管控土壤污染风险的技术导则空白。

为加强集中式饮用水水源地的环境保护和治理，防范饮用水水源污染风险，保障饮用水安全，原环境保护部 2018 年 3 月 12 日发布《饮用水水源保护区划分技术规范》（HJ 338—2018 代替 HJ/T 338—2007），此标准首次发布于 2007 年，本次为第一次修订。

2018 年 8 月 16 日，生态环境部发布"关于发布《环境空气质量标准》（GB 3095—2012）修改单的公告"，对《环境空气质量标准》（GB 3095—2012）进行了修订。

为完善固定污染源源强核算方法体系，2018 年相继出台了 18 项环境保护标准，包括《污染源源强核算技术指南 准则》（HJ 884—2018）、《污染源源强核算技术指南 钢铁工业》（HJ 885—2018）、《污染源源强核算技术指南 水泥工业》（HJ 886—2018）、《污染源源强核算技术指南 制浆造纸》（HJ 887—2018）、《污染源源强核算技术指南 火电》（HJ 888—2018）、《污染源源强核算技术指南 平板玻璃制造》（HJ 980—2018）、《污染源源强核算技术指南 炼焦化学工业》（HJ 981—2018）、《污染源源强核算技术指南 石油炼制工业》（HJ 982—2018）、《污染源源强核算技术指南 有色金属冶炼》（HJ 983—2018）、《污染源源强核算技术指南 电镀》（HJ 984—2018）、《污染源源强核算技术指南 纺织印染工业》（HJ 990—2018）、《污染源源强核算技术指南 锅炉》（HJ 991—2018）、《污染源源强核算技术指南 制药工业》（HJ 992—2018）、《污染源源强核算技术指南 农药制造工业》（HJ 993—2018）、《污染源源强核算技术指南 化肥工业》（HJ 994—2018）、《污染源源强核算技术指南 制革工业》（HJ 995—2018）、《污染源源强核算技术指南 农副食品加工工业—制糖工业》（HJ 996.1—2018）、《污染源源强核算技术指南 农副食品加工工业—淀粉工业》（HJ 996.2—2018）。

1.2 行业发展概况

1.2.1 环评机构更加多元化

据中国环境保护产业协会环境影响评价行业分会（以下简称"环评分会"）统计分析，截至 2018 年 12 月底，全国具有甲、乙级资质的环评机构 910 家，按经济成分分类，以企业性质为绝对主体，事业性质占比不到 10%。按所有制分类国有机构 286 家占 31.4%，民营企业 593 家占 65.2%，混合所有制 31 家占 3.4%。在 184 家具有甲级环评资证的机构中，国有机构占 79.7%，主要为各部委直属科研院所和央企所属工程设计院所，民营机构占 20.3%，主要为原省级院所和高校脱钩改制后的环评机构；在 726 家具有乙级环评资证的机构中，国有机构 156 家占 21.5%，民营企业 549 家占 75.6%，其余为混合所有制占 2.9%（图 1～图 3）。由此可见，环评机构总体上以企业为主体，且民营机构数量占优势，但在具有甲级环评资证的机构中，专业能力、技术实力较强的国有机构占绝对优势。

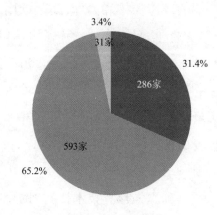

图 1 甲、乙级资质环评机构所有制组成

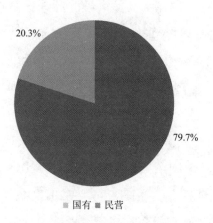

图 2 184 家甲级资质环评机构所有制组成

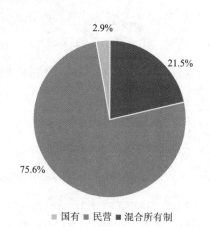

图 3 726 家乙级资质环评机构所有制组成

值得注意的是，有 2 家 A 股上市公司拥有甲级环评资质，有 34 家环评机构隶属于沪深或香港上市公司，有 14 家新三板公司拥有环评资质，其中 4 家新三板上市公司控股 7 家环评机构，也就意味着有 51 家环评机构与上市公司存在股权关系，还存在一家上市公司同时控股多家环评机构的情况。据环评分会对行业的分析，2019 年通过资本或股权进行扩张的态势正在加剧，未来不排除一家公司同时控股、参股几家甚至十几家环评机构，形成全国范围的业务布局和连锁经营的可能。上市公司通过资本和股权的介入，对环评机构规范发展、做大做强非常有利，同时也从侧面说明，环评机构脱钩改制激活了市场，激发了活力。

1.2.2 重质量，加强环评文件技术复核

2018年，生态环境部不断强化环评审批业务指导和事中事后监管，及时对违规问题做出通报，加强对环评从业单位和生态环境部门审批情况的监督，狠抓环评质量问题。并以季度为单位，开展了四批建设项目环评文件技术复核，共复核了31个省（区、市）各级生态环境部门（审批局）审批的535个建设项目环境影响报告书（表）；通报了58个存在较大质量问题的环评文件，对相关的31家编制机构和76名编制人员做出责令限期整改6～12个月的行政处理；对其他存在一定质量问题的35家编制机构发函提醒，并抄送相关省级生态环境部门；对2家提供虚假申请材料的机构严格处罚；对发现存在"挂靠"等问题的8家环评机构、12名环评工程师予以通报处理，记入诚信记录。

2019年，生态环境部将进一步加大环评文件技术复核力度，在日常考核的基础上，辅以大数据、智能化手段，定期对全国审批的报告书（表）开展复核，强化重点单位和重点行业靶向监管，对发现的违规单位和人员实施严管重罚。抓紧建设全国统一的环境影响评价信用平台，落实信用管理要求，营造守信者受益、失信者难行的良性市场秩序。

1.3 市场特点及重要动态

1.3.1 环评市场规模整体萎缩

随着国家"简政放权"政策的推行，环境管理模式调整的信号明显。环评审批权限逐年下放，《环境影响评价技术导则 总纲》（HJ 2.1—2016）简化了对环评报告内容的要求，2018年4月再次修订的《建设项目环境影响评价分类管理名录》中进一步降低了环评的门槛。另外，国民经济发展更加注重增长质量，不再过多强调增长速度，靠投资拉动的经济增长方式已经全面调整为扩大内需、供给侧改革等新的增长方式，固定资产投资减少，加之行政审批权限下放和环境管理模式的调整导致环评类别和环评报告内容趋于简化，作为经济的风向标，建设项目环评市场整体规模正在持续缩小。

尽管环评市场整体萎缩，环评咨询仍处于项目投产的前端，环评机构可以在项目初期就合理介入项目相关环保配套设施的规划，对项目可能造成的环境影响进行分析和评估，可以有效推动环境治理类业务的拓展。因此，这一领域吸引了综合咨询机构和诸多上市企业的青睐。

1.3.2 规划环评和排污许可地位增强

为适应全国的新形势和党中央的新要求，规划环评思路不断创新，生态环境部先后出台了一系列关于加强规划环评与项目环评联动、加强空间管制、总量管控和环境准入的指导性文件，开展产业园区规划环评试点，强化规划环评在项目环评审批及事中事后监督管理中的指导性作用。《"十三五"环境影响评价改革实施方案》中强调要健全与

国家发展和改革委员会、工业和信息化部、国土资源部、城乡和住房建设部、交通运输部、水利部等部门协同推进规划环评机制。

新政策文件的发布实施，强调以改善环境质量为核心的环境管理要求，切实加强规划环境影响评价管理，推进项目环评与规划环评联动，落实"生态保护红线、环境质量底线、资源利用上线和环境准入负面清单"（简称"三线一单"）约束。结合实践，战略和规划环评方面的研究不断深入，生态环境部及相关科研院所在规划环评理论及技术研究方面加大了投入，规划环评战略地位逐步增强。

2016年，国务院办公厅发布《关于印发控制污染物排放许可制实施方案的通知》（国办发〔2016〕81号），并于2017年11月发布《关于做好环境影响评价制度与排污许可制衔接相关工作的通知》（环办环评〔2017〕84号），要求各级生态环境部门切实做好两项制度的衔接，在环境影响评价管理中不断完善管理内容，推动环境影响评价更加科学，严格污染物排放要求；在排污许可管理中，严格按照环境影响报告书（表）以及审批文件要求核发排污许可证，维护环评的有效性。2017年以来，原环境保护部陆续发布32个行业排污许可证申请与核发技术规范，2018年相继发布了《排污许可管理办法（试行）》（环境保护部令 第48号）和《排污许可证申请与核发技术规范 总则》（HJ 942—2018）。随着越来越多的行业颁发排污许可证和环境税的开征，以及排污许可专项执法的跟进，相信排污许可制度将发挥越来越重要作用，围绕排污许可的环境服务将越来越受到咨询机构的重视。

随着规划环评和排污许可地位的加强，规划环评将以落实"三线一单"为契机，解决空间、总量管控和环境准入管理方面的问题；排污许可制将建立精简高效、衔接顺畅的固定源环境管理制度体系，推动落实企事业单位治污主体责任，规范监管执法，提升环境管理精细化水平。生态环境主管部门以建设项目环评作为主要抓手的局面将逐步调整。

1.3.3 "放管服"倒逼环评机构拓宽业务范围

2018年，中国环境保护产业协会环评分会对30多家重点会员单位进行了现场走访调研，在各种交流会上与数十家环评机构进行了深入交流。总体上看，环评机构咨询业务范围在逐步拓宽，传统的环评业务在业务营收中占比明显下降，一些机构环评业务占比低于50%，最低的甚至只占20%。一方面服务对象不局限于企业，也包括政府及其生态环境主管部门、园区、乡镇等；另一方面业务内容也从传统的环评、验收等拓展到排污许可、应急预案、风险排查、环保管家、环境规划等。中央环保督察、省级环保督察以及强化督察等工作的持续深入开展，给环境咨询行业带来红利，环境咨询业务爆发式增长，多数机构环境咨询业务量增长明显。但环评业务本身由于审批权限逐级下放，环评价格大幅度下降、利润空间压缩，一些甲级单位人工成本较高，难以与乙级机构竞争，转而依靠技术实力、服务能力拓展大咨询，为客户真正解决实际环境问题，这正是环评行业转型发展的方向。当然也有一些行业设计院所受所在行业景气周期影响，面临业务大幅度下滑、人才流失、经营困难的局面。如煤炭、火电、水电等行业存在环评机构业绩下滑等现象。

从长远看，伴随着"三线一单"进一步落地，部分地区"规划环评＋标准"和审批"承诺制"的推广，以及环评分类目录的进一步调整，预期建设项目环评数量仍将持续减少。从建设项目环评本身分析，与改革开放之初刚引进环评概念之时相比，现今的环评报告解决的实际环境问题越来越少，科学性内容占比越来越低，更加凸显了环评的手续、程序等属性。举例来说，燃煤电厂已经实施超低排放标准，环评中再要求精准预测 SO_2、NO_x 和 $PM_{2.5}$ 浓度，从某种意义上讲已经失去意义，完全可以简化。类似的问题在环评中还有很多。

伴随着国务院行政管理"放管服"的深入实施，很多环评机构从长远发展考虑，已经布局转型发展。环评分会通过深入调研，将其发展模式归纳概括为"环境咨询＋"，有一些转型方向已经形成共识，少部分环评机构转型已取得初步成效。如："环境咨询＋监测业务""环境咨询＋损害评估和司法鉴定""环境咨询＋场地调查和固废管控""环境咨询＋工程治理和运行维护""环境咨询＋行业软件开发""环境咨询＋金融服务"等方向。江苏环保产业院有限公司、河北省众联能源环保科技有限公司、吉林省中实环保工程开发有限公司、广西博环环境咨询服务有限公司、北京博诚立新环境科技股份有限公司等机构都成功拓展了新的业务领域。

2 行业发展存在的问题及对策建议

2.1 对环评机构的管理难度进一步增大

目前，中国实际从事环评和相关咨询业务的机构远不止910家，具体数量难以统计，很多环评机构开设有分公司或办事处，个别机构不顾自身的管理能力和质量把控能力，在全国各地均设立分支机构。此外，一些没有环评资质的公司或个人，通过关系或门路承揽环评项目，再利用互联网寻求资质合作。更有甚者，个别环评机构利用互联网工具，在QQ群、微信群公开兜售环评资质，甚至按行政区域出售环评业务代理权。对分支机构或者挂靠行为的管理一直是有效施行环评行业管理的难点和痛点。关键还在于对环评机构的严格管理，一方面要加强对乙级环评机构的编制质量抽查和县市级审批项目质量的抽查；另一方面也可以延伸管理，对分支机构进行延伸审查。

对环评质量的抽查复核以及严厉处罚等措施对环评机构起到了警示教育作用，但难以从根本上改变部分机构重业绩、轻质量的现状。环境保护的主体责任在建设单位，部分建设单位不顾环评机构服务能力、业绩、质量和信誉，一味低价中标，在环境保护方面只算小账不算大账，也是造成环评质量每况愈下的重要原因之一。有鉴于此，对环评质量的处罚也要针对建设单位，因为建设单位与环评机构是合同关系，其应该按照合同约定依法解决与环评机构的纠纷。只有建设单位真正重视环境影响评价，而不是为了一纸批文，才能彻底解决环评质量和效力问题。

2.2 环评资质取消给行业管理和发展带来冲击

2018 年 12 月 29 日，第十三届全国人民代表大会常务委员会第七次会议决定对《中华人民共和国环境影响评价法》做出修改（新《环评法》）。业内最关心的资质问题尘埃落定，新《环评法》正式明确取消环评机构资质审批监管，转为事中事后监管，并且新增信用体系建设，对企业和环评机构以及从业人员加强行为约束，达到"一处受罚、处处受限"的目的。但资质取消后如何管理、谁来管理？环境影响评价工程师作用如何发挥，其职业资格将如何定位？在等待配套文件陆续出台的过渡期该如何开展各项工作？环评资质管理模式事关环评机构今后的发展，事关从业人员的利益和职业规划，也关系到投资人的投资安全和回报，更关系到离岗创业人员的去留及行业的持续稳定健康发展。

2.3 环评机构转型力不从心

随着环评行业改革的持续推进以及政策的变化，环评市场在逐渐萎缩，业务发展方向成为环评机构普遍关注的问题，尽管部分机构的转型发展取得了一定的突破，但不可否认的是，大多数机构还是依靠环评、验收等传统业务。与传统业务相比，环保管家、排污许可、应急预案等新业务还不稳定，收费也没有标准和依据，竞争门槛低，多数环评机构还显得很不适应，一些新业务由于监管跟不上还没有形成规模，一些环评机构在转型发展和新业务拓展方面显得力不从心，无所适从。

环评制度作为生态环境保护的重要制度，对解决中国生态环境问题，特别是从源头预防生态环境问题发挥了重要作用，环评行业下一步也将继续积极投身各项攻坚战，发挥好环评的作用。虽然环评法的修订给行业发展带来了一定的变数，但生态环境部向地方生态环境部门移送环评机构问题线索，向社会释放了明确信号，对环评行业的规范管理工作不仅不会放松，而且将进一步加强；对环评机构及其工作人员将从严监管，确保环评文件质量不下降、环评预防环境污染和生态破坏的作用不削弱。下一步相关部门将加快制定有关管理文件，进一步强化事中事后监管，加大对各类环评违法行为的处罚力度。

环评从业机构应紧紧围绕各级生态环境主管部门的部署和要求，从信用管理、质量管理、人员管理等各个方面加强自身管理、自身建设，打造一支诚信、质优的环评队伍，共同为环评行业的高质量、可持续发展而努力。

附录：环境影响评价行业主要企业简介

1. 北京中咨华宇环保技术有限公司

北京中咨华宇环保技术有限公司成立于 2005 年，注册资本 2.9 亿元，是南方中金环境股份有限公司（股票代码，300145）全资子公司。专业从事环境影响评价、环境监理、技术咨询与运营管理等综合性环保咨询业务。

公司具有雄厚的技术力量，拥有一大批国家级环保技术专家，同时还拥有专业完备的环保咨询队伍，团队成员 300 余人，硕士及以上学历超过总人数的 40%。公司现持有环境影响评价甲级资质证书（环评资格证号 A1051），已注册环境影响评价工程师 33 名。注册类别为甲级输变电及广电通信、交通运输、建材火电、化工石化医药；乙级社会服务、轻工纺织化纤。

公司通过全业务运营模式，向客户提供环保政策、技术等综合咨询服务。具体业务包括建设项目及规划环境影响评价、水土保持方案、施工期环境监理监测、水保监理监测、竣工环保验收调查与水保设施技术评估、环保工程专业承包、环境污染治理设施运营、运营期间环境风险评估、环境保护后评估、环保顾问咨询服务及科研课题等。

2. 南京国环科技股份有限公司

南京国环科技股份有限公司成立于 2015 年，系由原环境保护部南京环境科学研究所环评机构整体脱钩改制成立的、专业从事环保技术服务和咨询的服务机构，也是国内最早开展环境影响评价的甲级环评机构之一。

公司是中国环境保护产业协会理事单位，中国环境保护产业协会环境影响评价行业分会副主任委员单位。2016 年 4 月通过了 ISO 9001 质量体系、ISO 14001 环境管理体系、BS OHSAS 18001 职业健康安全管理体系认证，进一步加强和完善了公司管理体系。2016 年 3 月取得《江苏省环境污染治理能力评价证书》《设计能力评价证书》。现已设立 15 个分公司，江苏省内 5 个办事处。目前公司共有员工近 350 人，其中总部有员工约 140 人，硕士研究生学历 97 人，博士研究生学历 4 人，高级技术以上职称人员 16 人。拥有注册环评工程师 75 人，环境监理持证人员 48 人，注册咨询工程师 19 人，军工涉密业务咨询服务安全保密监督管理持证人员 12 人，环境损害鉴定持证人员 7 人。

公司持有环境影响评价甲级资质证书，拥有 8 个甲级、1 个乙级行业类别资质（甲级交通运输、采掘、农林水利、建材火电、冶金机电、化工石化医药、轻工纺织化纤、社会服务；乙级输变电及广电通信）。

2018 年 4 月，在南京召开的"创新创业领域的盛会——创未来·江河汇聚·南京市独角兽、瞪羚企业发布会"上，公司入选 2018 年第一批南京市培育瞪羚企业。2018 年 10 月，在南京市发展和改革委员会和鲸准研究院发布的《南京市第二批独角兽、瞪羚企业发展报告》上，公司入选为 2018 年第二批瞪羚企业。

3. 中圣环境科技发展有限公司

中圣环境科技发展有限公司，环评资格证号 A3607，注册类别为甲级轻工纺织化纤、采掘、交通运输、化工石化医药、社会服务、冶金机电；乙级输变电及广电通信、农林水利。

公司是陕西环保产业集团有限责任公司所属的全资子公司，是中国环境保护产业协会环境保护评价行业分会第二届委员会常务委员单位、副主任委员单位。公司拥有环评甲级、工程设计乙级和工程咨询丙级资质，现有环评工程师 66 人、咨询工程师 13 人、核安全工程师 1 人、环保工程师 5 人、高级工程师 28 人、研究生及以上学历 100 人，已形成一支分工明确、人员稳定、技术成熟、专业优势明显的高素质人才梯队。公司立足陕西、服务全国，先后在上海、江西、湖南、湖北、四川、云南、甘肃、青海等省（区、市）设立了 11 家分公司。

近年来，公司大力实施"诚信立企、质量兴企、科技强企、产业富企、管理活企"五大战略，努力打造环保咨询服务一流品牌，坚持"以环评为主体，咨询和土壤业务为两翼"的发展理念，在环评业务主体的基础上，积极拓展环保咨询和土壤业务，先后完成了生态环境部环境工程评估中心的排污许可课题、陕西省首例大型化工企业地下水环境监控及预警预报系统、陕西省重点行业企业用地调查信息采集工作、陕西省涉镉企业用地野外调查、陕西省有色金属冶炼行业土壤和地下水污染风险评估与分级管理技术体系研究等多项具有影响力和代表性的工作，目前公司已初步形成了"环境影响评价—环保竣工验收—排污许可—环保管家"的全产业链服务体系。

4. 浙江省环境科技有限公司

浙江省环境科技有限公司成立于 2011 年 5 月，前身为浙江环科环境咨询有限公司，原隶属浙江省环境保护厅下属单位浙江省环境保护科学设计研究院；2016 年 5 月整体划转至浙江省国资委，是浙江省国有资本运营有限公司全资子公司。

公司目前主要从事环境领域综合咨询服务，致力于为政府提供环境政策支撑，为社会提供环境改善服务，为企业提供全方位、一站式环境解决方案。公司以研促产，创新服务模式，布局全产业链，开展了环境规划、环境影响评价、环境监理、排污许可证、环保管家、清洁生产等系列综合环保服务及工业污染防治、大气环境治理、土壤与固废治理等工程技术开发项目。

公司的技术力量位居全国前列，有 50 余名注册环评工程师，持有建设项目环境影响评价甲级证书，资质范围涵盖 8 个行业领域甲级、1 个行业领域乙级及核与辐射类环评项目服务资质，是目前国内甲级环评资质领域最为齐全的环评机构之一。同时公司还持有环境监理资质证书及清洁生产审核服务能力评价证书。

公司连续多年被评为浙江省优秀环评单位，2012 年荣获全国十佳"优秀环境影响评价机构"，2015 年公司被评为中国环境保护产业行业企业信用等级评价 AAA 级企业，2016 年入选全国绿色矿山名录库浙江省第三方核查评估机构及浙江省重点行业企业用地土壤污染状况调查专业机构推荐名录，2018 年获"千万工程"和美丽浙江建设突出贡献集体，受到浙江省委、省政府表彰。现为中国环境保护产业协会环境影响评价行业分会理事单位、浙江环评与监理协会副会长单位及中国环保管家联盟核心成员。

5. 广西博环环境咨询服务有限公司

广西博环环境咨询服务有限公司系博世科（股票代码：300422）控股子公司，持有甲级建设项目环境影响评价资质证书（证书编号：国环评证甲字第 2902 号）、工程咨询机构乙级资信证书。公司是国家高新技术企业、广西科技型中小企业、广西工业固体废物资源综合利用评价机构、南宁市"环保管家人才小高地"建设载体单位、北海市排污许可技术服务机构。

公司在环评业务的基础上，依托博世科环保全产业链平台优势，将服务领域拓展至环保管家、环境咨询、环境政策研究、环境调查、环境评估、工程咨询、水务咨询、工业节能与绿色发展评价九大体系，覆盖建设项目环境影响评价、竣工环保验收、污染治理、清洁生产、水土保持、水资源利用和生态修复等环境综合服务领域，用科技力量引领绿色发展。公司提出"环保麻烦 找博环——一站式环境综合服务"模式，坚持"科学·公正·专业·诚信"的经营理念，致力于推动生态文明建设，努力成为国内一流、国际知名的环境综合服务提供商。

6. 山东省环境保护科学研究设计院有限公司

山东省环境保护科学研究设计院有限公司（以下简称"山东省环科院"）始建于1978年，前身为山东省生态环境厅直属单位。2016年4月，转企改制整体划转至山东省国资委，由华鲁控股集团有限公司全资控股。历经近四十年的创新发展，现已成为一家以环境咨询、工程、检测与评估、生态修复业务为主的一站式、全方位、全产业链环境服务供应商。

山东省环科院旗下拥有山东省环科院环境工程有限公司、山东省环科院环境科技有限公司等7家子公司，年营收超6亿元。现有员工443人，其中高级职称以上人员101人、享受国务院政府津贴专家2人、山东省有突出贡献中青年专家3人、山东省智库高端人才1人，多年来形成了专业技术层次高、技术力量雄厚、多专业互补、老中青相结合的人才队伍和科研团队。现拥有山东省生物难降解工业废水物化处理工程技术研究中心、山东省自然水域底泥重金属污染防治示范工程技术研究中心、山东省人工湿地示范工程技术研究中心3个省级工程技术研究中心，具备环保科研创新和应用技术研发以及承担国家、省级重大科研课题的能力。

山东省环科院及所属公司现有各类资质证书18件，涉及业务专业类别25项，连续多年保持ISO 9001和ISO 14001双体系认证。山东省环科院是全国第一批具有甲级建设项目环境影响评价资质证书的环评机构，也是全国甲级资质行业类别最全的环评机构之一，环评资质证书编号"国环评证甲字第2402号"，包括轻工纺织化纤、化工石化医药、冶金机电、建材火电、农林水利、采掘、交通运输、社会服务共8个行业类别。同时为全国第一批开展规划环评的单位，荣获全国"优秀环境影响评价机构"等称号。近20年来，环评一直为山东省环科院传统优势业务，全院环评从业技术人员115人，其中注册环评工程师67人，承担了国家及省级生态环境主管部门审批的重大建设项目环评工作上千项、重大规划环评数百项；近三年年均签订环评合同540余项，年环评合同额最高达到1.8亿元。

7. 江苏环保产业技术研究院股份公司

江苏环保产业技术研究院股份公司是江苏省环境科学研究院环评脱钩改制后成立的科技型服务企业，公司主要从事生态与环境保护技术的研发与应用，提供环保高新技术成果转化与产业化运作服务，生态与环境保护领域的管理与技术顾问服务。

公司通过加大对技术管理团队的投入，不断吸引优秀人才，优化质量管理体系，已组建了严谨、专业、高效、准确、全面的技术团队，拥有一流的环保行业领军专家。作为国内最早开展建设项目环境影响评价的机构之一，环评资质证书编号"国环评证甲字第1902号"，包括轻工纺织化纤、化工石化医药、冶金机电、建材火电、交通运输、社会服务共6个行业类别。团队在规划环评和建设项目环评业务方面，先后荣获"全国优秀环境影响评价机构""全国建设项目环境影响评价优秀甲级单位""江苏省建设项目环境影响评价优秀单位""全国优秀环境影响报告书"等荣誉，2名同志荣获"全国优秀环境影响评价工程师"称号。

公司具有司法鉴定、环境工程设计、环保工程专业承包、检验检测机构计量认证等多项资质，可提供环保行业全产业链咨询服务。公司将持续秉承"客户至上，质量第一"的经营理念，为社会各界提供全方位的环境咨询和技术解决方案。

8. 南京大学环境规划设计研究院股份公司

南京大学环境规划设计研究院股份公司是 2012 年南京大学根据国家事业单位环评体制改革的相关要求，整合资源组建成立的综合性甲级环境服务机构。

公司拥有建设项目环评、工程设计等多项甲级资质，开展了大量的顾问咨询、环境影响评价、工程设计、工程总承包、鉴定评估、检验检测、教育培训等环保综合服务工作，获得了主管部门和社会各界的高度肯定。

公司拥有人才团队 300 余人，其中硕士以上学历超 70%，高级职称 36 人，专业人才众多、领域齐全，多次作为专家智库支持各级管理部门环保专项工作。

公司发源于南京大学环境科学与工程学科群，坚持实践、科研、教学相结合的发展思路，严守"责任、诚信、公益、创新"的价值理念和"求实、求是、求精"的质量方针，利用综合性院校的优势，致力于推动社会经济的可持续发展。在环保服务业领域，开展了大量的顾问咨询、环境规划、工程设计、环境影响评价、监理核查、清洁生产、水资源论证、教育培训等工作，为各级政府、各类开发区、百余家世界 500 强企业等 2000 余家客户提供了高品质的服务，获得了主管部门和社会各界的高度肯定。

9. 吉林省中实环保工程开发有限公司

吉林省中实环保工程开发有限公司隶属于吉林省中实集团。开展的业务包括：环境影响评价、竣工环保验收报告编制、环境保护工程设计、环境管理工程技术信息咨询服务、环境监理、项目可行性研究报告编制、社会稳定风险评价报告编制、固定资产投资项目节能评估文件编制、上市公司环保核查、固定资产投资项目节能评估文件评审、企业排污许可申报、排污许可执行报告编制、碳排放权交易核算报告编制、能源合同管理、能源审计、生态环境污染损害评估、项目建议书编制、项目申请报告编制、资金申请报告编制、评估咨询、节能减排、环境治理、生态保护红线方案编制、生态保护建设规划方案编制、土壤背景调查及治理、水体达标方案编制、生态环境综合评价等。

公司拥有良好的工作环境和高素质的专业人才，员工 94% 为本科以上学历，工作经验丰富。公司现有环境影响评价资质、工程咨询单位资质、环境监理等相关专业资质，并被评为长春市"小巨人"企业，荣获第七届中国创新创业大赛吉林赛区优秀奖等，是长春市环境保护产业协会会长单位。

10. 河北省众联能源环保科技有限公司

河北省众联能源环保科技有限公司成立于 2005 年，注册资金 5400 万元，现有职工 300 余人，其中高级职称技术人员 30 名、中级职称技术人员 108 名，硕士以上学位技术人员 240 余人。

公司下设环评、环保管家、排污许可、环保验收、环境监理、运营管理、能源和清洁生产、场地调查和土壤修复、安评等部门，并在天津、唐山、承德、邯郸等地设立了分公司及机构。

公司业务主要包括：建设项目环境影响评价（甲级：国环评证甲字第 1209 号）、规划环境影响评价、环保管家服务（全国环保管家技术联盟核心单位、河北省首家环保管家技术服务单位）、环境污染治理设施运营（除尘脱硫）、环境监理（甲级：HJ JL 2017—001）、污染场地调查与土壤修复（全国第一批推荐土壤修复相关工作单位及河北省最早开展土壤修复工作单位之一）、清洁生产审核（监管手册编号 005）、安全评价〔甲级：APJ-（国）-563〕、能源审计（河北省冶金行业专业节能测试技术服务单位）、工程咨询（生态建设和环境工程类）及节能环保技术开发、排污许可申报及排污许可执行报告（生态环境部环境工程评估中心技术协作单位之一）、污染在线监测设施运营、生态环保类规划编制、部省级环保类课题研究等。

近年来，公司优质高效地完成了一大批安全、环保、节能、职业病危害因素检测与评价等技术服务项目，赢得了业内的广泛认可和赞誉。公司的规模及业务范围不断扩大，现已发展成为一支技术实力雄厚、管理科学严谨、客户满意度高的优秀技术服务团队。被《环评观察》评为十大最受业界赞赏环评公司（2018）。

11. 联合泰泽环境科技发展有限公司

联合泰泽环境科技发展有限公司为联合赤道环境评价有限公司的子公司，具备环境影响评价甲级资质（国环评证甲字第1111号），业务范围涵盖冶金机电、交通运输、化工石化、轻工纺织、建材火电、采掘、社会服务7个类别环境影响报告书以及核与辐射报告表。现有注册环评师60余人，是京津冀地区综合实力最强的环境影响评价机构之一。公司依托环评人才和专业优势，正在向环保核查、排污许可申报、竣工环保验收、节能评估、环境应急预案、企业环境信息披露等综合性"环保管家"服务类型拓展。

联合赤道环境评价有限公司成立于2015年，注册资本6000万元，是联合信用管理有限公司的控股子公司，具有"绿色金融＋环保咨询＋环境检测"方面的专业技术优势。公司是中国环境科学学会的常务理事单位、中国金融学会绿色金融专业委员会的理事单位。具备绿色金融认证领域的国际国内权威资质，在国内绿色债券认证市场占有率持续领先，企业主体绿色评级业务得到认可，公司开展的工商银行钢铁行业环境压力测试等重大课题受到广泛关注。公司深度参与了新疆、江西、广东、浙江四省（区）的第一批国家级绿色金融改革创新试验区咨询方案的总体设计、咨询工作，承担了南京、成都等第二批申报城市的绿色金融整体咨询服务，是国家级绿色项目数据库建设的牵头单位。

联合赤道环境环评公司拥有多名省部级环保专家和高级金融分析师，硕士以上学历占80%，人才队伍建设扎实推进，公司文化建设取得硕果。秉承"塑天地之本原，传人类之文明"的光荣使命，依托金融、环保大数据平台，构建环保智库，为"推动绿色发展，建设美丽中国"砥砺奋进。

城镇污水处理行业 2018 年发展报告

1 2018 年行业发展现状及分析

1.1 2018 年行业发展现状及分析

根据《"十三五"全国城镇污水处理及再生利用设施建设规划》要求，中国"十三五"的城镇新增污水处理设施所需投资金额将达 1500 多亿元，污水处理能力将从 2.17 亿 m^3/d 提升至 2.68 亿 m^3/d。目前提标改造面临着建设用地受限、污水处理厂负荷率低、资金不足、污水再生处理能力及回用率不高、污泥处理处置率低等问题。提标改造工程的实施，促使水处理先进技术应用、工艺优化以及运行管理等方面全面提升，以保障提标后污水处理厂出水的稳定达标排放。

2018 年公布的重点项目建设计划中，上海、浙江、重庆、贵州、安徽、广东、福建等 13 省（区、市）共投资 1203.18 亿元，重点建设 155 个污水处理项目。其中，上海、贵州、安徽三地投资规模均超过 200 亿元，位列前三；安徽省共投资 62 个污水处理项目，数量远超其他 12 个省份。

1.1.1 生态文明写入宪法，生态文明建设各项政策落实到位

2018 年 3 月，生态文明被写入宪法，《中华人民共和国宪法修正案》表决通过将生态文明写入宪法中。第十三届全国人民代表大会第一次会议表决通过了国务院机构改革方案，决定组建新的生态环境部，将原环境保护部的职责及其他 6 个部委的相关职责整合。4 月，大部制改革靴子最终落地，新组建的生态环境部正式挂牌，并对外公布部门职责，31 个省、市环保厅（局）也相继挂牌成立。2018 年 5 月，召开史上最高规格的全国生态环境保护大会，充分体现了党中央、国务院对生态环境治理的决心和意志。未来的环境管理职能应该更多地将一些综合性的职能注入生态环境部，融合经济、行政、产业等综合性手段，促进产业发展，这会对环境产业产生深远的影响。

1.1.2 生态环境部联合住房和城乡建设部启动 2018 年城市黑臭水体专项整治督察

2018 年 5 月 7 日，生态环境部联合住房和城乡建设部启动 2018 年城市黑臭水体整治环境保护专项行动。5—6 月，分三批对全国 36 个重点城市和部分地级城市开展现场督察；现场督察工作结束后 15 个工作日内形成城市黑臭水体整治情况统计表和问题清单，实行"拉条挂账，逐个销号"式管理；9—10 月，对问题整改情况进行巡查，提出约谈建议。黑臭水体专项督查进一步凸显控源截污、管网和面源治理等方面的短板，未来相

当长一段时间内，城市面源污染控制将是水环境治理的重点方向之一。

1.2 2018年行业技术发展进展

1.2.1 污水处理相关技术

厌氧氨氧化技术是生物处理的前沿工艺，是较为经济的污水处理技术之一，短程硝化耦合厌氧氨氧化技术具有重要的应用前景和研究价值。北京排水集团建设了五座厌氧氨氧化处理设施，处理能力为 15 900 t/d，用于处理五座污泥处理中心产生的高氨氮消化液，目前运行稳定，节约电耗 60%，节约碳源 100%，污泥产量减少 50%，实现了绿色低碳的目标。为城镇污水处理厂提标改造提供借鉴，厌氧氨氧化工艺也是 2018 年的热点话题之一。

1.2.2 污泥处理处置技术

随着国家水专项污泥处理处置装备产业化等课题的验收，污泥处理处置及资源化技术和装备集成得到了快速发展，逐步建立起符合中国国情的污泥处理处置技术体系和政策标准体系，污泥处理处置技术相关国产化设备的创新能力得到了显著提高，出现了一批适合中国污泥处理处置的新装备。未来将进一步提高技术设备与污泥性质的适应性和匹配性，提高脱水干化效率，降低设备投资及运行成本，加强污泥处理单元技术装备与上下游工艺技术的整合对接，拓展污泥处理产物的出路，探索污泥中有价资源回收与利用。为了彻底解决污泥出路问题，污泥干化和污泥焚烧将是未来污泥处理处置的重要发展方向。

1.3 2018年市场特点分析及重要动态

1.3.1 黑臭水体治理工作持续开展

2018 年，黑臭水体治理工作取得了阶段性的成果，随着专项督察、"回头看"等环节曝光力度的加强以及实施立案处罚，黑臭水体治理工作得到了各地区广泛的重视，有效促进了黑臭水体治理工作的全面推进。环保督察趋严成为一种常态，督察力度加大，对环境企业治理工作和安全、稳定运营提出了更高的标准和要求，高要求下企业需要面对更艰巨的挑战。

2018 年 5 月以来，生态环境部与住房和城乡建设部联合对 30 个省（区、市）70 个城市黑臭水体整治情况进行了专项督察，对已经上报完成整治的 993 个黑臭水体进行现场核查，检查中发现有 274 个黑臭水体尚未向国家上报，被督察城市黑臭水体治理完成比例降为 65.7%。

1.3.2 污泥处理处置工作任重而道远

长期以来的"重水轻泥"造成中国污泥产量大、污泥处理处置形势严峻的现实。目前，中国城镇污水处理厂基本实现了污泥的初步减量化，但距实现污泥的稳定化、无害化、减量化、资源化处理处置要求尚有较大的差距。通过"十二五"水专项的技术研发，污泥处理处置目前在污泥干化、碳化、焚烧、超高温堆肥、热水解、厌氧消化、生物质协同处理和资源化利用等方面已经取得一定成果，包括污泥生物稳定化和资源化成套技术，污泥脱水干化技术与装备产业化应用，污泥（协同）热化学处理技术等方面在内的污泥处理处置关键技术与重大装备获得长足发展。

1.3.3 农村污水治理市场前景广阔

经济的快速发展带来了国民收入水平的持续提升。数据显示，2010年中国农村居民人均纯收入仅为5919元，至2017年已经实现了翻倍，达到13 432元，同比年增长8.65%。2010—2017年复合增长率达12.42%。在农村收入水平不断上升的情况下，农村的污水治理能力严重滞后。国内一些较大的江河流域典型村庄地区96%没有污水排放管道和处理系统，仅少部分住户建有化粪池或沼气池对生活污水进行简单处理。村民生活污水随意排放并流入河道，污染水源，严重威胁人民的身体健康。

农村污水处理相对滞后，逐渐受到行业重视，近年来一直处于爆发式增长状态。农村污水治理手段优先考虑成熟可靠和运行维护要求低的工艺，并鼓励分散和集中相结合的污水治理模式。适合农村的管网收集技术如真空管网收集、一体化提升泵站，与农村改厕、改厨以及垃圾收集、转运、处理处置相配套的农村综合整治技术装备，小型化、自动化污水处理系统和集群监控预警维护系统，一体化污水处理技术装备，自然生态处理技术，以及多途径水资源就地回用技术及相关装备等，具有广阔的行业市场发展空间。

2 2018年排水行业重要事件

2.1 国务院机构改革，组建生态环境部

2018年3月13日，国务院机构改革方案提请第十三届全国人民代表大会第一次会议审议。根据该方案，改革后，国务院正部级机构减少8个，副部级机构减少7个，除国务院办公厅外，国务院设置组成部门26个。不再保留国土资源部、国家海洋局、国家测绘地理信息局，组建自然资源部；不再保留环境保护部，组建生态环境部。

2.2 习近平出席全国生态环境保护大会并发表重要讲话

全国生态环境保护大会2018年18日至19日在北京召开。中共中央总书记、国家主席、中央军委主席习近平出席会议并发表重要讲话。他强调，要自觉把经济社会发展同生态文明建设统筹起来，充分发挥党的领导和中国社会主义制度能够集中力量办大事的政

治优势，充分利用改革开放40年来积累的坚实物质基础，加大力度推进生态文明建设、解决生态环境问题，坚决打好污染防治攻坚战，推动生态文明建设迈上新台阶。

2.3 打赢蓝天保卫战三年作战计划全面启动

党的十九大提出："坚持人与自然和谐共生。建设生态文明是中华民族永续发展的千年大计""坚持全民共治、源头防治，持续实施大气污染防治行动，打赢蓝天保卫战。"2018年7月3日，国务院正式印发了《打赢蓝天保卫战三年行动计划》，对未来三年国家大气污染防治工作进行部署。

2.4 国务院印发《农村人居环境整治三年行动方案》

为加快推进农村人居环境整治，进一步提升农村人居环境水平，2017年11月20日，十九届中央全面深化改革领导小组第一次会议通过。2018年2月，中共中央办公厅、国务院办公厅印发了《农村人居环境整治三年行动方案》，自发布之日起实施。持续改善农村人居环境是2018年中央一号文件的重要任务之一。文件提出了三个主要治理的方向：农村垃圾收集处理、污水治理和生态环境改善。

2.5 生态环境部、住房和城乡建设部联合开展2018年城市黑臭水体整治专项行动

督促各地建立长效机制，坚决遏制黑臭现象反弹。凡是出现黑臭现象反弹，群众有意见的，经核实重新列入黑臭水体清单，继续督促整治。对核查或群众举报新发现的黑臭水体，也将及时纳入国家清单，实现黑臭水体整治监管工作常态化。专项核查按照《水污染防治行动计划》工作安排，生态环境部、住房和城乡建设部于2018年10月22日至11月2日开展2018年城市黑臭水体整治专项巡查，重点对36个重点城市（直辖市、省会城市、计划单列市）以及上次督察时进展缓慢的一些城市进行专项巡查，这是继2018年5—7月对城市黑臭水体整治专项排查整改后的"回头看"。

3 2018年行业发展存在的主要问题及分析

3.1 黑臭水体治理机制

《水污染防治行动计划》第二十七条强调整治城市黑臭水体，采取控源截污、垃圾清理、清淤疏浚、生态修复等措施，加大黑臭水体治理力度，每半年向社会公布治理情况。地级及以上城市建成区应于2015年底前完成水体排查，公布黑臭水体名称、责任人及达标期限；于2017年年底前实现河面无大面积漂浮物，河岸无垃圾，无违法排污口；于2020年年底前完成黑臭水体治理目标。直辖市、省会城市、计划单列市建成区要于2017年年底前基本消除黑臭水体。但黑臭水体治理是一项长期持久的城市水资源与水环境综合治理任务，亟须一套成熟的黑臭水体治理机制。

城市水环境治理往往受行政划分制约，污水处理厂仅负责城市污水处理，造成城市环境治理工作受限，效果不明显。城市黑臭河道治理应多学科协同，污水治理必须持之以恒，年降雨量大于 600 mm 的城市必须实现雨、污分流，要充分利用城市精细化、厂网河一体化的管理系统，实现厂网河一体化治理将系统解决污水收集和末端处理，可优化污染治理系统，实现科学决策和系统控制。

3.2 污泥处理处置技术应用路线

截至 2017 年年底，全国共有城镇污水处理厂 4205 座，总处理能力为 1.87 亿 t/d，全年城市污水处理厂产生干污泥 1053 万 t，干污泥处置量 951.4 万 t。按污水厂污泥产率计算，中国每年的脱水污泥量已超过 3200 万 t，且目前仍以每年 5%～10% 的速度增长。产生如此大量的污泥，一旦处理失当，极有可能对环境造成二次污染，因此，如何合理、有效、无害化地处理处置污泥已成为环保界关注的热点问题之一。

中国污泥处理处置技术已有污泥干化焚烧法、污泥碱法稳定和干化法、污泥好氧消化法、污泥石灰除臭灭菌法、污泥好氧肥料法等技术。污泥处理处置的主要问题在于：中国污泥泥质有别于其他国家，处理处置难度大；整体技术路线不清晰，政策标准体系不完善。由此可见，污泥处理处置行业的破题之策在于清晰地明确适合中国国情和泥情的技术路线，再从法律法规和补贴及政策扶持层面引导污泥处理处置行业良性有序发展。

3.3 污水处理厂进水浓度偏低

当前不少城市由于各类排水口、排水管道与检查井的建设和维护不当，导致大量地下水等外来水通过排水口、管道和检查井的各种结构性缺陷进入排水管道中，加之雨污合流、雨污混接和污水直排，造成污水处理厂进水浓度偏低，同时也削弱了"控源截污"措施应有的作用，导致城市排水系统应有的排水和治污功能不能充分发挥。

南、北污水处理厂进水水质差别明显，以北京高碑店、小红门、槐房厂为例，进水COD 浓度常年维持在 500 mg/L 以上，进水氨氮 45 mg/L 以上，进水总氮 60 mg/L 以上，进水总磷 6 mg/L 以上。南方水厂相对进水 COD 浓度低，常年在 200 mg/L 以下，其他各项常规指标也低于北方污水处理厂进水浓度，北方污水处理厂进水水质浓度是南方污水处理厂进水水质浓度两倍左右。进水浓度低，造成污水处理系统能耗较大，运行费用高，工艺运行不稳定。

3.4 PPP 项目融资难度大，环保行业呈现低迷状态

2016 年，宏观形势、资金面状况及 PPP 政策均有利于基建投资，而河道及黑臭水体治理作为基建投资中的方向之一，成为环保行业中吸纳规模投资最大的领域，大量订单

出现、市场快速扩容。企业依靠资金的杠杆作用以小博大的行为，在金融整体收紧的情况下，易遭遇挫折，导致一些公司出现资金链断裂，乃至经营危机。

2017—2018年是资金面由宽松变紧张的过程，也是融资难度不断增加、经营成本不断上升的过程，而民营企业在这一过程中融资难问题更加突出。2018年，部分环保企业在融资不到位的情况下，偿还债务支付的现金明显增加，筹资活动现金流净额大幅度下降甚至为负值。PPP市场的持续低迷使部分企业特别是民营企业开始持观望态度甚至退出，不利于行业健康发展。

4 解决对策及建议

4.1 "厂网河一体化"是解决城市黑臭水体治理的必然之路

"厂网河一体化"以优先需求、优化运行为原则，可实现管网与泵站、管网与水厂以及河道之间的系统调度，保障和改善水环境质量，即"网为厂服务，厂网为河服务"。通过厂—网—河联调，实现水环境流域化管理，彻底改善水环境质量。

北京排水集团实施"厂网一体化"运营管理模式，以河道水环境质量改善为目标，以水质断面达标为根本，通过厂—网—河综合规划、同步建设、系统运行，实现水环境持续改善，显著提升社会效益、经济效益、环境效益，为人民提供和谐宜居的生态环境，提升城市品质。"厂网一体化"运营管理模式得到了住房与城乡建设部等相关部门的充分肯定，并作为运营管理标杆模式在全国范围内推广应用。

北京排水集团南宁那考河流域治理项目，是中国首个实施并投入运营的城市水环境流域综合治理PPP项目。经过北京排水集团"海绵化"改造，采取"渗、滞、蓄、净、用、排"等海绵化技术改造，同时结合"全流域治理"创新理念和PPP模式进行建设。连片式"净水梯田"和水生植物除了打造出美丽的湿地景观，还对沿河两岸的初期雨水进行吸纳、蓄渗和缓释、利用，重构人水和谐相处的城市生态"海绵体"。原来河道狭窄、环境脏乱、水体黑臭的那考河，通过系统治理和修复，彻底实现了"清水绿岸，鱼翔浅底"的美好生态环境。该项目治理成果入选住房与城乡建设部第一批海绵城市建设典型案例，并得到中央环保督察组的高度评价。

4.2 污泥资源化利用是污泥处理处置的主要技术路线。

针对污泥处理处置的技术路线，《城镇污水处理厂污泥处置·分类》（GB/T 23484—2009）将污泥处理处置技术路线分为四类，即污泥焚烧、建材利用、土地利用和土地填埋等。

土地填埋因需要占用大量的土地资源，周围伴有恶臭对环境有影响，容易造成二次污染。因此，填埋主要以西部地区为主。对于东部地区，因为土地资源稀缺，土地填埋不再是污泥处理处置的首选路线。

污泥焚烧具有快捷、集中、占地小、污泥减量化、稳定化、无害化等特点。目前污泥焚烧技术已得到了迅速发展，尤其在发达国家已成为主流污泥处置技术。2016 年以前，美国的污泥焚烧占所有污泥处置技术的比例约为 22%，日本约为 68%，欧盟国家约为 20% ～ 40%，而中国的污泥焚烧比例仅为 3%。造成上述状况的原因是多方面的，一方面是技术、经济、国情等的不同，另一方面是人们对污泥焚烧引发环境污染问题的担忧，这些都是制约污泥焚烧技术在中国推广的重要因素。以上海为例，目前上海已经建成三座污泥焚烧厂，未来上海污泥处理处置将以焚烧为主，预计焚烧比例将占 70% 以上。

污泥的资源化利用将是污泥处理处置技术发展的最终趋势。污泥资源化利用以土地利用为主，在国内外已经有很多的成功案例，北京污泥处理处置以资源利用为主要方向，北京排水集团借鉴国外先进的污泥处理处置案例，建成具备 6128 t/d 的五个污泥处理中心，采用世界先进水平的污泥高级厌氧消化技术，污泥消化产生的沼气用于发电，减少厂内的电能消耗，为行业污泥处理处置提供可借鉴的技术路线，实现污泥处理处置的减量化、稳定化、无害化、资源化之路。

4.3 提质增效，提高污水处理厂运行效率

污水处理厂进水水质偏低的原因主要是：①部分城市的管网采用雨、污合流制管线，造成大量雨水进入污水管网，降低了污水处理厂进水水质；②部分城市为了实现碧水绕城，建设拦河坝，造成河道水位提升，下雨时河道水位上涨，超过排污口，出现河水倒灌，降低了污水处理厂进水水质；③一些城市污水管网由于常年失修，管线接口开裂、管壁破损，当地下水位过高时，外水侵入污水管网，导致污水处理厂来水水质偏低，南方地区尤为严重。污水处理厂进水水质偏低给污水处理厂运行带来了一系列问题，去除单位污染物的运行成本增大，污水处理厂能耗高，目前污水处理厂多采用活性污泥法，进水浓度低，污染物负荷低，活性污泥活性变差，造成生物系统运行困难，污水处理厂运行效率低。

根据对进水水质偏低的原因分析，具体应对措施主要包括：有条件区域应实施雨、污分流改造，将雨水、污水管线彻底分开，初期雨水和污水进入污水处理厂处理，达标排放。针对拦河坝造成的河道水位提升问题，应当降低拦河坝高度，降低河流水位，封堵污水管网入河口。同时，对管网进行定期维护和检测，及时维修破损的管网系统，必要时进行彻底更换。

黑臭水体治理、农村污水治理、污泥无害化处理工作依然任重道远。坚持"厂网河

一体化"的系统治理思路，通过污泥高级厌氧消化、干化、焚烧技术路线实现污泥资源化利用，采用经济、高效、可行的农村污水处理标准和技术路线，是生态文明建设的必由之路，必须采取正确的治水思路和路线，才能实现"清水绿岸，鱼翔浅底"的美丽水环境，建设美丽中国。

生态环境监测行业 2018 年发展报告

1 生态环境监测服务行业的政策环境

2018 年 3 月，国务院机构改革中提出组建生态环境部，4 月 16 日生态环境部正式揭牌，按"三定"方案，生态环境部设有生态环境监测司，组织开展生态环境监测、温室气体减排监测、应急监测、调查评估全国生态环境质量状况并进行预测预警、国家生态环境监测网建设和管理工作，海洋环境监测、地下水监测、温室气体减排监测等原由其他部门负责的监测工作全部并入生态环境部，中国生态环境监测工作发生了重大变化，国家将按照统一组织领导、统一规划布局、统一制度规范、统一数据管理、统一信息发布的原则，构建全国统一的生态环境监测体系。

1.1 环境监测仪器运维行业

1.1.1 污染源自动监控系统运维

中国污染源自动监控系统运维行业的发展共经历了三个主要阶段：

1.1.1.1 第一个阶段：行政许可阶段（1998—2014 年）

1995 年原国家环境保护局开展了排放口规范化整治工作，许多地方在整治后的排污口安装流量计"黑匣子"并尝试联网，形成了污染源自动监控设施物联网的雏形。为了提高环境污染治理设施运营管理水平，规范环境污染治理设施运营市场秩序，原国家环境保护总局自 1999 年 3 月开始进行运营资质行政许可制度试点工作，发布《环境保护设施运营资质认可管理办法（试行）》，其中就包括污染源自动监控设施的运行维护。

2001 年，全国环境保护工作会议要求开展污染源自动监控设施试点工作。2005 年原国家环境保护总局发布《污染源自动监控管理办法》（总局令第 28 号），污染源自动监控工作进入大规模的发展阶段。与此同时，2011 年原环境保护部正式发布了《环境污染治理设施运营资质许可管理办法》，对所有污染治理设施实施运营资质许可管理办法，按照规模分为一级、二级和临时三种证书，环境污染治理设施运营资质类别包括了自动监测系统在内的 7 种类别，并明确规定了未获得资质证书的单位不得从事环境污染治理设施运营活动，且所有证书均由原环境保护部颁发。

2012 年，原环境保护部修订了《环境污染治理设施运营资质许可管理办法》，新版文件中将自动监控系统运营资质分为水污染物监测和大气污染物监测两个类别，只有乙级和临时两个级别，并从人员、业绩、注册资金、检测能力四个主要方面对运营单位进行审核。

1.1.1.2 第二个阶段：资质取消，初步市场化阶段（2014—2017年）

随着简政放权工作的推进，一大批行政许可逐步取消。2014年1月，国务院下发《关于取消和下放一批行政审批项目的决定》（国发〔2014〕5号），正式取消了"环境保护（污染治理）设施运营单位甲级资质认定"。同年3月，原环境保护部发布《关于改革环境污染治理设施运行许可工作的通知》（环办〔2014〕31号），要求各省（区、市）环保部门不再继续实施乙级和临时资质认定工作。2016年，国务院《关于第二批取消152项中央制定地方实施行政审批事项的决定》（国发〔2016〕9号）正式取消乙级和临时资质认定工作。至此，自动监控系统运营资质行政许可的历史正式结束。

自动监控系统运营资质行政许可被取消后，各地环保部门为加强对自动监控系统运维质量，多数省份在运维单位的选择上采用了统一招标的形式。因此，运维单位的数量虽有所增加，但并未呈现爆发式增长。

1.1.1.3 第三阶段：完全市场化阶段（2017年至今）

随着新《中华人民共和国环境保护法》的实施，在自动监控系统数据有效性方面，逐步明确了排污企业的责任主体。2017年11月，为进一步深入推进"放管服"改革，确保各项改革措施有效落实，原环境保护部发布2017第57号公告，正式取消《国家监控企业污染源自动监测数据有效性审核办法》和《国家重点监控企业污染源自动监测设备监督考核规程》等文件，各省（区、市）环保主管部门纷纷放开自动监控系统运营市场，由排污单位自行决定自动监控系统运维单位的选择，深入落实排污单位的责任主体。全国涌现出了一大批新兴企业从事自动监控系统运维，据不完全统计，目前全国自动监控系统运维单位已超过1000家。

1.1.2 环境质量在线监测系统运维

2015年7月1日，中央全面深化改革领导小组第十四次会议审议通过了《生态环境监测网络建设方案》。该文件对于中国环境质量监测系统运维行业影响深远。其中第17条明确要求"环境保护部适度上收生态环境质量监测事权，准确掌握、客观评价全国生态环境质量总体状况"。

2015年8月，原环境保护部开始研究制定《国家环境质量监测事权上收方案》，明确环境质量国控点监测事权上收的具体操作方案，提出分三步完成国家大气、水、土壤环境质量监测事权的上收，真正实现"国家考核、国家监测"。

2016年3月16日，原环境保护部印发《"十三五"国家地表水环境质量监测网设置方案》，进一步完善国家地表水环境监测网。

2016 年 9 月，原环境保护部启动全国 338 个地级以上城市 1436 个国家环境空气自动站监测事权上收工作，并于 2017 年前如期完成了国家环境空气质量监测事权上收工作。这些环境空气质量监测站点由中国环境监测总站招标委托 6 个社会监测公司进行运行维护；国家生态环境监测部门按照大气污染防治需求，全面开展 6 项常规指标监测，实时发布监测数据，评价城市空气质量。在城市监测站逐步开展颗粒物手工监测与比对，地级及以上城市确定一个站点开展铅、氟等指标监测。

2016 年 11 月 7 日，原环境保护部公布《"十三五"环境监测质量管理工作方案》，提出到 2020 年，中国要全面建成环境空气、地表水和土壤等环境监测质量控制体系。根据该方案，2016 年年底前，上收国家环境空气质量监测事权；2017 年，进一步完善地表水和近岸海域环境质量监测质量控制技术体系；2020 年，全面建成环境空气、地表水和土壤等环境监测质量控制体系。

2017 年 8 月，原环境保护部办公厅发布《关于做好国家地表水环境质量监测事权上收工作的通知》，对中国地表水环境质量监测事权上收的基本情况进行了详细规定。

2018 年，中国已基本完成地表水水质自动监测网建设，2050 个国家地表水考核断面的 1881 个水质自动监测站的建设上收工作基本完成，并逐步拓展藻类、有机物、重金属等指标。国家生态环境监测部门严格执行数据质量控制规范，完善了数据审核机制。新建设的 1881 个国家水质自动监测站由监测总站直接管理并开展质量控制，通过招标委托第三方实施运行与维护，监测数据直接上传至监测总站，并与地方生态环境部门共享。

1.2 环境检测行业

2015 年是社会化检测机构在环境监测领域发展的一道分水岭。2015 年之前，中国的环境监测工作主要由各级环境监测站完成，经过多年不断完善以及开展监测能力建设和监测人员的培养培训，形成了包括国家、省（区、市）、县各级监测系统人员在内的近 10 万人的监测队伍。但随着国家对环境监测工作要求的不断提高，对监测范围、监测频次都提出了新的要求，系统内的监测资源已不能满足环境监测服务市场的要求。2015 年 2 月 10 日，原环境保护部发布了《关于推进环境监测服务社会化的指导意见》，旨在开放环境监测服务市场，整合社会环境监测检测资源，激发社会环境监测检测机构活力，将社会资本引入环境监测领域，形成生态环境系统环境监测机构和社会环境监测机构共同发展的新格局。同年 4 月，在上海市、吉林省、云南省等七省市开展了生态环境监测领域业务对社会环境监测检测机构开放的试点工作。

自 2015 年社会化检测机构进入环境监测领域以来，生态环境监测机构的数量迅速增加，市场过快增长导致出现良莠不齐的现象，社会各界对于社会化检测机构出具的环境监测数据质量提出了疑问，数据质量不仅成为制约行业发展的重要问题，也引起了中央的高度重视。2017年9月21日，中共中央办公厅、国务院办公厅印发了《关于深化环境监测改革提高环境监测数据质量的意见》（以下简称《意见》），对加强环境监测数据质量管理、确保监测数据真实准确做出了全面规划和部署。

为落实《意见》部署的工作，2018年5月31日，生态环境部和国家市场监督管理总局联合发布《关于加强生态环境监测机构监督管理工作的通知》，进一步完善了生态环境监测机构评审和监督管理要求。

2018年6月，国家认证认可监督管理委员会和生态环境部联合发布《关于开展2018年度生态环境监测机构、机动车检验机构资质认定和数据质量专项监督检查工作的通知》，要求各省级质量技术监督局（市场监督管理部门）、生态环境厅（局）自行或者联合组织对行政区域内获得资质认定证书的生态环境监测机构、机动车检验机构进行全面自查。

2018年8月，生态环境部印发《生态环境监测质量监督检查三年行动计划（2018—2020年）》，着力解决当前个别地方不当干预生态环境监测、部分排污单位和生态环境监测机构监测数据弄虚作假等突出问题。通过实施该"行动计划"，到2020年，不断健全生态环境监测数据质量保障责任体系，严厉打击不当干预生态环境监测行为，有效遏制生态环境监测机构和排污单位数据弄虚作假问题，营造诚实守信的社会环境和监测氛围，确保生态环境监测机构和人员独立公正开展工作，确保监测数据真实、准确、客观。

2018年12月，国家市场监督管理总局、生态环境部组织发布了《检验检测机构资质认定生态环境监测机构评审补充要求》。在《检验检测机构资质认定评审准则》的基础上，针对环境监测领域的特殊性，在人员、场所、仪器设备、监测布点、采样、现场监测、分析测试等影响监测数据质量的重要环节做出的补充要求，在环境监测机构资质认定评审时将与《检验检测机构资质认定评审准则》一并执行。该"补充要求"于2019年5月1日正式实施。随着这些文件的实施，对社会化环境监测行业的净化将起到巨大的积极推动作用。

2 生态环境监测行业发展状况

2.1 环境监测服务业发展状况

2.1.1 行业总体发展情况

与环保产业其他细分领域一样，长期来看，环境监测服务行业是由市场驱动的，但在该阶段的行业生命周期里，环境监测服务行业发展的主要驱动因素是政策。据中国环境保护产业协会2013—2017年开展的环境服务业统计调查数据显示，环境监测服务行业的概况如下：

2.1.1.1 企业数量

得益于中国密集的环保产业政策扶持，环境监测服务行业发展迅速，环境监测服务企业的数量呈连年上升态势，从 2013 年的 874 家发展到 2017 年的 1655 家，可以看出，在 2015 年相关政策发布后，当年的环境监测企业数量即有爆发式的增长。2013 年至 2017 年企业数量变化见图 1。

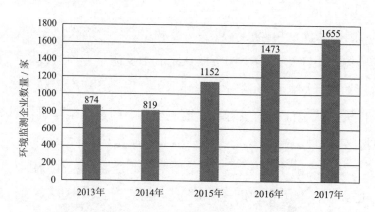

图 1 2013—2017 年环境监测企业数量变化

2.1.1.2 营业收入和利润

2013—2015 年中国环境监测服务企业的营业收入和利润均呈现大幅度增长，在 2015 年之后趋于平稳。2015 年由于大量新增的企业需要一个熟悉的过程，在次年整体收入增加的情况下，营业利润反而出现了下降，但在运营趋稳后，2017 年整体利润又再度回升。2013—2017 年的环境监测服务行业营业收入见图 2，环境监测服务行业营业利润见图 3。

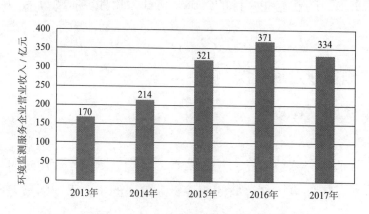

图 2 2013—2017 年环境监测服务行业营业收入

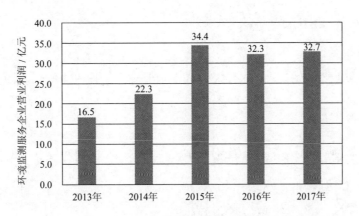

图3 2013—2017年环境监测服务行业营业利润

2.1.1.3 与环保产业的对比分析

中国环境保护产业协会的调查数据显示，中国2014—2017年的环保产业产值增速平均在20%以上，多年均保持着较高的增速，2018年略微放缓。但环境监测服务行业由于政策原因，在2015年爆发后处于一个消化期，相信后续将会重新跟上环保产业的整体增速。环境监测服务业与环保产业增速的对比见图4。

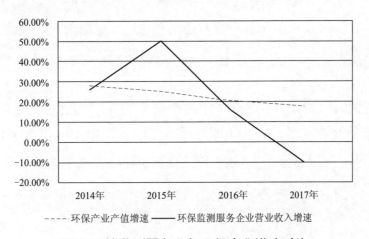

----- 环保产业产值增速 —— 环保监测服务企业营业收入增速

图4 环境监测服务业与环保产业增速对比

2.1.2 环境监测仪器运维行业发展状况

2018年对环境监测仪器运维行业的调研主要以目前申请自动监控系统服务认证的企业为调研对象，共计474家。

2.1.2.1 运维设备数量

2018年，在所有参与统计的企业中：运营自动监控系统（水）设备在100套以上的企业有50家，30～100套的企业有70家；运营自动监控系统（气）设备在80套以上的企业有 52 家，20～80 套的企业有 70 家。

2.1.2.2 企业性质

上述统计的企业性质中，股份有限公司为 45 家，占比 9.49%，剩余的绝大部分是有限责任公司。

2.1.2.3 地域分布

按照企业注册登记省份的分布情况进行统计，环境监测仪器运维公司较多的是山东（56 家）、江苏（48 家）、广东（46 家）、北京（38 家）等省（市），广西、海南、青海、西藏等省（区）的运维单位数量较少。

参与调查的环境监测仪器运维的公司数量与注册地分布基本一致，山东、江苏、河北、广东等省均超过 50 家，青海、西藏和海南等省（区）都少于 10 家。

2.1.2.4 企业影响力

在 5 个或 5 个以上的省份有业务的企业有 64 家，其他企业基本都在注册地的省份经营。

2.1.2.5 人员结构

从人员结构上来看，具有职称共 4147 人。其中，初级职称占 56%，中级职称占 33%，高级职称占 11%，从人员构成来看，行业还是较稳定和健康的。环境监测仪器运维企业的人员职称构成见图 5。

2.1.2.6 企业成立时间

从企业成立的时间看，成立不到 1 年的企业为 34 家，占比 7%；成立 1～3 年的企业 146 家，占比 31%；成立 4～10 年的企业 162 家，占比 34%；成立 10 年以上的企业 132 家，占比 28%。可以看出，近 10 年持续有新企业进入这个增长的市场。环境监测仪器运维企业成立年限分布见图 6。

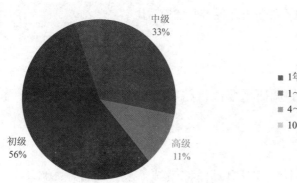

图 5 环境监测仪器运维企业人员职称构成

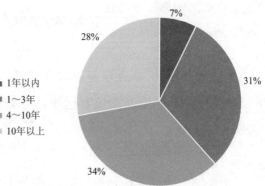

图 6 环境监测仪器运维企业成立年限分布

2.1.2.7 营业收入

2018年，中国环境保护产业协会针对获得自动监控系统运营服务认证一级的企业进行了重点调研，参与调研的运维单位共有80家。调研结果显示，2018年调研单位的全年总收入约为146亿元，其中运维服务营业收入31亿元，约占21%。31亿元的全年环境监测仪器运维收入中，污染源领域运维收入13亿元，环境质量领域运维收入18亿元。2018年环境监测仪器运维收入构成见图7。

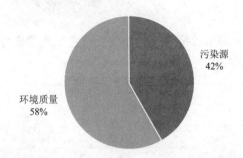

图7 2018年环境监测仪器运维收入结构

从发展趋势上看，2016—2018年，环境监测仪器运维行业整体发展迅速，年增长率为35%～43%。2016—2018年运维服务行业发展见图8。

图8 2016—2018年运维服务行业发展

从企业营业收入分布来看，企业营收规模在1000万元以下的占比45%；1000万～5000万元的占比35%；5000万～1亿元占比9%；1亿元以上占比11%。可以看出，整体运维行业多以低营收的企业为主。环境监测仪器运维企业营业收入规模分布见图9。

2.1.2.8 行业利润情况

根据80家重点环境监测仪器运维单位的调研结果，2018年运维服务行业的总利润近5亿元，运维服务行业利润率约为16.5%。2016—2018年的行业利润情况见图10。

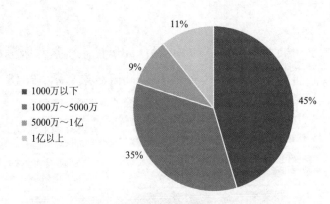

图 9 环境监测仪器运维企业营业收入规模分布

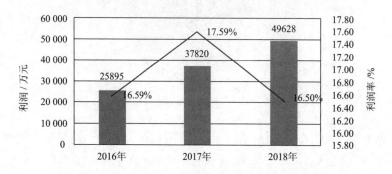

图 10 2016—2018 年运维服务行业利润情况

从企业利润分布来看，企业净利润规模在 500 万元以下的占 71%；500 万～1000 万元的占 12%；1000 万～2000 万元的占 6%；2000 万元以上的占 11%。可以看出整体盈利状况是与营收相匹配的。环境监测仪器运维企业净利润规模分布见图 11。

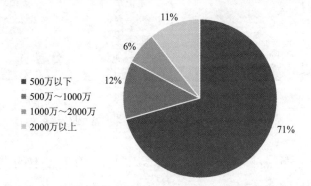

图 11 环境监测仪器运维企业净利润规模分布

2.1.3 环境检测行业发展状况

截至 2017 年末，根据国家市场监督管理总局的统计数据，环境检测行业的企业共计有 5944 家，合计拥有从业人员 20 余万，其中包含生态环境监测系统监测站，也包括社会化检测机构，粗略估计，从事环境监测工作的社会化检测机构约 3000 家。环境检测机构从 2013 年的 4318 家，稳步增加到 2017 年的 5944 家。环境检测机构数量变化情况见图 12。

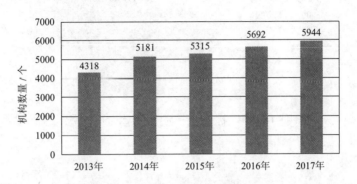

图 12 环境检测机构数量变化

环境检测机构总营收从 2013 年的 113.37 亿元逐步增长到了 2017 年的 205.28 亿元。其中，生态环境监测系统内监测站无营收，因此，营收主要由社会化环境检测机构产生。环境检测机构营收变化见图 13。

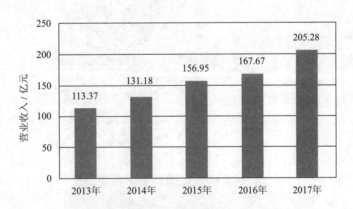

图 13 环境检测机构营业收入变化

为了准确了解环境检测领域业务发展情况，中国环境保护产业协会对 58 家社会化环境检测机构进行了问卷调研，调研结果如下。

2.1.3.1 注册资本

从注册资本的分布来看，大多数机构的注册资本均在 3000 万元以内，约占 70%，注册资本在 3000 万～5000 万元的机构约占 7.27%，注册资本在 5000 万～1 亿元的机构约占 7.27%，注册资本超过 1 亿元的机构约占 14.55%。环境检测机构注册资本分布情况见图 14。

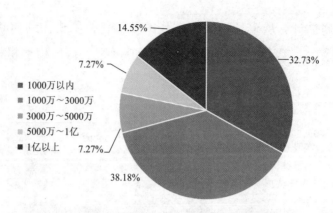

图 14 环境检测机构注册资本分布情况

2.1.3.2 实验室面积

在所有参与统计的企业中，实验室面积达到 5000 m² 的公司占 7.84%，环境检测机构的实验室面积集中在 1000 ~ 5000 m²。环境检测机构实验室面积情况见图 15。

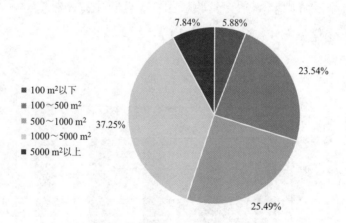

图 15 环境检测机构实验室面积情况

2.1.3.3 企业成立时间

从企业成立的时间来看，成立 1 ~ 3 年的企业占 29%，成立 4 ~ 6 年的企业占 33%，成立 7 ~ 10 年的企业占 16%，成立 10 年以上的企业占 22%。可以看出近年持续有新的企业在进入这个增长的市场。环境检测机构成立年限见图 16。

2.1.3.4 人员结构

从环境检测机构的人员结构上来看，硕士及以上人员占 6%；本科人员占 43%；大专及以下人员占 51%。可以看出，本科及以上学历与大专及以下学历人数占比基本相等。环境检测机构人员结构见图 17。

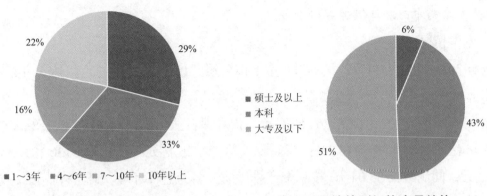

图 16 环境检测机构成立年限 | 图 17 环境检测机构人员结构

2.1.3.5 环境监测业务类型

参与调研的 80 家环境检测机构中，36% 的机构为综合性检测机构，检测业务除环境监测领域，还包括食品、药品等其他行业。环境监测领域主要业务类型包括：比对监测、验收监测、咨询（含环保管家）、产品检测、环评监测、政府委托项目等。调研企业环境监测业务类型见图 18。

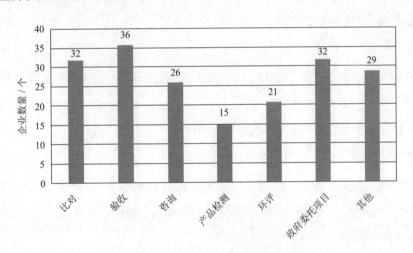

图 18 调研企业环境监测业务类型

2.2 上市环境监测领域企业发展状况

由于上市公司对行业经济和区域经济的带动作用日趋明显，故从上海证券交易所、深圳证券交易所和全国中小企业股转系统中筛出具有代表性的环境监测上市公司作为研究对象，分析 2018 年环境监测服务上市公司的经营情况。因信息披露的差异，本节将上海证券交易所和深圳证券交易所上市的环境监测类企业合并为一组，全国中小企业股转系统相关挂牌企业单独一组。

2.2.1 沪、深两市的环境监测领域企业

2.2.1.1 基本情况

截至 2019 年 3 月 26 日，沪、深两市上市公司共计 3598 家，总市值达 59.14 万亿元。本节筛选出主营业务涉环境监测服务的上市公司共计 9 家作为研究对象。

该 9 家上市企业总市值为 764.52 亿元，占环保行业上市公司总市值的 18.28%。总资产 345.98 亿元，同比增长 18.2%；营业收入达 158.26 亿元，同比增长 30.38%；净利润 21.04 亿元，同比增长 35.04%。按总资产排序前三名为盈峰环境、聚光科技和汉威科技；按年度营业收入排序前三名为盈峰环境、聚光科技和华测检测；按净利润排序前三名为聚光科技、盈峰环境和理工环科。

就经营指标的平均值而言，上述 9 家上市公司的平均总资产 38.44 亿元；平均营业收入 17.58 亿元；平均净利润 2.34 亿元。可以看出，环境监测服务行业上市公司的总资产均值、营业收入均值、净利润均值远低于 A 股市场的平均水平，表明现阶段环境监测服务行业还没有出现大的"巨无霸"企业；但从增长速度而言，三项指标 2017 年的同比增长率远高于 A 股市场均值，这反映了随着国家对环保的重视程度不断加深，环境监测服务行业已处在快速增长的阶段。

2.2.1.2 上市时间

上述 9 家环境监测公司从 2009 年开始陆续上市。其中，主营业务涉及环境监测服务的有 5 家企业：华测检测 2009 年登陆创业板，先河环保和海兰信 2010 年登陆创业板，雪迪龙 2010 于中小板上市，聚光科技则于 2011 年登陆创业板。

通过资产重组涉足环境监测服务的企业有 4 家：汉威科技于 2014 年通过收购嘉园环保正式进军环境监测领域，理工环科于 2015 年通过并购尚洋环科涉足环境监测，盈峰环境则通过借壳上风高科于 2015 年 11 月登陆主板市场，2018 年天瑞仪器通过收购江苏国测进入第三方检测领域。

2.2.1.3 资产负债率

9 家环境监测上市公司的平均资产负债率约为 33%，显著低于 A 股市场上市公司资产负债率的平均值（42%），这表明环境监测上市公司并没有过多的运用财务杠杆，经营活力水平有进一步的提升空间。环境监测上市公司 2018 年资产负债率分段统计见图 19。

2.2.1.4 净利润率

9 家公司 2018 年的净利润率除了理工环科外均在 20% 以下，其中 10% 以下的有 2 家，10% ～ 20% 的有 6 家。同期 A 股市场上市公司平均净利润率为 7%，可以看出，环境监测行业内上市公司的整体盈利状况良好，高于市场的平均水平。9 家环境监测上市公

司 2018 年净利润率分段统计见图 20。

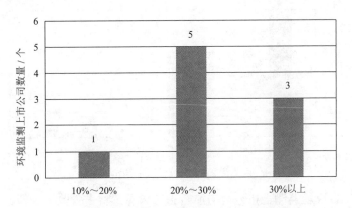

图 19 环境监测上市公司 2018 年资产负债率分段统计

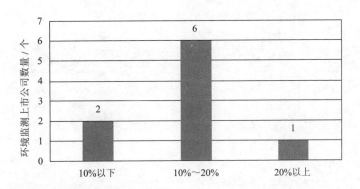

图 20 9 家环境监测上市公司 2018 年净利润率分段统计

2.2.1.5 "三费"情况

"三费"主要指上市公司的销售费用、管理费用和财务费用。9 家环境监测上市公司 2018 年的"三费"占营业收入的比重为 11% ～ 26%。

该 9 家上市公司的"三费"合计占营业收入的比重平均值在 21% 左右，其中销售费用占比约 12.0%，管理费用占比约 7.8%，财务费用占比约 0.7%，可见环境监测上市公司在销售推广和日常管理方面的开支较大。同期 A 股市场上市公司"三费"合计占营业收入的比重平均值在 23% 左右，其中销售费用占比约 7.8%，管理费用占比约 12.3%，财务费用占比约 2.5%，可以看出环境监测行业内上市公司的费用支出水平略低于市场平均水平，并且销售费用的支出较大。环境监测上市公司与 A 股上市公司"三费"占营收比均值比较见图 21。

据中国证监会官方信息平台万得（Wind）金融数据网站公布的数据，2018 年前三季度生态环境监测领域的 A 股上市公司里的骨干企业的经营情况见表 1。

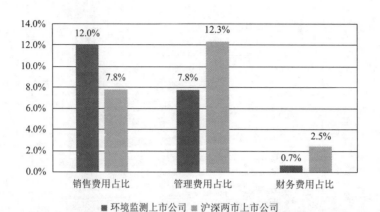

图 21 环境监测上市公司与所有上市公司三费占营收比均值比较

表 1 2018 年前三季度生态环境监测领域的 A 股上市公司经营情况

企业名称	证券代码	2018 年总收入（亿元）	同比增长率（%）	2017 年总收入（亿元）	同比增长率（%）
聚光科技	300203.SZ	38.25	36.65	27.99	19.18
雪迪龙	002658.SZ	12.89	18.89	10.84	8.63
先河环保	300137.SZ	13.74	31.74	10.43	32.04
盈峰环境	000967.SZ	130.45	166.33	48.98	43.77
天瑞仪器	300165.SZ	10.24	29.31	7.92	84.02

从表 1 可知，2018 年度聚光科技等 5 家 A 股上市公司的营业收入的平均同比增长率为 56.58%，2017 年该 5 家 A 股上市公司的营业收入的平均同比增长率为 37.53%，该 5 家 A 股上市公司的营业收入处于高速增长阶段。从以上几家生态环境监测领域的 A 股上市公司的骨干企业 2018 年度的总营业收入来看，2018 年生态环境监测领域的企业经营情况良好，相比 2017 年的经营业绩都有大幅度的提高。

聚光科技：主要从事环境监测、工业过程分析和安全监测领域的仪器仪表的研发、生产和销售，公司产品包括在线监测气体、液体和固体成分与含量，产品广泛应用于环境保护、冶金、石油化工、电力能源、水泥建材、公共安全等多个领域；公司收购东深电子后扩展了水资源水环境监测领域。2017 年该公司实现总营业收入 2799 亿元，比 2016 年增加 19.18%；2017 年归属于上市公司股东的净利润 4.49 亿元，比 2016 年增加 11.58%。2018 年的总营业收入为 38.25 亿元，比 2017 年同比上涨 36.65%。

盈峰环境：国内高端装备及环境综合服务商，其控股股东为家电巨头美的电器集团公司。2017年总营业收入48.98亿元，比2016年增长43.77%；归属于上市公司股东的净利润2017年为3.53亿元，比2016年增长43.48%。2018年度的总营业收入为130.45亿元，比2017年同期上涨166.33%。

雪迪龙：专业从事环境监测、工业过程分析智慧环保及相关服务业务的高新技术企业。在2017年胡润全球富豪榜上，雪迪龙是一家主要业务为环境监测的中国环保企业。2017年的总营业收入为10.84亿元，比2016年增长8.63%；2017年归属于上市公司股东的净利润2.15亿元，比2016年增长10.77%。2018年度的总营业收入12.89亿元，比2017年同期上涨18.89%。

先河环保：专业从事高端环境在线监测仪器仪表研发、生产和销售的高新技术企业。2017年总营业收入10.42亿元，比2016年增长32.04%；归属于上市公司股东的净利润，2017年为1.88亿元，比2016年增长78.68%。2018年度的总营业收入13.74亿元，比2017年同期上涨31.74%。

天瑞仪器：国内监测检测仪器的龙头企业，业务覆盖医药、食品、环保等多个领域。2017年实现总营业收入7.92亿元，比2016年总营业收入增加84.02%；2017年归属上市公司股东的净利润1.04亿元，比2016年增长86.05%。前8名A股上市公司的生态环境监测检测仪器龙头企业中，天瑞仪器在2017年的经营业绩增长幅度最大。2018年度的总营业收入10.24亿元，比2017年同期上涨29.31%。

另外，以上5家环保监测仪器领域的上市公司2017年度的营业净利润比2016年度的营业净利润有大幅度的提高，但在2018年度，有两家上市公司的营业净利润出现了负增长，分别是天瑞仪器公司和雪迪龙公司，出现了分化。

2.2.2 新三板的环境监测领域企业

2.2.2.1 基本情况

截至2019年3月26日，在新三板挂牌的企业有10 368家，其中基础层9473家，创新层895家。本节筛选出主营业务涉及环境监测服务的新三板挂牌企业共计41家作为研究对象。

41家企业2018年资产总额58.43亿元，同比增长21.30%；营业收入总额44.74亿元，同比增长33.12%；净利润总额4.72亿元，同比增长43.03%。整体增长速度较快，表明环境监测服务中小企业近两年的发展趋势整体较好。41家企业各方面综合排名前两名的企业是广电计量和欣创环保。

从整体新三板市场角度来看，这41家环境监测服务企业总资产、营业收入和净利润指标的平均值都低于市场整体情况。

2.2.2.2 挂牌时间

41 家企业中，2013 年挂牌 1 家，2014 年挂牌 6 家，2015 年挂牌 11 家，2016 年挂牌 9 家，2017 年挂牌 12 家，2018 年挂牌 2 家。2015 年后在新三板挂牌的企业较多，共计 34 家，占比达到 78.05%，这与前述环保监测服务行业相关政策明显相关。41 家新三板环境监测服务企业挂牌时间分布见图 22。

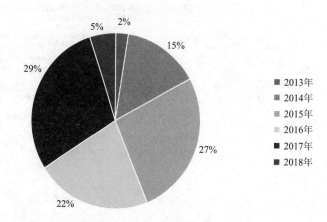

图 22 41 家新三板环境监测服务企业挂牌时间分布

2.2.2.3 分层管理

随着新三板挂牌公司数量的不断增多，自 2016 年 6 月 27 日起，全国股转公司正式对挂牌公司实施分层管理。相对于基础层，创新层的企业经营情况更好，公开募股（IPO）潜力更大，受到的市场关注度也更高。目前上述 41 家新三板挂牌企业中，仅有广电计量（832462.OC）1 家企业属于创新层，其余企业都属于基础层。

2.2.2.4 转让方式

目前，新三板交易方式包括集合竞价转让和做市转让，主要以集合竞价为主，占新三板全部挂牌企业的比例超过 90%。41 家新三板环境监测挂牌企业中，仅有 6 家企业选择做市转让，其余 35 家企业都选择竞价转让，占比为 85.37%。

2.2.2.5 资产负债率

41 家涉及环境监测的新三板挂牌企业 2018 年的资产负债率分段统计占比见图 23。有 83% 的企业资产负债率低于 50%，平均资产负债率为 36.62%，低于新三板的平均值 44.29%。该情况说明大多数企业较谨慎，同时反映出大多数企业对财务杠杆应用不足，可开发的举债潜力较大。但同时，环境监测服务类企业的轻资产特点，在债务性融资方面确实存在天然劣势。

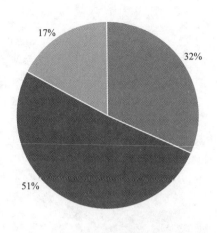

■0%~30%　■30%~50%　■50%以上

图23　41家涉及环境监测的挂牌企业2018年资产负债率分段统计占比

2.2.2.6　净利润率

41家企业中有7%的企业2018年亏损，净利润率在0%～10%的企业占32%，净利润率在10%～20%的企业占46%，净利润率在20%以上的企业占15%。总体盈利水平良好，但个体差异较大。

41家企业中有25家企业的净利润率同比下降，表明随着国家对环境保护的重视，越来越多的企业开始涉足环境监测领域的相关业务，市场竞争逐步加剧，企业的盈利水平下降。但这41企业的平均净利润率远高于新三板整体水平，虽然环境监测企业的营业收入均值要小于整体新三板企业，但该行业的盈利能力强，毛利润的空间大，这也是吸引越来越多人才和资金进入该行业的重要原因。41家涉及环境监测的挂牌企业2018年净利润率分段统计占比见图24。

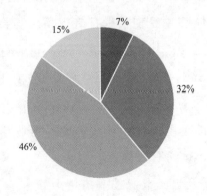

■亏损　■0%~10%　■10%~20%　■20%以上

图24　41家涉及环境监测的挂牌企业2018年净利润率分段统计占比

2.2.2.7 "三费"占比

41 家涉及环境监测的挂牌企业 2018 年"三费"占营业收入比重分段统计见图 25。"三费"占比在 30% 以下的企业为 63%，大部分环境监测挂牌企业可将"三费"占比控制在 50% 以下。

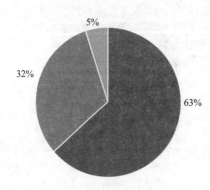

■ 30%以下　■ 30%～50%　■ 50%以上

图 25 41 家涉及环境监测的挂牌企业 2018 年三费占比分段统计

从"三费"结构来看，管理费用是最大的组成部分，其次为销售费用，也符合研发和销售是环境监测企业最为重视的特点。

新三板挂牌的环境监测企业的平均"三费"占比低于于新三板整体水平，说明环境监测企业较为重视费用管理。

3 存在的主要问题及分析

3.1 环境监测仪器运维行业的问题分析

随着监测仪器制造业的发展，环境监测运维行业也取得了一定程度的发展，但总体来说整个运维行业的市场仍处于初始阶段，特别是污染源在线监测系统运维行业。从企业内部来讲，运维行业的整体质量控制水平有待提高，实验室建设有待加强，人员素质有待提高，大数据应用有待完善；从外部环境来讲，行业竞争激烈，低价中标严重影响了运维质量，部分地区运维费用不足以支撑运维单位按要求开展运维工作，运维台 / 套数在 20 台 / 套以内的小型运维企业众多，特别是在污染源自动监控系统运维行业，龙头企业普遍采取谨慎控制发展的态度，甚至逐步退出，行业结构有待改善。此外，由于环境监测行业的敏感性，不当干预时有发生。

3.1.1 运维单位质量控制水平差，大数据应用有待加强

部分环境监测仪器运维单位尤其是规模较小的运维单位缺乏完善的质量控制体系建设，质量控制水平差，同时责任意识不强，对自身考核制度不完善，缺乏相应的考核力

度。随着近两年标准要求的提高，大部分企业已逐渐开始应用大数据手段进行运维质量控制，但多数企业的应用仍存在较多问题。

3.1.2 运维单位实验室水平差

部分环境监测仪器运维单位缺乏运维区域的实验室建设投入，缺乏专业实验室人员指导，缺乏相应的环境监测设备。此外，运维成本也是导致实验室相关工作受阻的因素之一。

3.1.3 人员素质低

目前第三方运营单位较多，从业人员素质良莠不齐。受限于成本考虑，有些公司在招聘现场运维工程师时对其学历和技术水平要求不高，导致其在实际运营工作中无法对在线监测设备进行有效维护保养，无法保证设备标定、试剂配置等工作的准确度，进而无法保证环境监测数据的质量。

3.1.4 环境监测仪器废液处置难

环境监测仪器废液的处置问题突出，环境在线监测仪器具有点位分散，且单台仪器废液产生量小等特点。因此，根据危险废物相关管理要求，储存、交通运输、处理处置都存在较大难度，特别是危废处理中心的分布并未覆盖所有地区，对于运维单位来讲，不仅存在处理费用高的问题，在实际操作中，也很难完全符合国家相关要求。

3.1.5 低价中标

环境监测仪器运营服务市场近年来竞争激烈，难免出现低价中标的情况。低价中标是恶性竞争的结果，给环境监测仪器运营服务行业带来了一定的问题，主要体现在两方面：①对于中标者来说，由于中标价格较低，甚至低于成本价，导致其在实际的运营服务中减少人力、设备等方面的投入，降低运营服务水平，无法保证运营质量和环境监测数据质量；②低价中标导致同行业的恶性竞争，不利于环境监测仪器运营服务行业健康发展。

3.1.6 不当干预

当前，一些地方政府和排污企业干预环境监测的情况时有发生，存在地方领导干部和排污企业管理层利用职务影响，指使篡改、伪造环境监测数据，限制、阻挠环境监测数据质量监管执法，影响、干扰对环境监测数据弄虚作假行为查处和责任追究等问题。

3.2 环境检测行业问题分析

自2015年原环境保护部发布《关于推进环境监测服务社会化的指导意见》以来，环境检测机构发展迅猛，且主要以中小型第三方检测机构为主，同时由于环境监测具有瞬时性特点，给监管带来了较大难度，环境监测数据质量难以保证。2017年中共中央办公厅、国务院办公厅联合发布《关于深化环境监测改革提高环境监测数据质量的意见》，对于检测机构提出了明确的要求，2018 年针对环境检测机构开展了一系列监管措施。

2018 年 6 月，《关于开展 2018 年度生态环境监测机构、机动车检验机构资质认定和数据质量专项监督检查工作的通知》（国认实联〔2018〕38 号）下发后，各级质监部门和生态环境部门对全国超 1000 家生态环境监测机构进行了专项监督检查。90% 以上机构存在不同程度的问题，部分机构存在主观弄虚作假嫌疑，检查发现主要问题包括以下几方面。

3.2.1 诚信意识缺失，出具虚假检验检测报告

检验检测是传递信任的行业，但检查中发现个别检验检测机构缺乏基本诚信意识，涉嫌存在未经实际检验检测即出具数据、结果，或者伪造篡改实际数据、结果，向社会出具虚假检验检测报告，造成严重不良影响。

3.2.2 能力条件不足，检验检测数据、结果不准确

部分机构因人员专业水平不够、仪器设备存在缺陷、环境设施不符合要求等原因，整体检验检测能力不足，导致最终检验检测数据、结果客观上的不准确，甚至法律意义上的失实。

3.2.3 管理体系未有效运行，违反资质认定管理要求

资质认定评审准则对检验检测机构运行管理体系提出了明确要求，但仍发现有部分机构未能有效执行体系文件的要求，关键环节把关不严，存在未按规定保存检验检测报告和原始记录、超能力范围出具检验检测报告、使用已失效的资质认定证书和标志、非授权签字人签发检验检测报告、未及时办理资质认定变更事项、未执行评审准则有关分包规定、不规范使用 CMA 标识等违法违规现象。

3.2.4 检验检测过程不规范，违反相关标准和技术规范

检验检测的依据主要是标准和技术规范，检查中发现部分机构未能严格执行标准和技术规范规定的方法要求，存在标准和技术规范使用错误，未按要求获取、保存或处理样品，环境条件（温度、湿度等）设置不符合要求，上机检测时间和检测样品数量有误等违法违规情形，直接或间接影响了最终数据和结果的有效性和准确性。

4 建议

4.1 加强行业自律，以诚信为本，保证监测数据的真实可靠

中国环境保护产业协会于 2018 年 5 月编制颁布了《环境监测行业自律公约》。《环境监测行业自律公约》共四章十六条，是从事环境监测生产及服务的企业应该参加并自

觉实施的基本要求。在 2018 年 6 月举办的"2018 年环境监测与运营服务创新论坛"上，9 家委员单位进行了《环境监测行业自律公约》宣誓仪式。

4.2 建立人员从业管理制度，完善人员培训工作

建立人员从业管理制度，重点研究建立数据弄虚作假禁止从业的有关规定。完善环境监测服务业人员培训工作，建立分层培训制度，针对不同工作人员的不同层次进行不同内容的培训，并加强职业道德和诚信等方面的培训。

4.3 健全质量控制体系

针对环境管理部门、排污单位、运维单位从上到下缺乏运行维护的质量控制体系，甚至部分单位没有质量控制概念的现状，建议在生态环境部门、排污企业、第三方运维单位等参与污染源自动监控工作的各方均建立污染源自动监控设施运行维护质量控制体系，确保污染源自动监控系统持续提供高质量的监测数据。运行维护过程的质量控制不可或缺，没有质量控制，污染源自动监控系统出具的数据不能保证符合管理的要求，数据无法保证真实、可靠。

4.4 推进信息化管理系统

随着信息技术的快速发展，大数据在环境监测领域的应用越来越广，通过推进运维单位和环境检测机构建立信息化管理系统，对于其整个环境监测服务过程进行电子化管理，对其行为进行规范，从而实现"全过程监控"，最大限度地减少发生弄虚作假的情况，从而提高数据真实性，保证监测数据能够有效反映企业的实际生产、减排情况，为生态环境部门提供有力的技术支持，全过程监控必将成为环境监测管理工作的发展趋势。

2018 年中国环保产业政策综述 *

1 相关政策促进环保产业发展

党的十九大报告中提出推进绿色发展，构建市场导向的绿色技术创新体系，发展绿色金融，壮大节能环保产业、清洁生产产业、清洁能源产业。加快发展环保产业是解决突出生态环境问题、打好污染防治攻坚战的重要攻坚力量，是培育发展新动能、建设现代化经济体系的重要内容。环境保护相关产业不同于一般经济产业，而是典型的政策引导型产业。分析研究环保产业政策的制定与执行情况，对推进环保产业发展、规范市场秩序、提高资源配置效率、提升国际竞争力具有重要意义。

2018 年，全国生态环境保护大会胜利召开，《中华人民共和国土壤污染防治法》颁布，污染防治攻坚战"7+4"行动全面推进，各项环保产业促进政策稳步推进。环保产业迎来新的发展机遇，机会与挑战并存。以下从需求拉动、激励促进、引导规范、创新鼓励等四个方面梳理归纳了 2018 年环保产业相关政策的制定情况，分析了各项政策对环保产业的促进作用。

1.1 加快生态文明体制改革，建设美丽中国，环保产业地位显著提升

1.1.1 加快落实生态文明体制改革总体方案

2018 年 3 月 11 日，第十三届全国人民代表大会第一次会议通过《中华人民共和国宪法修正案》，将"推动物质文明、政治文明和精神文明协调发展"修改为"推动物质文明、政治文明、精神文明、社会文明、生态文明协调发展"。宪法是国家的根本大法，在新时代大背景之下，把生态文明写入宪法，将有力推动中国生态文明建设新的发展。

1.1.2 组建生态环境部

2018 年 3 月 13 日，第十三届全国人民代表大会第一次会议第五次全体会议通过了关于国务院机构改革方案的决定，其中决定组建生态环境部。2018 年 4 月 16 日，中华人民共和国生态环境部正式揭牌。生态环境部"三定方案"中提出，科技与财务司参与指导推动循环经济和生态环保产业发展。

1.1.3 全国生态环境保护大会胜利召开

2018 年 5 月 18 日至 19 日，全国生态环境保护大会在北京召开，习近平总书记出席

* 基金项目：国家重点研发计划"大气环保产业园创新创业机制试点研究"（2016YFC0209100）、预算项目"国家环境技术与环保产业"。

并发表重要讲话，指出要加大力度推进生态文明建设，解决生态环境问题，坚决打好污染防治攻坚战，全面推动绿色发展；培育壮大节能环保产业、清洁生产产业、清洁能源产业，推进资源全面节约和循环利用。培育壮大节能环保产业被确定为绿色发展的重点任务之一。环保产业作为环境保护事业的供给侧，为生态环境保护战线提供了重要的技术、工艺、装备、工程、服务等支撑。环保产业发展的好坏、技术水平的高低、服务能力的全面与否，都将在很大程度上影响打好污染防治攻坚战的进度和效果。

1.2 出台环境保护法规和规划政策，有效扩大环保产业需求

1.2.1 《中华人民共和国土壤污染防治法》为扎实推进土壤污染防治提供法律保障

2018年8月31日，第十三届全国人民代表大会常务委员会第五次会议通过了《中华人民共和国土壤污染防治法》（中华人民共和国主席令第八号），将土壤污染防治作为重大的环境保护和民生工程纳入国家环境治理体系，使土壤污染防治的各项行动有了法律保障，为"净土保卫战"提供了强有力的支撑。据测算，推进"净土保卫战"的投资需求约为6600亿元，将带动GDP增加约1.1万亿元，增加就业岗位约65.3万个。投资直接用于购买环保产业的产品和服务约4158亿元，间接带动环保产业增加值约968亿元。

1.2.2 污染防治攻坚战"7+4"行动全面推进

2018年6月24日，《中共中央、国务院关于全面加强生态环境保护 坚决打好污染防治攻坚战的意见》（中发〔2018〕17号）公布，明确要求打好蓝天、碧水、净土三大保卫战。随后，生态环境部启动开展"7+4"行动，先后印发《打赢蓝天保卫战三年行动计划》（国发〔2018〕22号）、《柴油货车污染治理攻坚战行动计划》（环大气〔2018〕179号）、《渤海综合治理攻坚战行动计划》（环海洋〔2018〕158号）、《农业农村污染治理攻坚战行动计划》（环土壤〔2018〕143号）、《城市黑臭水体治理攻坚战实施方案》（建城〔2018〕104号）、《长江保护修复攻坚行动计划》（环水体〔2018〕181号）、《全国集中式饮用水水源地环境保护专项行动方案》（环环监〔2018〕25号），七场标志性重大战役全面启动。同时，生态环境部组织推进固体废物进口管理制度改革实施方案、打击固体废物及危险废物非法转移和倾倒、垃圾焚烧发电行业达标排放、"绿盾"自然保护区监督检查四个专项行动，并印发了《禁止洋垃圾入境 推进固体废物进口管理制度改革实施方案》（国办发〔2017〕70号）、《关于聚焦长江经济带 坚决遏制固体废物非法转移和倾倒专项行动方案》（环办土壤函〔2018〕228号）、《垃圾焚烧发电行业达标排放专项整治行动方案》《"绿盾2018"自然保护区监督检查专项行动实施方案》。为了落实"打赢蓝天保卫战"的决策部署，京津冀及周边地区、汾渭平原、长三角地区制定了"2018—2019年秋冬季大气污染综合治理攻坚行动方案"和"重点区域

强化督查方案"。据测算，七大战役的资金需求共约 3.6 万亿元，"蓝天保卫战""柴油货车污染治理攻坚战""城市黑臭水体治理攻坚战""渤海综合治理攻坚战""长江保护修复攻坚战""饮用水水源地保护攻坚战""农业农村污染治理攻坚战"资金需求分别为 8818 亿元、1360 亿元、6000 亿元、740 亿元、1794 亿元、1361 亿元、16 261 亿元。污染防治攻坚战的实施，将增加就业岗位约 380 万个，直接购买环保产业产品和服务约 1.3 万亿元，间接带动环保产业增加值 2928 亿元。

1.2.3 多项发展规划和治理方案落地实施

《河北雄安新区总体规划（2018—2035 年）》（国函〔2018〕159 号）、《汉江生态经济带发展规划》（国函〔2018〕127 号）、《淮河生态经济带发展规划》（国函〔2018〕126 号）、《洞庭湖水环境综合治理规划》（发改地区〔2018〕1783 号）、《2018—2020 年生态环境信息化建设方案》《农村人居环境整治三年行动方案》《重点流域水生生物多样性保护方案》（环生态〔2018〕3 号）等多项发展规划和治理方案印发实施，将进一步释放水污染防治与水生态修复、农村环境综合治理等细分领域市场，带动产业技术与服务发展。

1.2.4 稳步推进绿色"一带一路"倡议建设

2018 年 1 月，陕西省出台《陕西省推进绿色"一带一路"建设实施意见》，推动陕西省提升绿色发展水平、加强生态环保国际合作。2018 年 5 月，新疆维吾尔自治区通过《新疆环境保护规划（2018—2022 年）》，提出"打造丝绸之路核心区绿色增长极"，对新疆维吾尔自治区绿色发展和生态环保合作进行规划和布局。中国与东盟不断深化环境大数据合作，建成了中国 - 东盟环境信息共享平台，推动中国与东盟国家在生态环境领域的创新与共赢，也为中国环保产业"走出去"带来了新机遇。

1.3 深化改革，落实财税、金融、价格、贸易政策，营造良好的营商环境

1.3.1 支持非公有制经济发展

2018 年 11 月 1 日，习近平总书记主持召开民营企业座谈会，再次强调"我们毫不动摇鼓励、支持、引导非公有制经济发展的方针政策没有变！我们致力于为非公有制经济发展营造良好环境和提供更多机会的方针政策没有变！"勉励民营企业家保持定力，增强信心，并提出了"减轻企业税费负担、解决民营企业融资难融资贵问题、营造公平竞争环境、完善政策执行方式、构建新型政商关系、保护企业家人身和财产安全"等六大措施。民营企业是环保产业的主导力量，占九成以上的数量和七成以上的创新成果，是打好污染防治攻坚战和改善生态环境质量的重要支撑力量。2017 年年底以来，受金融去杠杆、地方控债务、股市大幅度波动等影响，A 股市场环保板块领跌，环保企业"融资

难、融资贵"问题突出，大部分龙头环保企业面临经营困境。民营企业座谈会的召开，为广大民营环保企业的发展注入了信心和动力。

1.3.2 深化生态环境领域"放管服"改革，推动高质量发展

为贯彻落实《中共中央 国务院关于全面加强生态环境保护 坚决打好污染防治攻坚战的意见》（中发〔2018〕17号）要求和党中央、国务院关于"放管服"改革工作的系列决策部署，支撑经济高质量发展和生态环境高水平保护，生态环境部印发《关于生态环境领域进一步深化"放管服"改革，推动经济高质量发展的指导意见》（环规财〔2018〕86号），将生态环境领域"放管服"作为推动经济高质量发展的重要抓手，同时从培育高质量发展新的增长点的角度，提出了推进环保产业发展的具体要求和措施，对推进环保产业持续健康发展具有重要意义。

1.3.3 节能环保支出持续增加，为产业发展提供项目和资金保障

2018年，全国一般公共预算节能环保支出执行额6352.75亿元，为2017年决算额的113.1%，其中，污染防治支出执行额2439.59亿元，为2017年决算额的129.6%；环境监测与监察支出执行额94.43亿元，为2017年决算额的131.5%，相对增长较大。2018年中央财政安排的环保专项资金规模达到544.84亿元，较2017年增长14.8%，主要围绕水、大气、土壤污染防治以及农村环境整治、重点生态保护修复治理等，为环保产业的发展提供了项目和资金保障。政府采购工作持续推进，已经发布24期节能产品政府采购清单、22期环境标志产品政府采购清单，明确了政府采购活动中强制采购和优先采购的节能产品清单。

1.3.4 实施绿色价格，推进产业市场化发展

2018年7月11日，国家发展和改革委员会发布了《关于创新和完善促进绿色发展价格机制的意见》（发改价格规〔2018〕943号），明确提出要加快建立健全能够充分反映市场供求和资源稀缺程度、体现生态价值和环境损害成本的资源环境价格机制。资源环境价格机制改革聚焦于完善污水处理收费政策、健全固体废物处理收费机制、建立有利于节约用水的价格机制和健全促进节能环保的电价机制等，并提出一系列具体措施，基本明确了资源环境价格机制改革的基本方向，深入推进农业水价综合改革，全面推行城镇非居民用水超定额累进加价制度等。自2018年3月至8月，国家发展和改革委员会连续发布4份降低一般工商业电价的相关政策文件，进一步优化营商环境。价格政策的执行将有利于刺激排污者采取措施治理污染，同时，通过完善付费机制，保障环保企业的合理利润，促进环保企业加大技术创新投入，提升污染治理水平。

1.3.5 实施税收优惠政策，降低企业经营成本

重新修订重大技术装备和产品目录及进口关键零部件、原材料商品目录，对重大技术装备和产品免征关税和进口增值税，包括大型环保及资源综合利用设备共 9 项，新增大气污染治理设备 3 项，固体废弃物处理设备和资源综合利用设备各 1 项，减轻环保企业进口大型设备的税收负担。进一步扩大小型微利企业所得税优惠政策范围，以中小企业为主的环保企业将享受到这一税收优惠政策，从而降低企业经营成本，促进企业扩大规模与技术研发。对新购进的设备、器具，单位价值不超过 500 万元的，允许一次性计入当期成本费用，在计算应纳税所得额时扣除，不再分年度计算折旧，引导企业加大设备、器具投资力度。

1.3.6 持续实施绿色信贷、绿色债券、绿色保险和绿色发展基金等绿色金融政策

持续发行绿色债券，2018 年 1—11 月累计发行绿色债券 1963.09 亿元。大力发展绿色保险，2018 年 5 月 7 日生态环境部审议并原则通过《环境污染强制责任保险管理办法（草案）》，对环境污染强制责任保险的定义、适应范围、监管机构做出了明确界定，并进一步明确了强制投保范围、保险责任范围、承保、投保方式、风险评估与排查、赔偿责任、罚款责任等。2018 年，山东、江苏、甘肃、贵州等省创建了绿色发展基金，支持生态产业发展。河南、山东等省探索建立重点单位的环保信用评价机制，江西、河北等省不断探索创新环境信用的惩戒管理制度。

1.4 实施市场监管与引导政策，促进环保产业规范发展

1.4.1 监管政策方面

（1）加强监管执法和监测机构监督管理工作。生态环境部印发《关于进一步强化生态环境保护监管执法的意见》（环办环监〔2018〕28 号），进一步强化和创新生态环境保护监管执法。生态环境部印发《关于进一步加强地方环境空气质量自动监测网城市站运维监督管理工作的通知》（环办监测函〔2018〕128 号）、《关于加强生态环境监测机构监督管理工作的通知》（环监测〔2018〕45 号），重点规范和加强制度监管的薄弱环节，做到监管对象、监管环节和责任落实全覆盖，有效提高监管能力。司法部、生态环境部联合印发《环境损害司法鉴定机构登记评审细则》，进一步规范环境损害司法鉴定机构登记管理工作。

（2）规范排污许可证管理工作，原环境保护部发布《排污许可管理办法（试行）》（部令第 48 号），规定了排污许可证核发程序等内容，细化了生态环境部门、排污单位和第三方机构的法律责任，为改革完善排污许可制迈出了坚实的一步，并对淀粉等 6 个行业排污许可证管理工作进行了部署和安排。

1.4.2 技术规范政策方面

生态环境部相继发布了《饮料酒制造业污染防治技术政策》（公告 2018 年第 7 号）、《船舶水污染防治技术政策》（公告 2018 年第 8 号）等 4 项技术政策；发布燃煤电厂超低排放烟气治理、磷肥工业废水治理等 10 项技术规范；颁布了电池工业、锅炉、陶瓷砖瓦工业等 9 项行业的排污许可证申请与核发技术规范；公布了人造板和木质地板、涂料、卫生陶瓷等 12 类产品的绿色产品评价标准清单及认证目录；制定了凹印油墨和柔印油墨、竹制品、家用洗碗机、食具消毒柜等 4 类环境标志产品标准；发布了 17 个行业污染源源强核算技术指南；发布了 70 项调查与污染物测定国家环境保护标准；为规范排污单位自行监测工作，发布了电镀工业、农副食品加工业等 8 个行业排污单位自行监测技术指南。制定环境影响评价、环境风险评价及污染物排放标准技术导则共计 6 项，土壤污染风险管控标准 2 项。

1.4.3 引导示范政策方面

工业和信息化部编制了《国家工业节能技术装备推荐目录（2018）》（公告 2018年第 55 号），生态环境部印发 2018 年《国家先进污染防治技术目录（大气污染防治领域）》（公告 2018 年第 76 号）。各部委继续推行国家生态工业示范园区、国家生态文明建设示范市县、"绿水青山就是金山银山"实践创新基地、全国水生态文明城市建设试点、国家新型城镇化标准化试点、新能源汽车动力蓄电池回收利用试点等试点工作。通过试点实施，形成可复制可推广的经验做法，发挥试点的带动作用。

1.5 强化环保科技与模式创新，提高环保产业发展内生动力与竞争力

1.5.1 科技创新政策方面

科学技术部党组印发《关于坚持以习近平新时代中国特色社会主义思想为指导 推进科技创新重大任务落实 深化机构改革 加快建设创新型国家的意见》（国科党组发〔2018〕1 号），指出坚持目标导向和问题导向相结合，从经济社会发展和国家安全对科技创新的新需求出发，确定重点工作任务，进一步强化科学技术部在实施创新驱动发展战略等方面的重要作用。重点围绕推进重大科研设施与平台共享、科研项目评审与人员评价、完善国家科技重大专项、加大科研诚信管理等方面出台相关促进政策。生态环境部、科学技术部、农业农村部等部门聚焦生态环境领域，重点在创新体系构建、基地平台布局、人才队伍建设、环境治理模式、环境技术转化等方面提出一系列政策要求，促进生态环境领域科学技术突破和能力提升。

1.5.2 模式创新方面

2018 年 6 月，发布了《中共中央、国务院关于全面加强生态环境保护 坚决打好污染

防治攻坚战的意见》，提出鼓励新业态发展和模式创新推进生态环境保护项目实施；要继续推进与规范支持 PPP 项目；对政府实施的环境绩效合同服务项目实施环境绩效考核；鼓励通过政府购买服务方式实施生态环境治理和保护；大力发展节能和环境服务业，推行合同能源管理、合同节水管理。生态环境部推进区域环境托管服务模式试点工作，积极探索生态环境导向的城市开发（EOD）模式，推进生态环境治理与生态旅游、城镇开发等产业融合发展。为推进"无废城市"建设试点工作，提出鼓励依法合规探索采用第三方治理或 PPP 等模式。持续推进山水林田湖草生命共同体综合治理模式实施，2016—2018 年，财政部、自然资源部、生态环境部连续三年分三批遴选陕西黄土高原、青海祁连山等 21 个工程纳入山水林田湖草生态保护修复工程试点支持范围，并下达基础奖补资金 260 亿元。

2 环保产业需求拉动型相关政策

2.1 法律法规制度

2.1.1 "生态文明"写入宪法和《中国共产党章程》

2018 年 3 月 11 日，第十三届全国人民代表大会第一次会议投票表决通过了《中华人民共和国宪法修正案》，将"推动物质文明、政治文明和精神文明协调发展"修改为"推动物质文明、政治文明、精神文明、社会文明、生态文明协调发展"。在《中国共产党章程》的修改中，增加了生态文明的内容，明确提出，中国共产党领导人民建设社会主义生态文明，对生态文明的高度重视，在党的根本大法中得到充分体现。

2.1.2 颁布《中华人民共和国土壤污染防治法》

2018 年 8 月 31 日，第十三届全国人民代表大会常委会第五次会议通过了《中华人民共和国土壤污染防治法》，明确提出土壤环境质量十年一普查、重点区域重点监测、建立国家—省—市—县四级土壤环境质量监测网络的总体任务，建立"疑似污染地块名单制度""污染地块名录制度""污染地块风险管控与治理修复目录制度"三个名录及制度和国土、环保、规划、住建等部门联动管理的以保障土壤质量可安全开发利用为目的的准入联动制度，明确建立污染农用地（重点是耕地）的分类管理制度。土壤污染防治作为重大环境保护和民生工程，已经纳入国家环境治理体系，使中国土壤污染防治的各项行动有了法律保障，为"净土保卫战"提供了强有力的支撑。

2.2 相关规划政策

为了贯彻落实《中共中央 国务院关于全面加强生态环境保护 坚决打好污染防治攻坚战的意见》，生态环境部启动开展"7+4"行动，即"打赢蓝天保卫战，打好柴油货车污染治理、城市黑臭水体治理、渤海综合治理、长江修复保护、水源地保护、农业农村污染治理七场标志性重大战役"，组织推进固体废物进口管理制度改革实施方案、打击固体废物及危险废物非法转移和倾倒、垃圾焚烧发电行业达标排放、"绿盾"自然保护区监督检查四项专项行动。各项行动带动环保投入相应增加，市场需求将不断增大。

2.2.1 打响蓝天保卫战三年作战计划

党的十九大提出"坚持人与自然和谐共生""建设生态文明是中华民族永续发展的千年大计""坚持全民共治、源头防治，持续实施大气污染防治行动，打赢蓝天保卫战"。2018年7月3日，国务院正式印发了《打赢蓝天保卫战三年行动计划》，对未来三年大气污染防治工作进行部署，并配套印发了《京津冀及周边地区2018—2019年秋冬季大气污染综合治理攻坚行动方案》《汾渭平原2018—2019年秋冬季大气污染综合治理攻坚行动方案》《长三角地区2018—2019年秋冬季大气污染综合治理攻坚行动方案》《2018—2019年蓝天保卫战重点区域强化督查方案》。2019年1月4日，生态环境部等十一个部门联合印发《柴油货车污染治理攻坚战行动计划》，明确到2020年京津冀及周边地区、汾渭平原加快淘汰国三及以下排放标准营运柴油货车100万辆以上，柴油车排气管口冒黑烟现象将基本消除，违法生产销售假劣油品现象也将成为历史。

近年来，全国环境空气质量总体明显改善，建立了齐抓共管的大气环境治理新格局，构建了大气污染源头防控体系，建成全球最大的清洁高效煤电体系。截至2018年年底，全国燃煤机组累计完成超低排放改造8.1亿kW，占煤电总装机的80%，京津冀区域已全部完成，其中，2016—2018年累计完成6.2亿kW，提前完成实施4.2亿kW机组超低排放改造和1.1亿kW机组达标改造的任务目标。

2.2.2 推进重点区域流域水污染防治

2018年8月14日，生态环境部、住房和城乡建设部联合印发《关于开展2018年城市黑臭水体整治环境保护专项行动的通知》（环办水体函〔2018〕111号），对全国城市黑臭水体整治情况开展专项监督检查。2018年9月30日，住房和城乡建设部、生态环境部联合发布《城市黑臭水体治理攻坚战实施方案》，明确用3年时间使城市黑臭水体治理明显见效，让人民群众拥有更多的获得感和幸福感。2018年11月30日，生态环境部、国家发展和改革委员会、自然资源部联合印发《渤海综合治理攻坚战行动计划》，以"1+12"沿海城市为重点，确定开展陆源污染治理行动、海域污染治理行动、生态保护修复行动、环境风险防范行动等四大攻坚行动，并明确了量化指标和完成时限。2018年12月31日，生态环境部、国家发展和改革委员会联合印发《长江保护修复攻坚战行动计划》，以改善长江生态环境质量为核心，以长江干流、主要支流及重点湖库为突破口，提出到2020年年底，长江流域水质优良（达到或优于Ⅲ类）的国控断面比例超过 85%。截至 2018 年年底，35 个重点城市完成治理目标，1062 个黑臭水体中 1009 个水体消除或基本消除黑臭，36 个重点城市黑臭水体涉及的 101 个国控断面中，Ⅰ～Ⅲ类水质比例同比提高 3 个百分点，劣 Ⅴ类比例下降 4.9 个百分点，消除黑臭水体的水环境质量改善效果显著。

2.2.3 推进饮用水源地保护专项行动

2018 年 3 月 9 日，原环境保护部、水利部联合印发《全国集中式饮用水水源地环境保护专项行动方案》，对开展饮用水水源地环境问题清理整治工作做出全面部署。要求利用 2 年时间，全面完成县级以上城市地表水型集中式饮用水水源保护区"划、立、治"三项重点任务，努力实现"保"的目标。《中共中央、国务院关于全面加强生态环境保护 坚决打好污染防治攻坚战的意见》进一步明确工作要求，强调要限期完成县级及以上城市饮用水水源地环境问题清理整治任务。2018 年，通过推进集中式饮用水水源地环境整治，全国 1586 个水源地 6251 个问题整改率达 99.9%，有力提升了涉及 5.5 亿居民的饮用水环境安全保障水平。

2.2.4 开展农村环境综合整治

持续改善农村人居环境是 2018 年中央一号文件确定的重要任务之一。中共中央办公厅、国务院办公厅印发《农村人居环境整治三年行动方案》，聚焦农村生活垃圾、生活污水治理和村容村貌提升等重点领域，梯次推动乡村山水林田路房整体改善。国家发展和改革委员会、生态环境部、农业农村部、住房和城乡建设部、水利部联合印发《关于加快推进长江经济带农业面源污染治理的指导意见》，从优化发展空间布局，加大重点地区治理力度；综合防控农田面源污染，推动农业绿色发展；严格控制畜禽养殖污染，推进粪污资源化利用；推进水产健康养殖，改善水域生态环境和加快农村人居环境整治，实现村庄干净整洁五个方面提出具体任务。生态环境部、农业农村部联合印发《农业农村污染治理攻坚战行动计划》，提出到 2020 年，实现"一保两治三减四提升"："一保"，即保护农村饮用水水源，农村饮水安全更有保障；"两治"，即治理农村生活垃圾和污水，实现村庄环境干净整洁有序；"三减"，即减少化肥、农药使用量和农业用水总量；"四提升"，即提升主要由农业面源污染造成的超标水体水质、农业废弃物综合利用率、环境监管能力和农村居民参与度。

"十三五"以来，中央财政安排农村环境整治资金 180 亿元，支持各地推进农村饮用水水源地保护、生活污水处理、生活垃圾处理、畜禽养殖废弃物处置和资源化利用等工作。截至 2018 年年底，全国累计完成 7 万多个建制村的环境综合整治，各地共完成农村饮水安全巩固提升工程建设投资 523 亿元，7800 多万人受益，全国农村集中供水率和自来水普及率分别为 86% 和 81%。全面完成畜禽养殖禁养区划定，共划定禁养区 2.9 万个，禁养区面积 58.39 万 km²，关闭或搬迁禁养区内养殖场（小区）、养殖户 26 万多个。

2.2.5 开展"无废城市"建设试点

国务院办公厅印发《"无废城市"建设试点工作方案》，按照试点先行与整体协调推进相结合、先易后难、分步推进的原则，拟在全国范围内选择 10 个左右有条件、有基础、规模适当的城市开展"无废城市"建设试点，要通过"无废城市"建设试点，统筹经济社会发展中的固体废物管理，大力推进源头减量、资源化利用和无害化处置，坚决遏制非法转移倾倒，到 2020 年，系统构建"无废城市"建设指标体系，探索建立综合管理制度和技术体系，形成一批可复制、可推广的示范模式，为建设"无废社会"奠定基础。

3 环保产业激励促进型相关政策

3.1 财政政策

3.1.1 继续增加节能环保支出

2018 年全国一般公共预算节能环保支出执行额 6352.75 亿元，为 2017 年决算额的 113.1%，其中，污染防治支出执行额 2439.59 亿元，为 2017 年决算额的 129.6%；环境监测与监察支出执行额 94.43 亿元，为 2017 年决算额的 131.5%，相对增长较大。2018 年中央一般公共预算节能环保支出执行额 427.56 亿元，为 2017 年决算额的 122%。

此外，2018 年中央基本建设节能减排和环境保护中央基建投资支出执行额为 127.89 亿元，其中，重点流域水环境综合治理 45.00 亿元；城镇污水垃圾处理设施建设 43.85 亿元；重点地区污染治理 20 亿元。

2019 年全国一般公共预算节能环保支出预算额 6785.51 亿元，为 2018 年执行额的 106.8%，其中，污染防治支出预算额 2699.73 亿元，为 2018 年执行额的 110.7%；环境监测与监察支出预算额 98.04 亿元，为 2018 年执行额的 103.8%。2019 年中央一般公共预算节能环保预算额 362.68 亿元，为 2018 年执行额的 84.8%。

3.1.2 落实中央环保专项资金补助政策

2018 年中央财政安排的环保专项资金规模为 544.84 亿元，较 2017 年增长 14.8%，环保专项资金主要围绕水、大气、土壤污染防治以及农村环境整治、重点生态保护修复治理等。

2018 年中央财政安排大气污染防治专项资金 200 亿元，比 2017 年增加了 40 亿元。中央财政 2013—2017 年累计安排大气污染防治专项资金（于 2013 年设立）528 亿元。

五年来，全国煤炭消费比重下降 8.1 个百分点，清洁能源比重提高 6.3 个百分点。为规范和加强大气污染防治专项资金管理，提高财政资金使用效益，财政部、生态环境部于 2018 年 11 月 29 日联合发布了《大气污染防治专项资金管理办法》（财建〔2018〕578 号），明确专项资金执行期限至 2020 年，专项资金支持范围包括京津冀及周边地区、汾渭平原、长三角等重点区域，专项资金支持北方地区冬季清洁取暖试点和"打赢蓝天保卫战"其他重点任务、氢氟碳化物销毁处置以及党中央、国务院交办的关于大气污染防治的其他重要事项等。

2018 年，中央财政安排水污染防治专项资金 150 亿元，比 2017 年增加了 35 亿元，用于重点流域、重点区域水污染防治相关工作。"十三五"以来，中央财政累计安排水污染防治专项资金 396 亿元。2018 年 9 月 19 日，财政部、住房和城乡建设部、生态环境部联合发布了《关于组织申报 2018 年城市黑臭水体治理示范城市的通知》（财办建〔2018〕172 号），2018—2020 年，中央财政分批支持部分治理任务较重的地级及以上城市开展城市黑臭水体治理，通过竞争性评审方式确定入围城市，2018 年首批支持 20 个左右城市。对 2018 年入围城市，中央财政每个城市支持 6 亿元，资金分年拨付，入围城市按要求制定城市黑臭水体治理 3 年方案，明确总体和年度绩效目标，统筹使用中央财政资金及地方资金重点用于控源截污、内源治理、生态修复、活水保质、海绵体系建设以及水质监测能力提升等黑臭水体治理重点任务和环节，建立完善长效机制，确保按期完成治理任务。

2018 年，中央财政安排土壤污染防治专项资金 35 亿元，继续支持土壤污染防治。"十三五"以来，累计安排专项资金 191 亿元。《中华人民共和国土壤污染防治法》第七十一条规定：国家加大土壤污染防治资金投入力度，建立土壤污染防治基金制度。设立中央土壤污染防治专项资金和省级土壤污染防治基金，主要用于农用地土壤污染防治和土壤污染责任人或者土地使用权人无法认定的土壤污染风险管控和修复以及政府规定的其他事项。湖南省先行开展了该方面探索，湖南省土壤污染防治基金的资金来源包括向土壤排放污染物的单位和个体工商户缴纳的环境保护税；一定比例的土地出让收益；向污染责任人追偿的资金；因土壤污染被处以的行政处罚所得款项；政府财政拨款；社会资金；其他收入。基金用途为修复非特定单位或个人造成的土壤污染；土壤污染引起的突发性公共事件中所需要进行的评估、修复等。

2018 年，中央财政安排农村环境整治专项资金 59.84 亿元，重点支持建制村环境综合整治任务、饮用水水源地保护、建制村环境综合整治任务、畜禽养殖污染防治等。从 2008 年启动至今，中央财政累计安排农村环境整治专项资金 495 亿元。

2018 年，中央财政安排重点生态保护修复治理专项资金 100 亿元，用于实施山水林田湖生态保护修复工程，支持以历史遗留的矿山环境治理修复、土地整治与修复为重点，按照整体保护、系统修复、综合治理原则，根据生态系统类型特点和现状，统筹开展的生物多样性保护、流域水环境治理，进行全方位系统综合治理修复。重点生态保护修复治理专项资金启动三年来，共计支出 254 亿元。

此外，2018 年中央财政安排节能减排补助资金 518.96 亿元、可再生能源发展专项资金 59.66 亿元，分别支持推进节能减排和可再生能源发展的相关工作。

3.1.3 实施新能源电价持续退坡

2017 年，风电、光伏等新能源标杆上网电价实施了退坡机制，2018 年新能源发展呈现大力推进新增建设规模优化、市场消纳条件保障、新能源电力市场化交易无补贴发展等趋势。《关于 2018 年光伏发电项目价格政策的通知》（发改价格规〔2017〕2196 号），决定调整 2018 年光伏发电标杆上网电价政策。根据当前光伏产业技术进步和成本降低情况，降低 2018 年 1 月 1 日之后投运的光伏电站标杆上网电价，Ⅰ类、Ⅱ类、Ⅲ类资源区普通电站标杆上网电价分别调整为每千瓦·时 0.55 元、0.65 元、0.75 元（含税）。2018 年 1 月 1 日以后投运的、采用"自发自用、余量上网"模式的分布式光伏发电项目，全电量每千瓦·时补贴标准降低 0.05 元，即补贴标准调整为每千瓦·时 0.37 元（含税）。2018 年 5 月 24 日，国家能源局印发《国家能源局关于 2018 年度风电建设管理有关要求的通知》（国能发新能〔2018〕47 号），提出要严格落实电力送出和消纳条件，推行竞争方式配置风电项目，优化风电建设投资环境等要求。2018 年 5 月 31 日，国家发展和改革委员会、财政部、国家能源局联合发布的《关于 2018 年光伏发电有关事项的通知》（发改能源〔2018〕823 号）中指出，对光伏发电新增建设规模进行优化，采取分类调控方式。对需要国家补贴的普通电站和分布式电站建设规模合理控制增量。对领跑基地项目视调控情况酌情安排。对光伏扶贫和不需国家补贴项目大力支持，有序发展。2018 年全国光伏发电上网电价见表 1。

地方政府相继发布光伏电站补贴新政策。浙江、广东、安徽、江西、湖北、湖南、上海、北京、江苏、山西、海南、福建等省（市）相继出台普通光伏电站项目竞争性配置相关政策，并制定了具体评价标准。浙江最为典型，除省里补贴外，还有 8 个地（市）、20 个区（县）出台了电价补贴或初始投资补贴政策。《关于浙江省 2018 年支持光伏发电应用有关事项的通知》（浙发改能源〔2018〕462 号），对 2018 年 6 月 1 日—12 月 31 日并网的家庭屋顶光伏，按照 0.32 元 /（kW·h）（含税）补贴；2018 年 6 月 1 日—7 月 31 日并网的工商业屋顶光伏，按 0.1 元 /（kW·h）标准给予 2018 年发电量补贴；浙江省内光伏发电项目所发电量，2018 年继续实行电量省补贴政策，补贴标准为 0.1 元 /（kW·h）。

表 1   2018 年全国光伏发电上网电价

资源区	光伏电站标杆上网电价 ［元/kW·h（含税）］		分布式发电补贴标准 ［元/kW·h（含税）］		各资源区所包括的地区
	普通电站	村级光伏扶贫电站	普通项目	分布式光伏扶贫项目	
Ⅰ类资源区	0.55	0.65	0.37	0.42	宁夏，青海海西，甘肃嘉峪关、武威、张掖、酒泉、敦煌、金昌，新疆哈密、塔城、阿勒泰、克拉玛依，内蒙古除赤峰、通辽、兴安盟、呼伦贝尔以外地区
Ⅱ类资源区	0.65	0.75			北京，天津，黑龙江，吉林，辽宁，四川，云南，内蒙古赤峰、通辽、兴安盟、呼伦贝尔，河北承德、张家口、唐山、秦皇岛，山西大同、朔州、忻州、阳泉，陕西榆林、延安，青海、甘肃、新疆除Ⅰ类资源区以外其他地区
Ⅲ类资源区	0.75	0.85			除Ⅰ类、Ⅱ类资源区以外的其他地区

3.1.4 推进新能源汽车补贴政策

2018 年 2 月 13 日，财政部发布《关于调整完善新能源汽车推广应用财政补贴政策的通知》（财建〔2018〕18 号），对新能源乘用车补贴方案进行了调整，内容包括鼓励新能源乘用车续航里程提升，根据电池能量密度和车辆能耗调整补贴，取消地方目录破除地方保护等。全国已有 20 多个省（市）出台新能源汽车地方补贴政策激励新能源汽车购置与使用，多数地区保持了与国家补贴 1∶0.5 的比例，个别城市小于这一额度。部分地区不再按照车辆销售给予补贴，而是按照销售规模、车型上公告情况进行补贴，如河南省和福建省莆田市开始按照销售规模进行补贴，两地均以单个车型销量 1000 辆为基准，达到标准后方可获得一定数量资金补贴。新能源乘用车补贴标准见表 2。

表 2   新能源乘用车补贴标准　　　　　　　（单位：万元/辆）

车辆类型	纯电动续驶里程 R（工况法、km）					
	150 ≤ R < 200	200 ≤ R < 250	250 ≤ R < 300	300 ≤ R < 400	400 ≤ R < 500	R ≥ 500
纯电动乘用车	1.5	2.4	3.4	4.5	5	/
插电式混合动力乘用车（含增程式）	/					2.2
单车补贴金额 = 里程补贴标准 × 电池系统能量密度调整系数 × 车辆能耗调整系数。单位电池电量补贴上限不超过 1200 元/（kW·h）。						

3.1.5 实施"双替代"补贴

2017年5月17日，财政部、住房和城乡建设部、原环境保护部、国家能源局联合发布了《关于开展中央财政支持北方地区冬季清洁取暖试点工作的通知》（财建〔2017〕238号），开展中央财政支持北方地区冬季清洁取暖试点工作，试点示范期为三年，中央财政奖补资金标准根据城市规模分档确定，直辖市每年安排10亿元，省会城市每年安排7亿元，地级城市每年安排5亿元。天津、石家庄、唐山、保定、廊坊、衡水、太原、济南、郑州、开封、鹤壁、新乡12个城市进入第一批中央财政支持北方地区冬季清洁取暖试点范围，12个城市每年总计获得中央财政奖补73亿元，三年累计获得奖补219亿元。2018年，财政部、生态环境部、住房和城乡建设部、国家能源局《关于扩大中央财政支持北方地区冬季清洁取暖城市试点的通知》（财建〔2018〕397号）进一步扩大中央财政支持北方地区冬季清洁取暖试点范围，邯郸、邢台、张家口、沧州、阳泉、长治、晋城、晋中、运城、临汾、吕梁、淄博、济宁、滨州、德州、聊城、菏泽、洛阳、安阳、焦作、濮阳、西安、咸阳23个城市进入第二批中央财政支持北方地区冬季清洁取暖试点范围，总奖补额度高达每年92亿元，三年共计276亿元。

地方多个省（市）出台清洁供暖补贴政策鼓励和促进使用清洁能源供暖。以京津冀大气污染传输通道的"2+26"城市为例，针对清洁供暖的补贴政策主要包括以下几个方面：锅炉改造补贴；取暖设备改造补贴；采暖用电、采暖用天然气补贴（表3、表4）。河北省给予户内采暖设备购置安装补贴，对采用蓄热式电暖气、蓄热式电锅炉、空气源热泵和地源热泵用户，均给予90%投资补贴，最高分别不超过9000元、13 500元、20 000元，由省和市县各承担1/2；天津市"煤改电"采暖设备购置及安装补贴由财政100%承担。

表3　"2+26"城市"煤改电"补贴政策

省	市	用电补贴	设备补贴
北京	北京	谷段优惠电价0.3元/（kW·h），0.2元/（kW·h）电补贴，最高不超过2000元/户。	空气源热泵、非整村安装地源热泵，每平方米100元补贴。其他清洁能源设备补贴1/3。每户最高不超过1.2万元；区财政在配套同等补贴资金的基础上可加大力度
天津	天津	"煤改电"用户采暖期不再执行阶梯电价，给予0.2元/（kW·h）的补贴	采暖设备购置及安装补贴由财政100%承担，室内暖气管与暖气片购置与安装费用由农户承担，每户不超过2000元
河北	邢台	0.2元/（kW·h）补贴，每户最高补贴900元	30元/m²。改造面积不足50 m²的按50 m²补贴，超出100 m²的按100 m²补贴
	廊坊、保定、唐山	0.2元/（kW·h）补贴，每户最高补贴电量1万（kW·h）；采暖期可选择执行谷电电价	85%补贴，每户不超过7400元

续表

省	市	用电补贴	设备补贴
河北	邯郸	/	每户 3000 元
	沧州	执行河北省采暖居民电价	70% 补贴，每户最高不超过 5000 元
	石家庄	0.15 元 /（kW·h）补贴，每户最高补贴 900 元	85% 补贴，每户不超过 5000 元
	衡水	采暖期居民用电 0.2 元 /（kW·h）补贴，每户最高补贴电量 1 万 kW·h	85% 补贴，每户不超过 7400 元
河南	鹤壁、安阳	0.2 元 /（kW·h）补贴，每户不超过 600 元	每户最高补贴 600 元 60% 补贴，每户不超过 3500 元（安阳）
	开封	0.3 元 /（kW·h）补贴，每户不超过 900 元	70% 补贴，每户最高不超过 2000 元
	新乡	0.2 元 /（kW·h）补贴，每户不超过 600 元	70% 补贴，每户不超过 3500 元
	郑州	0.3 元 /（kW·h）补贴，每户不超过 900 元	每户不超过 2000 元
	焦作	月使用量超过 80 kW·h 以上的用户，补贴 0.4 元 /（kW·h），每户最高 1000 元	/
山东	德州	每个采暖季 1000 元 / 户，年用电量超出 4800 kW·h 的部分，暂不执行第三档电价	4000 元 / 户
	济宁	用户出资 1500 元稳定自费基数，超出部分补贴 50%	/
	聊城	自愿选择执行居民峰谷分时电价	补贴 50%，不超过 4000 元 / 户
	淄博	0.2 元 /（kW·h）的标准补贴。每户每年最高补贴 1200 元	蓄热室电采暖补贴 85%，每户最高 5700 元
	滨州	年用电量超出 4800 kW·h 的部分，暂不执行第三档用电价格	供热主管网和村（居）内换热站（村居提供土地）的建设补贴 2000 元 / 户，供热管网建设补贴 2000 元 / 户，室内暖气片等散热设施的购置安装，补贴 1000 元 / 户
	济南	0.2 元 /（kW·h）的标准补贴，每户每年最高 1200 元。年用电量超出 4800 kW·h 的部分，暂不执行第三档用电价格	电采暖设备补贴 2000 元 / 户。供热企业按峰电 0.5 元 / 度、谷电 0.25 元 / 度结算，亏损经第三方审计后予以补贴；超出 4800 kW·h 的部分，暂不执行居民阶梯电价第三档用电价格
山西	晋城	0.2 元 /（kW·h）标准补贴，每户最高不超过 2400 元	不超过 2 万元 / 户
	长治	0.2 元 /（kW·h）标准补贴，每户最高不超过 2400 元	空气源热泵、发热地板、电壁挂炉、电锅护等设备每户补贴不超过 2 万元
	阳泉	每户 1 万 kW·h 用电量，采暖季夜间谷期电价补贴 0.1 /kW·h	配套电网工程补贴 1000 元 / 户；设备购置每户 2500 元

表 4 "2+26"城市"煤改气"补贴政策

省	市	设备购置费用补贴	管网、接驳补贴	运营补贴
北京	北京	补贴90%：最高7200元	9000元/户	2440元/年
天津	天津	"煤改气"用户采暖期不再执行阶梯气价，给予1.2元/m³气价补贴	/	/
河北	邢台	补贴3000元		
	廊坊、保定、唐山	补贴70%，最高2700元	4000元/户	补贴1元/m³，最多1200元
	邯郸	3000元/户	2600元/户	
	沧州	补贴70%，最高5000元	2600元/户	1000元/年
	石家庄	3900元	2900元/户	最高900元/年
	衡水	/	2600元/户	补贴1.5元/m³
河南	鹤壁安阳	补贴60%最高不超过3500元(安阳)	/	补贴1元/m³，最多600元
	新乡、开封、郑州	补贴70%，最高3500元（开封、郑州2000元）		补贴1元/m³，最多900元（新乡600元）
	焦作	/	/	月用气超过20 m³的部分补贴1元/m³，最多1000元
	濮阳			
山东	德州	4000元/户	/	1000元/年
	济宁	户外设备管网、燃气壁挂炉均由政府投资，村民缴纳暖气片的费用		1500元核定自费基数；超出部分补贴50%
	菏泽	/	/	/
	聊城	补贴50%，4000元/户	/	居民第一阶梯气价（2.1元/m³）
	淄博	补贴70%，最高2700元/户		补贴1元/m³，最多1200元
	滨州	2000元/户	3000元/户	补贴1元/m³，最多1200元。气价执行2.3元/m³
	济南	2000元/户	供热企业按17元/m³与燃气企业结算，亏损经第三方审计元后予以补贴	补贴1元/m³，最多1200元
山西	晋城	6500元/户	/	/
	长治	最高3000元/户	5000元/户	
	阳泉	2000元/户	1000元/户	每户900 m³月气量，0.5元/m³的气价补贴
	太原	5000元/台	3000元/户	1500元/年

3.1.6 完善政府绿色采购

为推进和规范环境标志产品政府采购，财政部、原环境保护部于 2018 年 1 月 30 日联合发布《关于调整公布第二十一期环境标志产品政府采购清单的通知》（财库〔2018〕19号）、财政部、生态环境部于 2018 年 8 月 2 日联合发布《关于调整公布第二十二期环境标志产品政府采购清单的通知》（财库〔2018〕70号），明确了政府优先采购环保产品清单。为推进和规范节能产品政府采购，财政部、国家发展和改革委员会于 2018 年 1 月 26日和 8 月 10 日联合发布《关于调整公布第二十三期节能产品政府采购清单的通知》（财库〔2018〕17号）、《关于调整公布第二十四期节能产品政府采购清单的通知》（财库〔2018〕73号），明确了政府采购活动中强制采购和优先采购的节能产品清单。同时列入环保清单和节能产品政府采购清单的产品优先于只列入其中一个清单的产品。

3.2 价格政策

3.2.1 明确资源环境价格机制改革方向

2018 年 6 月 21 日，国家发展和改革委员会印发《关于创新和完善促进绿色发展价格机制的意见》（发改价格规〔2018〕943号），明确提出要加快建立健全能够充分反映市场供求和资源稀缺程度、体现生态价值和环境损害成本的资源环境价格机制。资源环境价格机制改革聚焦完善污水处理收费政策、健全固体废物处理收费机制、建立有利于节约用水的价格机制和健全促进节能环保的电价机制等 4 个方面提出一系列具体措施，并提出到 2020 年基本形成有利于绿色发展的价格机制和价格政策体系，到 2025 年形成更加完善的适应绿色发展要求的价格机制。基本明确资源环境价格机制改革的基本方向。

3.2.2 加大农业水价综合改革力度

2018 年 6 月 22 日，国家发展和改革委员会、财政部、水利部、农业农村部联合印发《关于加大力度推进农业水价综合改革工作的通知》（发改价格〔2018〕916号），提出各地要进一步对标《国务院办公厅关于推进农业水价综合改革的意见》确定的改革目标和任务，把农业水价综合改革作为农业节水工作的"牛鼻子"来抓，坚持问题导向与目标导向相结合，统筹兼顾，切实加大工作力度，重点针对落实好 2018 年各项改革任务、狠抓改革重点区域、因地制宜地设计改革方案、协同配套推进改革实施等几个方面，扎实有序推进农业水价综合改革取得实效。2018 年 8 月 3 日，国家发展和改革委员会、财政部、水利部、农业农村部联合印发《关于 2017 年度农业水价综合改革工作绩效评价有关情况的通报》（发改价格〔2018〕1133号），在各地 2017 年度农业水价综合改革工作绩效自评基础上，开展了部门联合评议和实地抽查，评定 18 个省（区、市）获得优秀等次、12 个省（区、市）获得良好等次。并针对各地在实施水价综合改革推进过程中存在的问题提出要求，确保 2018 年度改革实施计划按期完成。

3.2.3 降低一般工商业电价

2018 年 3 月至 8 月，国家发展和改革委员会连续发布四份降低一般工商业电价相关政策文件，包括《国家发展和改革委员会关于降低一般工商业电价有关事项的通知》（发改价格〔2018〕500 号）、《国家发展和改革委员会关于电力行业增值税税率调整相应降低一般工商业电价的通知》（发改价格〔2018〕732 号）、《关于利用扩大跨省区电力交易规模等措施降低一般工商业电价有关事项的通知》（发改价格〔2018〕1053 号）、《关于降低一般工商业目录电价有关事项的通知》（发改价格〔2018〕1191 号），要求各地根据实际情况，通过停征地方水库移民后期扶持资金、扩大一般工商业用户参与电力直接交易规模、从跨省跨区现货市场直接购买低价电等 11 项措施，进一步降低一般工商业电价，确保完成《政府工作报告》关于一般工商业电价平均降低 10% 的要求。重庆、甘肃、河北、天津等省（市）已经依据文件要求大幅度降低了一般工商业目录电价，实现了降价 10% 的目标。

3.3 税收政策

3.3.1 免征部分环保设备关税和进口环节增值税政策

2018 年 11 月 14 日，财政部、国家发展和改革委员会、工业和信息化部、国家海关总署、国家税务总局、国家能源局印发《关于调整重大技术装备进口税收政策有关目录的通知》（财关税〔2018〕42 号）、《国家支持发展的重大技术装备和产品目录（2018 年修订）》和《重大技术装备和产品进口关键零部件、原材料商品目录（2018 年修订）》，自 2019 年 1 月 1 日起执行，符合规定条件的国内企业为生产本通知所列装备或产品而确有必要进口所列商品，免征关税和进口环节增值税。《国家支持发展的重大技术装备和产品目录（2018 年修订）》中包括大型环保及资源综合利用设备共 9 项，其中新增大气污染治理设备 3 项、固体废弃物处理设备和资源综合利用设备各 1 项。

3.3.2 加速折旧优惠政策

根据财政部和国家税务总局《关于设备器具扣除有关企业所得税政策的通知》（财税〔2018〕54 号），为引导企业加大设备、器具投资力度，企业在 2018 年 1 月 1 日至 2020 年 12 月 31 日期间新购进的设备、器具，单位价值不超过 500 万元的，允许一次性计入当期成本费用在计算应纳税所得额时扣除，不再分年度计算折旧；单位价值超过 500 万元的，仍按《企业所得税法实施条例》《财政部 国家税务总局关于完善固定资产加速折旧企业所得税政策的通知》（财税〔2014〕75 号）、《财政部 国家税务总局关于进一步完善固定资产加速折旧企业所得税政策的通知》（财税〔2015〕106 号）等相关规定执行。

3.3.3 小型微利企业企业所得税优惠政策

根据《关于进一步扩大小型微利企业所得税优惠政策范围的通知》（财税〔2018〕77号）、《国家税务总局关于贯彻落实进一步扩大小型微利企业所得税优惠政策范围有关征管问题的公告》（国家税务总局公告 2018 年第 40 号），自 2018 年 1 月 1 日至 2020 年 12 月 31 日，从事国家非限制和禁止行业且年应纳税所得额低于 100 万元（含 100 万元）的小型微利企业，其所得按 50% 计入应纳税所得额，按 20% 的税率缴纳企业所得税。

3.4 金融政策

3.4.1 继续推行绿色信贷

总体上来看，中国的绿色信贷规模呈现持续扩大的趋势，2013 年 6 月末，中国的绿色信贷规模为 48 526.84 亿元，而到 2017 年 6 月末，绿色信贷规模达到 82 956.63 亿元，增加了 70.95%。中国绿色信贷涵盖了众多领域，总体上包含节能环保服务信贷和战略新兴产业信贷。节能环保服务信贷中，主要包括绿色农业开发项目、绿色林业开发项目、工业节能节水环保项目、自然保护与生态修复项目、资源循环利用项目、垃圾处理及污染防治项目、可再生能源及清洁能源项目、农村及城市水项目、建筑节能及绿色建筑项目、绿色交通运输项目、节能环保项目和境外项目。这些项目中，绿色交通运输项目和可再生能源及清洁能源修复项目所占的比重较大。21 家主要银行 2013—2017 年绿色信贷余额情况见图 1（由于 2017 年全年的数据尚未公布，仅统计至 2017 年 6 月底）。

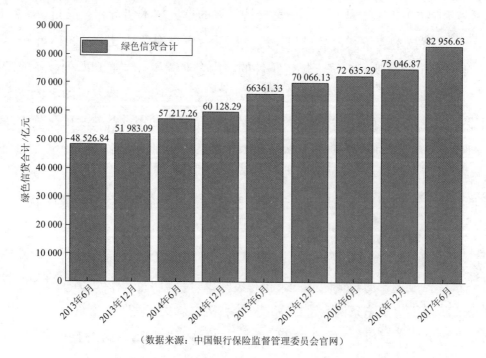

（数据来源：中国银行保险监督管理委员会官网）

图 1 中国 21 家主要银行 2013—2017 年绿色信贷余额

3.4.2 持续发行绿色债券

2018年1—11月，中国债券市场的绿色债券发行期数总计109期，其中，3月、4月、8月和11月的发行期数较多，分别为15期、15期、17期和23期，1月和2月的发行期数较少，仅分别为3期和1期。从发行规模来看，2018年1—11月的累计发行规模为1963.09亿元，其中，发行规模大的主要为10月和11月，分别发行418.28亿元和644.56亿元，分别占1—11月发行总额的21.31%和32.83%；而1月、2月和6月的发行规模较小，仅分别为24.45亿元（约占1.25%）、20亿元（约占1.02%）和73.8亿元（约占3.76%）。中国2018年1月至11月绿色债券发行情况见图2（由于2018年12月的数据尚未公布，此处未能统计在其中）。

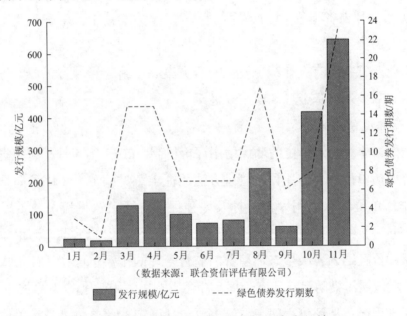

（数据来源：联合资信评估有限公司）

图2 我国2018年1—11月绿色债券发行情况

3.4.3 大力发展绿色保险

2018年5月7日，生态环境部审议并原则通过《环境污染强制责任保险管理办法（草案）》，对环境污染强制责任保险的定义、适应范围、监管机构做出了明确界定，并进一步明确了强制投保范围，保险责任范围，承保、投保方式，风险评估与排查，赔偿责任，罚款责任等。地方层面，2018年1月，江西保监局与江西省政府金融办、中国人民银行南昌中支、赣江新区管委会联合印发《赣江新区绿色保险创新试验区建设方案》，内容包括完善绿色保险组织体系，建设绿色保险产业园，建立绿色保险产品创新实验室和产品项目库；拓展绿色保险服务内容，推行环境污染强制责任保险试点等。2018年2月，厦门市出台《关于促进厦门市保险行业发展绿色金融的意见》，明确了保费补贴、风险补偿、创新奖励等方面的财政扶持政策。2018 年 9 月 27 日，深圳市福田区政府、深圳保监局、平安产险深圳分公司、深圳经济特区金融学会绿色金融专业委员会，共同启动绿色保险的创新险种——绿色卫士装修污染责任险，成为国内首个承保室内空气环境污染的产品。

3.4.4 创建绿色发展基金

2018 年 6 月，山东省成立绿色发展基金，由山东发展投资集团发起设立，基金总规模 100 亿元人民币，将综合运用亚洲开发银行、法国开发署、德国复兴信贷银行、绿色气候基金等国家主权贷款资金，吸引社会资本共同参与。7 月，中国华融旗下华融天泽投资有限公司与江苏省政府投资基金共同发起设立江苏省生态环保发展基金，基金总规模 800 亿元，成为江苏省一支专注于生态环保的基金。7 月，甘肃省确定设立目标总规模 2000 亿元人民币的甘肃省绿色生态产业发展基金，全力支持十大生态产业发展。10 月，经贵州省人民政府批复同意，贵州省经信委会同省发展和改革委员会、省财政厅联合印发《贵州省工业及省属国有企业绿色发展基金方案》，组建贵州省工业及省属国有企业绿色发展基金，初步设立基金总规模 300 亿元。

3.4.5 探索建设环境信用体系

部分地区探索建立重点单位的环保信用评价机制。2018 年 4 月，河南省生态环境厅印发《河南省排污单位环保信用评价管理办法（征求意见稿）》（以下简称《办法》）和《河南省排污单位环保信用评价指标及评分标准（征求意见稿）》（以下简称《标准》）。从《办法》的参评范围来看，主要包括行政区域内的重点排污单位，其他自愿参加环保信用评价且纳入各级生态环境部门监督管理的排污单位；从评价指标及评价等级来看，共设定包括污染防治、环境管理、社会影响、信用激励等 4 类 23 项指标在内的评价指标和评价等级；从评价程序来看，主要包括确定参评单位、排污单位录入环境信息、县（区）生态环境局审核并补充录入环境信息、省辖市生态环境局复核并补充录入环境信息、省生态环境厅复核并补充录入环境信息、公示初次评价结果、发布初次评价结果；从动态调整来看，要求排污单位建立环保信用维护机制，主动关注和查询自身的环保信用记录，实时掌握自身环境信用状况，并对存在的问题进行有针对性的整改；从联合激励和惩戒机制来看，由生态环境部门、发展和改革部门、财政部门以及金融机构等共同应用评价结果，并实施惩戒。从《标准》来看，排污单位的环保信用评价指标包括大气及水污染物达标排放、污染源自动在线监测等在内的 23 项指标，每一项评价指标都对应一定的评分内容和分值。2018 年 5 月，山东省生态环境厅印发《山东省企业环境信用评价办法》，采用年度记分制，当年无记分记录的企业为环境信用绿标企业，以绿牌标识；当年有记分记录、累计记分 11 分以下的企业为环境信用黄标企业，以黄牌标识；

当年累计记分 12 分以上的企业为环境信用红标企业，以红牌标识。

各省（区、市）不断探索创新环境信用的惩戒管理制度。2018 年 11 月起，江西省开始对企业、事业单位和其他经营生产者实施环境保护"红（黄）牌"警示管理制度，被列入"红（黄）牌"警示的排污单位，其环境信用评价等级将下调一级。根据规定，若排污单位排放水污染物或大气污染物超过国家或地方污染排放标准且被依法实施行政处罚或者排放水主要污染物或大气主要污染物，超过总量控制指标且依法被实施行政处罚的，都将被列入环保"黄牌"警示。若排污单位被生态环境土管部门报经有批准权的人民政府责令停业、关闭或者已受到环保"黄牌"警示，拒不整改或整改不到位的，则将被列入环保"红牌"警示。被列入"红（黄）牌"警示的排污单位，其环境信用评价等级将下调一级，环保行政主管部门将会把其列为重点检查对象，加大执法和监测频次。2018 年 4 月，河北省发布《河北省企业环境信用评价管理办法（试行）》，对国家级、省级、市级重点监控企业，污染物超标或者超总量排放的企业，发生过重大、特大环境污染事件的企业以及被环境生态主管部门挂牌督办的企业等重点单位推行环境信用等级制度，设立绿、黄、红、黑四级环境信用等级。对环境信用黄标企业，环境生态部门应当督促其完善内部环境管理机制，改进环境保护行为；对环境信用红标企业，环境生态部门应适当增加现场检查频次，限制其参加环保评先评优活动；对环境信用黑标企业，环境生态部门应当将其列入重点监管对象。建立记分核销机制，对企业不同环境违法违规行为，分次采取环境行政处罚处理措施的，分别记分；对企业某一环境违法违规行为，采取两种以上环境行政处罚处理措施的，按照记分值最高的类别进行记分。

3.5 贸易政策

3.5.1 建设绿色"一带一路"

2018 年 1 月，原陕西环境保护厅、陕西省外事办公室、陕西省发展和改革委员会及陕西省商务厅联合出台《陕西省推进绿色"一带一路"建设实施意见》，这是第一部地方性绿色"一带一路"倡议规划性文件，对推动陕西省提升绿色发展水平、加强生态环保国际合作具有重要意义。2018 年 5 月，新疆维吾尔自治区人民政府常务会议审议通过《新疆环境保护规划（2018—2022 年）》，其中设置专门章节，提出"打造丝绸之路核心区绿色增长极"，对新疆维吾尔自治区绿色发展和生态环保合作进行规划和布局。

3.5.2 稳步推进禁止洋垃圾入境制度

2018 年 3 月 26 日，生态环境部审议并原则通过《关于全面落实〈禁止洋垃圾入境推进固体废物进口管理制度改革实施方案〉2018—2020 年行动方案》《进口固体废物加工利用企业环境违法问题专项督查行动方案（2018 年）》，行动方案的实施，更加明确了

"洋垃圾"管控目标。2018 年 11 月 29 日，禁止洋垃圾入境推进固体废物进口管理制度改革部际协调小组第一次全体会议在京召开，会议审议并原则通过《禁止洋垃圾入境推进固体废物进口管理制度改革 2019 年工作计划》等有关文件。2018 年 12 月 21 日，生态环境部、商务部、国家发展和改革委员会、国家海关总署联合印发《关于调整〈进口废物管理目录〉的公告》将废钢铁、铜废碎料、铝废碎料等 8 个品种固体废物从《非限制进口类可用作原料的固体废物目录》调入《限制进口类可用作原料的固体废物目录》。

3.5.3 建成中国—东盟环境信息共享平台

中国与东盟不断深化环境大数据合作，建成了中国 - 东盟环境信息共享平台，该平台涵盖生物多样性信息和环境可持续城市两个专题平台，组建了平台工作组，制定并通过了《中国 - 东盟环境信息共享平台实施方案》。目前，在这一平台上，中国与东盟多国在环境法规、环保制度和生物多样性等方面已实现信息共享，将推动中国与东盟国家在生态环境领域的创新与共赢。

4 环保产业引导规范型相关政策

4.1 监管政策

4.1.1 加强监管执法及监测机构监督管理工作

为坚决纠正部分企业违法排污乱象，压实企业及其主要负责人生态环境保护责任，推动守法成为常态，2018 年 9 月，生态环境部发布《关于进一步强化生态环境保护监管执法的意见》（环办环监〔2018〕28 号），通过落实企业主要负责人第一责任、全面推行"双随机、一公开"，利用科技手段精准发现违法问题，实施群众关切问题预警督办制度，集中力量查处大案要案，制定发布权力清单和责任清单以及严格禁止"一刀切"等措施进一步强化生态环境保护监管执法。

为创新管理方式，规范监测行为，促进中国生态环境监测工作健康发展，生态环境部于 2018 年 5 月发布《关于加强生态环境监测机构监督管理工作的通知》（环监测〔2018〕45 号），通过加强制度建设、加强事中事后监管以及提高监管能力和水平来加强生态环境监测机构监督管理工作。

为规范环境损害司法鉴定机构登记管理工作，不断提升环境损害司法鉴定机构和鉴定人的业务能力，司法部、生态环境部于 2018 年 6 月印发《环境损害司法鉴定机构登记评审细则》（司发通〔2018〕54 号），具体规定了环境损害司法鉴定机构登记评审的程序、评分标准、专业能力要求、实验室和仪器设备配置要求等，对于客观公正、全面准确地评价申请从事环境损害司法鉴定业务的法人或其他组织的能力水平，切实提高环境损害司法鉴定准入登记工作的针对性、规范性和科学性具有重要意义。

4.1.2 规范排污许可证管理工作

2018年1月10日，原环境保护部发布《排污许可管理办法（试行）》，规定了排污许可证核发程序等内容，细化了生态环境部门、排污单位和第三方机构的法律责任，为改革完善排污许可制迈出了坚实的一步。2018年9月，生态环境部印发《关于做好淀粉等6个行业排污许可证管理工作的通知》（环办规财〔2018〕26号），要求2018年9月底前，各省份应完成淀粉、屠宰及肉类加工、陶瓷制品制造、石化、钢铁、有色冶炼等6个行业排污单位初步筛查工作，并将排污单位清单上传至全国排污许可证管理信息平台；2018年底，按照分类处置原则，完成全国范围内该6个行业排污许可证申请与核发及登记备案工作，确保所有排污单位纳入环境管理范围。

4.2 技术规范政策

4.2.1 颁布9项行业排污许可技术规范

2018年，生态环境部颁布了农副食品加工工业-屠宰及肉类加工工业，农副食品加工工业-淀粉工业，锅炉、陶瓷砖瓦工业，有色金属工业-再生金属、电池工业，磷肥、钾肥、复混肥料、有机肥料和微生物肥料工业，汽车制造业，水处理（试行）等9项行业排污许可证申请与核发技术规范。同时，颁布排污单位环境管理台账及排污许可证执行报告技术规范总则（试行）等规范文件。

4.2.2 发布12类绿色产品评价标准、4类环境标志产品标准

2018年4月12日，国家市场监督管理总局发布《市场监管总局关于发布绿色产品评价标准清单及认证目录（第一批）的公告》，公布了人造板和木质地板、涂料、卫生陶瓷、建筑玻璃、太阳能热水系统、家具、绝热材料、防水与密封材料、陶瓷砖（板）、纺织产品、木塑制品、纸和纸制品等12类产品的绿色产品评价标准清单及认证目录。生态环境部批准《环境标志产品技术要求 凹印油墨和柔印油墨》《环境标志产品技术要求 竹制品》《环境标志产品技术要求 家用洗碗机》《环境标志产品技术要求 食具消毒柜》为国家环境保护标准，并予发布。

4.2.3 发布17项行业污染源源强核算技术指南

为贯彻落实《中华人民共和国环境保护法》《中华人民共和国环境影响评价法》，完善建设项目环境影响评价及排污许可技术支撑体系，指导和规范钢铁工业、水泥工业、制浆造纸、火电、平板玻璃制造、炼焦化学工业、石油炼制工业、有色金属冶炼、电镀、纺织印染工业、锅炉、制药工业、农药制造工业、化肥工业、制革工业、农副食品加工工业-制糖工业、农副食品加工工业-淀粉工业等行业污染源源强核算工作，生态环境部

2018 年发布 17 项行业污染源源强核算技术指南。

4.2.4 推进行业污染防治技术政策及工程技术规范制定

2018 年，生态环境部相继发布《饮料酒制造业污染防治技术政策》《船舶水污染防治技术政策》《制浆造纸工业污染防治可行技术指南》《非道路移动机械污染防治技术政策》；发布燃煤电厂超低排放烟气治理、磷肥工业废水治理、城市轨道交通环境振动与噪声控制、铜冶炼废水治理、铜冶炼废气治理、铜镍钴采选废水治理、铅冶炼废水治理、印制电路板废水治理和核动力厂运行前辐射环境本底调查等 10 项技术规范。

4.2.5 规范环境监测方法与技术要求

2018 年，生态环境部发布了环境空气、地表水、地下水、土壤及沉积物、固体废物、电磁辐射、移动柴油及汽油机械、固定污染源等 70 项调查与污染物测定国家环境保护标准，制定环境影响评价、环境风险评价及污染物排放标准技术导则共计 6 项，土壤污染风险管控标准 2 项。

2018 年，国家标准化管理委员会制定并发布了重型柴油车、非道路移动柴油机械、柴油车、汽油车污染物以及室内挥发性有害有机物测定国家标准。为规范温室气体排放量的核算，制定了《温室气体排放核算与报告要求 第 11 部分：煤炭生产企业》（GB/T 32151.11—2018）及《温室气体排放核算与报告要求 第 12 部分：纺织服装企业》（GB/T 32151.12—2018）。为规范产业园区内废气及废水综合利用，制定了《产业园区废气综合利用原则和要求》（GB/T 36574—2018）和《产业园区水的分类使用及循环利用原则和要求》（GB/T 36575—2018）。

为规范排污单位自行监测工作，生态环境部于 2018 年发布了电镀工业、农副食品加工业、农药制造工业、平板玻璃工业、有色金属工业、制革及毛皮加工工业、石油化学工业、化肥工业 - 氮肥等 8 项行业排污单位自行监测技术指南。

4.3 引导示范政策

4.3.1 发布技术、产品、服务目录

2018 年 11 月 5 日，工业和信息化部编制了《国家工业节能技术装备推荐目录（2018）》，包括 39 项工业节能技术，以及工业锅炉、变压器、电动机、泵、压缩机、风机和塑料机械 7 大类 137 项工业装备，有力支持了广大工业企业的节能改造和绿色化建设，提升了其节能与绿色发展水平。2018 年 12 月 29 日，生态环境部组织筛选了一批大气污染控制先进技术，编制形成 2018 年《国家先进污染防治技术目录（大气污染防治领域）》，其中包括工业烟气污染防治技术 22 项，挥发性有机工业废气污染防治技术 10 项，以及柴油机尾气污染防治技术 3 项。有利于推动大气污染防治领域技术进步，满足

污染治理对先进技术的需要。

4.3.2 开展节能环保相关试点示范

2018年，国家各部委继续推行节能环保相关领域示范试点工作。其中，生态环境部公布了第六批国家环保科普基地（24家）、国家生态工业示范园区（3家）、第二批国家生态文明建设示范市、县（45个）以及第二批"绿水青山就是金山银山"实践创新基地（16个）；工业和信息化部发布第二批、第三批绿色制造名单及符合《环保装备制造行业（污水治理）规范条件》和《环保装备制造行业（环境监测仪器）规范条件》企业名单；水利部开展第一批全国水生态文明建设试点验收工作（41家通过验收）；国家标准化管理委员会开展第三批国家新型城镇化标准化试点工作；国家发展和改革委员会总结推广第二批国家新型城镇化综合试点阶段性成果并进行公布；工业和信息化部、科学技术部、原环境保护部、交通运输部、商务部、原国家质检总局及国家能源局共同开展了新能源汽车动力蓄电池回收利用试点工作。

5 环保产业创新鼓励型相关政策

5.1 科技创新政策

5.1.1 推进建设创新型国家

2018年5月16日，科学技术部党组印发《关于坚持以习近平新时代中国特色社会主义思想为指导 推进科技创新重大任务落实 深化机构改革 加快建设创新型国家的意见》（国科党组发〔2018〕1号），指出坚持目标导向和问题导向相结合，从经济社会发展和国家安全对科技创新的新需求出发，确定近中远期的工作目标和任务，进一步强化科学技术在实施创新驱动发展战略等方面的重要作用，深入推进各项科技创新重大任务落实，加快建设创新型国家。

5.1.2 推进重大科技基础设施与平台共享

为深入实施创新驱动发展战略，规范管理国家科技资源共享服务平台，推进科技资源向社会开放共享。2018年2月13日，科学技术部、财政部联合印发《国家科技资源共享服务平台管理办法》（国科发基〔2018〕48号），提出要加强优质科技资源有效集成，提升科技资源使用效率，为科学研究、技术进步和社会发展提供网络化、社会化的科技资源共享服务。2018年6月22日，科学技术部、国家发展和改革委员会、国家国防科技工业局、中央军委装备发展部、中央军委科学技术委员会联合印发《促进国家重点实验室与国防科技重点实验室、军工和军队重大试验设施与国家重大科技基础设施的资源共享管理办法》（国科发基〔2018〕63号），强调要加强军民融合，促进协同创新，推动国家重点实验室与国防科技重点实验室、军工和军队重大试验设施与国家重大科技基础设施的资源共享。2018 年 6 月 22 日，科学技术部、财政部印发《关于加强国家重点实验室建设发展的若干意见》（国科发基〔2018〕64 号），提出要打造国家重点实验室"升级版"，保持国家重点实验室的创新性、先进性和引领性，构筑国际竞争新优势，促进基础研究与应用研究融通发展，为建设世界科技强国提供有力支撑。2018 年 7 月 31 日，科学技术部、财政部、教育部联合印发《关于开展中央级高校和科研院所重大科研基础设施和大型科研仪器开放共享评价考核工作的通知》（国科办基〔2018〕52 号），为促进科研设施与仪器开放共享，切实提高科技资源配置和使用效率，更好地为科技创新和社会服务，决定开展中央级高等学校和科研院所重大科研基础设施和大型科研仪器开放共享评价考核工作。2018 年 10 月 30 日，科学技术部、国家海关总署印发《纳入国家网络管理平台的免税进口科研仪器设备开放共享管理办法（试行）》（国科发基〔2018〕245 号），推动纳入国家网络管理平台统一管理、享受支持科技创新进口税收政策的免税进口科研仪器设备开放共享。

5.1.3 深化科研项目评审与人员评价

为全面贯彻党的十九大精神，落实全国科技创新大会部署和《国家创新驱动发展战略纲要》要求。2018 年 7 月 3 日，中共中央办公厅、国务院办公厅印发《关于深化项目评审、人才评价、机构评估改革的意见》，深入推进"项目评审、人才评价、机构评估"改革，进一步优化科研项目评审管理机制、改进科技人才评价方式、完善科研机构评估制度、加强监督评估和科研诚信体系建设，切实为科研单位和科研人员营造良好创新环境。2018 年 7 月 18 日，国务院发布《关于优化科研管理提升科研绩效若干措施的通知》（国发〔2018〕25 号），指出要建立完善以信任为前提的科研管理机制，按照"能放尽放"的要求赋予科研人员更大的人、财、物自主支配权，减轻科研人员负担，充分释放创新活力，调动科研人员积极性，提升原始创新能力和关键领域核心技术攻关能力，多出高水平成果。2018 年 10 月 15 日，科学技术部、教育部、人力资源和社会保障部、中国科学院、中国工程院联合发布《关于开展清理"唯论文、唯职称、唯学历、唯奖项"专项行动的通知》，开展清理"唯论文、唯职称、唯学历、唯奖项"专项行动。2018 年 12 月 26 日，国务院办公厅发布《关于抓好赋予科研机构和人员更大自主权有关文件贯彻落实工作的通知》（国办发〔2018〕127 号），提出要切实为科研单位和科研人员营造良好创新环境，进一步解放生产力，为实施创新驱动发展战略和建设创新型国家增添动力。

5.1.4 完善国家科技重大专项和中央财政科技计划

2018 年 2 月 1 日，科学技术部、国家发展和改革委员会、财政部联合印发《国家科技重大专项（民口）验收管理办法》（国科发专〔2018〕37号），进一步明确国家科技重大专项的组织管理和工作流程，推动重大专项的组织实施。2018年2月9日，科学技术部、财政部联合印发《关于鼓励香港特别行政区、澳门特别行政区高等院校和科研机构参与中央财政科技计划（专项、基金等）组织实施的若干规定（试行）》（国科发资〔2018〕43号），支持港澳特区科技创新发展，鼓励爱国爱港爱澳的科学家在建设创新型国家和科技强国中发挥更大作用。

5.1.5 鼓励企业开展绿色技术创新发展

2018年4月19日，科学技术部、国务院国有资产监督管理委员会印发《关于进一步推进中央企业创新发展的意见》（国科发资〔2018〕19号），发挥科技创新和制度创新对中央企业创新发展的支撑推动作用，通过政策引导、机制创新、研发投入、项目实施、平台建设、人才培育、科技金融、国际合作等加强中央企业科技创新能力，充分发挥中央企业在国家安全、国民经济和社会发展等方面的基础性、引导性和骨干性作用，培育具有全球竞争力的世界一流创新型中央企业，为建设创新型国家和世界科技强国提供坚强支撑。2018年5月18日，科学技术部、中华全国工商业联合会印发《关于推动民营企业创新发展的指导意见》（国科发资〔2018〕45号），提出发挥科技创新和制度创新对民营企业创新发展的支撑引领作用，通过政策引领、机制创新、项目实施、平台建设、人才培育、科技金融、军民融合、国际合作等加强民营企业科技创新能力，充分支持民营企业创新发展。2018年6月25日，财政部、国家税务总局、科学技术部联合发布《关于企业委托境外研究开发费用税前加计扣除有关政策问题的通知》（财税〔2018〕64号），委托境外进行研发活动所发生的费用，按照费用实际发生额的80%计入委托方的委托境外研发费用。委托境外研发费用不超过境内符合条件的研发费用2/3的部分，可以按规定在企业所得税前加计扣除。2018年12月14日，科学技术部印发《科技企业孵化器管理办法》（国科发区〔2018〕300号），引导中国科技企业孵化器高质量发展，构建良好的科技企业成长生态，推动大众创业、万众创新上水平，加快建设创新型国家。

5.1.6 加大科研诚信建设管理

2018年5月30日，中共中央办公厅、国务院办公厅印发《关于进一步加强科研诚信建设的若干意见》，指出，以优化科技创新环境为目标，以推进科研诚信建设制度化为重点，以健全完善科研诚信工作机制为保障，坚持预防与惩治并举，坚持自律与监督并重，坚持无禁区、全覆盖、零容忍，严肃查处违背科研诚信要求的行为，着力打造共建、共享、共治的科研诚信建设新格局，营造诚实守信、追求真理、崇尚创新、鼓励探索、勇攀高峰的良好氛围，为建设世界科技强国奠定坚实的社会文化基础。加强科研诚信体系建设，建立、健全科研领域失信联合惩戒机制，构筑诚实守信的科技创新环境。2018 年 11 月 5 日，国家发展和改革委员会、中国人民银行、科学技术部等联合签署了《关于对科研领域相关失信责任主体实施联合惩戒的合作备忘录》，针对科研领域存在严重失信行为的部门联合惩戒对象、惩戒措施、惩戒方式、惩戒动态管理等做出详细规定。2018 年 11 月 21 日，国家发展和改革委员会、中国人民银行、国家知识产权局、中共中央组织部等 38 个部门联合印发《关于对知识产权（专利）领域严重失信主体开展联合惩戒的合作备忘录》，针对知识产权（专利）领域严重失信行为、部门联合惩戒的实施方式、联合惩戒措施做出详细规定。

5.1.7 加强环境领域科技创新引导

2018 年 8 月 30 日，生态环境部发布《关于生态环境领域进一步深化"放管服"改革，推动经济高质量发展的指导意见》（环规财〔2018〕86 号），提出要增强技术服务能力，加强重点实验室、工程技术中心、科学观测研究站、环保智库等生态环境保护科技创新平台建设。围绕生态环境保护科技成果转化技术评估、技术验证、二次开发、技术交易、产业孵化全链条，加快建立国家生态环境保护科技成果转化综合服务平台。推动建立生态环境专家服务团队，推行生态环境监测领域服务社会化。生态环境科技成果转化是打好污染防治攻坚战的重要保障。为进一步落实《中共中央　国务院关于全面加强生态环境保护　坚决打好污染防治攻坚战的意见》，2018 年 10 月，科学技术部印发《关于科技创新支撑生态环境保护和打好污染防治攻坚战的实施意见》，提出力争到 2020 年，科技创新支撑污染防治攻坚战取得重要进展，在创新体系构建、基地平台布局、人才队伍建设、生态环保科技产业、环境治理模式等方面实现技术突破和能力提升。主要任务包括加快构建市场导向的绿色技术创新体系、强化生态环境保护与修复科技创新供给、聚焦重大区域环境问题开展科技集成与示范、大力发展生态环境保护与修复产业、统筹生态环境领域科技创新基地平台建设、壮大生态环境领域科技人才队伍、探索环境科技创新与政策管理创新协同机制、积极参与国际环境治理等八项任务。以期充分发挥创新驱动作为打好污染防治攻坚战、建设生态文明基本动力的重要作用。2018 年 11 月 23 日，生态环境部出台《关于促进生态环境科技成果转化的指导意见》（环科财函〔2018〕175号），依据《中华人民共和国促进科技成果转化法》，结合生态环境行业实际，进一步明确了生态环境科技成果转化范畴，健全了科技成果转化工作体系，提出了促进科技成果转化的四项重点任务。按照《中华人民共和国促进科技成果转化法》等有关法规要求，提出重点任务，系统提出了促进成果转化的保障措施。

5.2 模式创新政策

5.2.1 不断推进 PPP 模式应用与规范

2018年6月16日，发布的《中共中央 国务院关于全面加强生态环境保护 坚决打好污染防治攻坚战的意见》在模式创新方面提出以下要求：要采用直接投资、投资补助、运营补贴等方式，规范支持政府和社会资本合作项目；对政府实施的环境绩效合同服务项目，公共财政支付水平同治理绩效挂钩。鼓励通过政府购买服务方式实施生态环境治理和保护；大力发展节能和环境服务业，推行合同能源管理、合同节水管理，积极探索区域环境托管服务等新模式；鼓励新业态发展和模式创新。2018年7月13日，农业农村部发布《关于深入推进生态环境保护工作的意见》，提出加大政府和社会资本合作（PPP）在农业生态环境保护领域的推广应用，引导社会资本投向农业资源节约利用、污染防治和生态保护修复等领域。加快培育新型市场主体，采取政府统一购买服务、企业委托承包等多种形式，推动建立农业农村污染第三方治理机制。2018年8月30日，生态环境部发布《关于生态环境领域进一步深化"放管服"改革，推动经济高质量发展的指导意见》（环规财〔2018〕86号），指出继续规范生态环境领域政府和社会资本合作（PPP）模式，加快出台《关于打好污染防治攻坚战 推进生态环境领域政府和社会资本合作的实施意见》，采取多种方式支持对实现污染防治攻坚战目标支撑作用强、生态环境效益显著的PPP项目。2018年10月11日，国务院发布《关于保持基础设施领域补短板力度的指导意见》（国办发〔2018〕101号），鼓励地方依法合规采用政府和社会资本合作（PPP）等方式，撬动社会资本特别是民间投资投入补短板重大项目。严格兑现合法合规的政策承诺，尽快落实建设条件。

5.2.2 持续推进山水林田湖草试点

2018年7月12日，财政部、自然资源部、生态环境部联合发布《关于组织申报第三批山水林田湖草生态保护修复工程试点的通知》（财办建〔2018〕139号），针对影响国家生态安全格局的核心区域、关系中华民族永续发展的重点区域和生态系统受损严重、开展治理修复最迫切的关键区域给予中央财政支持。经评审，2018年共批复第三批10个山水林田湖草生态保护修复工程试点项目，涉及基础奖补资金100亿元。目前，三部门已连续三年分三批遴选陕西黄土高原、青海祁连山等21个工程纳入山水林田湖草生态保护修复工程试点支持范围，并下达基础奖、补资金260亿元。

5.2.3 探索开展生态导向城市开发模式

《关于生态环境领域进一步深化"放管服"改革，推动经济高质量发展的指导意见》，指出要推进环境治理模式创新，提升环保产业发展效果。探索开展生态环境导向的城市开发（EOD）模式，推进生态环境治理与生态旅游、城镇开发等产业融合发展，在不同领域打造标杆示范项目。以工业园区、小城镇为重点，推行生态环境综合治理托管服务，启动一批生态环境综合治理托管模式试点。在生态文明建设示范区创建、山水林田湖草生态保护修复工程试点中，对生态环境治理模式与机制创新的地区予以支持。推进与以生态环境质量改善为核心相适应的工程项目实施模式，强化建设与运营统筹，开展按效付费的生态环境绩效合同服务，提升整体生态环境改善绩效。

5.2.4 探索"无废城市"建设新模式

2018年12月29日，国务院印发《"无废城市"建设试点工作方案》（国办发〔2018〕128号），提出要充分利用"互联网+"技术，发展固体废物处理产业。推广回收新技术、新模式，鼓励生产企业与销售商合作，优化逆向物流体系建设。充分运用物联网、全球定位系统等信息技术，实现固体废物收集、转移、处置环节信息化、可视化。积极培育第三方市场，鼓励专业化第三方机构从事固体废物资源化利用、环境污染治理与咨询服务。依法合规探索采用第三方治理或政府和社会资本合作（PPP）等模式。

2018 年中国环保产业投融资专题分析

1 2018 年中国环保产业投融资发展的整体分析

分析 2018 年中国环保产业投融资事业的发展态势，特别是 2018 年中国环保产业投融资事业面临的问题，需要从整体的经济金融发展形势出发，结合金融和环保产业发展的内在逻辑，依托具体的客观情况进行系统研判。

1.1 生态环境新局面激发环保产业发展空间

目前，推动生态文明改革创新，促进绿色发展，已成为践行新时代中国特色社会主义思想，决胜全面建成小康社会的核心和关键。党的十八大以来，中央把生态文明建设和环境保护工作摆上更加重要的战略位置。2015 年，中共中央、国务院颁布的《生态文明改革总体方案》是推进生态文明建设，增强生态文明体制改革的系统性、整体性、协同性的纲领文件之一。

当前，加强生态环境保护已成为中国经济社会发展全局的重中之重。作为中国新时代经济社会发展的重要政策安排，加快生态文明体制改革创新在十九大报告中被重点论述。此后，从国家层面推动生态环境保护工作的总体部署和规划也更加清晰。

2018 年，中国生态环保政策取得了重要进展。特别是在 2018 年 5 月举行的全国生态环境保护大会上，习近平总书记用"关键期、攻坚期、窗口期"对中国生态环境保护工作所处形势做出了精准定位。对于如何开创生态环境保护工作新局面，用"五大体系"和"六项原则"进行了概括。至此，中国政府推动生态文明建设和环境保护的"四梁八柱"得到了具体诠释。除了整体谋篇布局规划新时代生态环境保护工作新局面外，中央专门规划了今后一段时期生态环境保护工作重点攻坚克难的具体任务，其中包括打赢、打好环境保护和污染治理的七大标志性战役等。与此同时，从 2017 年末开始，中央规划了其后 3 年要重点抓好决胜全面建成小康社会的关键任务，主要防范化解重大风险、精准脱贫、污染防治三大攻坚战。在中央生态环保工作的决策指引下，各有关部委和各级政府出台了若干重点推动生态环境保护工作的政策文件，正在逐步实现顶层设计在实践层面的落实推进。

整体政策形势的发展为环保产业发展提供了长期机遇。2018 年，在生态文明建设的大背景下，进一步加强环境保护、发展环保产业的政策继续出台。2018 年 9 月，生态环境部印发《进一步深化"放管服"改革的指导意见》提出，要拉动有效投资，发展环保产业，激发经济发展活力和动力。同月，国务院常务会议提出要紧扣国家规划和重大战略，加大生态环保重点工程等领域设施建设。随着国家环保政策的趋紧以及对环保产业支持的细化和落地，2018 年乃至今后很长一段时间，环保产业将整体处在明显的政策红利期，将持续激发更大的环保产业市场空间。

1.2 实现生态环保政策目标的资金需求缺口仍然巨大

实现生态文明建设和绿色发展的政策目标，需要大量的资金投入。据测算，从 2014 年至 2030 年，中国绿色融资需求在 41 万亿元至 125 万亿元之间，即每年的平均资金需求在 2.4 万亿元至 7.3 万亿元。从短期来看，党中央、国务院部署了打赢打好环境保护和污染治理的七大标志性战役，实施七大标志性战役和土壤污染治理环保投资总需求约为 4.3 万亿元，投资直接用于购买环保产业的产品和服务约 1.7 万亿元，间接带动环保产业增加值约 4000 亿元。

从资金的实际划拨和使用情况来看，虽然环保投资保持持续增加，但国家各项生态环境规划的资金需求与实际资金供给不匹配。依照国际经验，全社会环保投资达到 GDP 的 2%～3% 时，才能支撑环境质量的改善。国务院批准的《全国城市生态保护与建设规划》提出，到 2020 年，环保投入占 GDP 的比例应不低于 3.5%。根据 GDP 增长率估算，2018 年中国 GDP 约为 88 万亿元，相匹配的理想环保投资应为 3 万亿元左右。但从 2018 年环保产业的实际投资总量看，距理想投资目标尚有较大的资金缺口。此外，目前统计口径的环保投资包括大量园林绿化、产业结构调整补助等资金，实际用于环境治理工程和运营服务方面的资金严重不足。

1.3 多重因素造成环保产业投融资困境

在发展需求旺盛，政策空间和利好不断的客观条件下，2018 年中国环保产业仍遭遇了严重的投融资困境，其中包括债务问题严重、融资渠道萎缩、资金成本急升、信用风险剧增等。综合来看，2018 年环保产业投融资困境的出现源于多重因素。

从 2017 年末开始，中国金融"去杠杆"的力度不断增大。随着"资管新规"和 PPP 清库等工作的实施，环保产业中此前由于早期大幅扩张导致的资金压力进一步升高。一些环保企业由于资金空转抬高实体企业融资成本，杠杆无序扩张，刚性兑付等问题开始显现。据中国环境保护产业协会的统计数据显示，67 家 A 股环保概念上市公司中，2018 年上半年有 37 家经营活动产生的现金流量净额为负。企业负债率快速上升，水务投资领域环保上市公司资产负债率从 2015 年末的 46% 上升到 2018 年 3 季报的 61%。一些环保上市公司陷入经营困境。据不完全统计，A 股上市环保公司中已有 4 家公司因资金链断裂陷入停产等经营困境，另外还有 10 余家上市公司因资金链紧张对企业正常经营产生了一定的影响。发生资金链问题的环保上市公司总数占 A 股环保概念股的近四分之一。

在整体经营状况趋紧的情况下，部分环保企业的债务违约事件对于资本市场信心造成了影响。2018 年上半年，盛运环保、神雾环保、凯迪生态等债务违约和东方园林发债失利等事件导致资本市场信心波动。伴随着 2018 年中外整体经济形势发展的不确定性增强，加之环保产业中部分企业的债务问题，资本市场整体的风险偏好减低，对于环保企业融资投放则更加紧缩。具体来看，2018 年环保产业遭遇的投融资困境主要体现在以下几方面：

（1）股权质押风险高。2017 年下半年以来，上市环保企业的股票普遍出现下跌，特别是 2018 年 5 月下旬以来更加严重，即便业绩较好的上市环保企业也未能幸免，导致股权质押融资出现困难。

（2）PPP 项目慎贷甚至停贷。很多 PPP 项目是环保类项目，具有重资产、长周期等特点，单个 PPP 项目的投资规模较长，而回款周期则长达 20 ～ 30 年。受国家 PPP 政策调整的影响，银行普遍对 PPP 项目慎贷甚至停贷，PPP 信贷授信项目的审核更加审慎。PPP 项目专项贷款的担保手续复杂，2017 年以前高于基准利率 2% 左右的 PPP 信贷产品获得十分困难。

（3）融资成本和期限错配问题严重。债务融资工具融资成本更高。环保企业发债周期显著加长，前期环保企业大量采用的短融和超短融产品，出现刚性兑付和违约情况，造成环保企业的整体信用风险敞口扩大。此前在资本市场流动性较为充裕的阶段，大量环保类企业盲目扩张，一些企业面对市场诱惑和融资难的局面，不惜采取长投短贷的方式上项目，导致融资期限错配，在流动性收紧的条件下，经营风险暴露。

（4）融资两极分化，中小企业融资难度进一步加大。股权投资方面，大型环保企业和细分领域龙头企业受投资人青睐；项目融资方面，金融资本倾向市政环保、园区环保等，一些项目被高价炒卖，多地环保产业园区一哄而上。但中小民营企业融资难、融资贵的困境依然没有改观。当前多数环保企业小而分散，集中度不高，且技术创新能力不强，同质化竞争严重，抵御政策及市场的影响和冲击能力较差。加之信用贷款和信用担保规模有限，中小环保企业普遍缺乏合格的抵质押品，融资更加困难。

此外，环保产业的价税政策执行缓慢或执行不到位，地方政府的不科学执法等问题也对环保企业造成了较大影响。中国环境保护产业协会调研显示，在实际开展工作的过程中，对于绿色价格政策的执行效果甚微，环保项目依法依规依合同调价难。与此同时，环保企业的税收优惠往往得不到落实。环保企业依法应享受增值税即征即退政策，但一些地方的退税时间往往长达半年以上，一些被地方政府拖欠运营款严重的环保企业甚至出现贷款缴税的情况。在执法方面，由于一些地方环境执法的不科学，导致部分环保企业损失上千万元。

1.4 环保产业投融资"纾困"与创新

在环保产业整体遭遇资金困境的背景下，集中寻找"纾困"的突破口，成为当前环保产业投融资的另一显著特征，其中最为明显的举措是国有资本的进入。事实上，国企注资民营环保企业，特别是大型环保龙头企业从 2014 年即已开始，如国祯环保、万邦达等企业在 2014 年、2016 年就已先后获得国有资本的注资。2018 年，随着环保产业融资困境的短期加剧，先后有 16 家 A 股民营环保上市公司迎来了国有资本的注入，其中不乏碧水源、启迪桑德等环保龙头企业。长期来看，民营环保企业引入国有资本有助于解决短期内的债务、质押问题，有助于在使用融资工具时，解决征信、担保和风险分担问题。此外，国有资本的进入有助于对接更加丰富的地方政府资源，在国有资本的帮助下，环保产业投融资"纾困"工作得到了一定程度的解决。

2018 年下半年，针对民营企业"纾困"的政策陆续推出。如中国人民银行通过再贷款和再贴现等工具，释放了 3000 亿元的流动性资金，支持小微和民营企业融资。银保监会针对民营企业融资问题提出"一二五"的目标，即要在新增公司类贷款中，大型银行对民营企业的贷款不低于 1/3，中小型银行不低于 2/3，争取三年以后，银行业对民营企业的贷款占新增公司类贷款的比例不低于 50%。国家发展和改革委员会也表态鼓励各地借鉴有关地方建立民营企业贷款风险补偿机制、开展"银税互动"等做法，加大对民间投资的融资支持。此外，财政部、工业和信息化部、交通运输部等政府主管部门，工商银行、建设银行、兴业银行等金融机构，以及北京、上海、浙江等地方政府正在陆续出台或正在加快出台支持民营和中小企业融资的具体措施。此外，在 2019 年的全国"两会"后，国务院常务会议宣布从 2019 年 1 月 1 日至 2021 年年底，对从事污染防治的第三方企业，减按 15% 税率征收企业所得税，为降低环保企业的税收负担提供了实际利好。总体来看，国家有关部门对于缓解民营企业融资困境的一系列政策，对于恢复市场信心具有积极作用。

困境之外，部分环保企业在 2018 年度通过金融创新实现了投融资领域的突破。其中较为突出的实例是环保上市公司中国天楹在 2018 年度成功跨境收购了西班牙环保及固体废物龙头企业 Urbaser，是中国环保产业通过投融资"走出去"的良好实践。中国天楹对 Urbaser 的并购始于 2016 年，当时中国天楹参与了 Urbaser 的海外竞标程序，随后成立并购基金——江苏德展，逐步完成了对 Urbaser 的收购。从两家公司的对比情况来看，Urba-ser 的环保处理技术、业务规模、在手订单和盈利能力都超出中国天楹。收购过程中，中国天楹方面基于 EBITDA 进行了 Earn-out 条款设计，同时并购基金采用了"股权杠杆＋债权杠杆＋多层结构设计"，这些方面都经过充分设计，构成了这单环保产业跨境并购的突出亮点。交易完成后，中国天楹通过借鉴 Urbaser 海外项目拓展和运营经验，持续获取优质的海外项目。利用境外已有的先进技术和运营经验，对于布局国内市场也具有重要意义。

2 对中国环保产业投融资发展的展望和建议

在"生态文明建设"的国家发展战略确定后，加强生态环境保护已成为未来中国经济和社会发展不可逆转的发展趋势。2019 年，随着环保产业资金困境的逐步缓解，推动形成长期、可持续的环保产业投融资模式和格局的工作亟待开展，并应以遭遇的困境为鉴，长期保持客观冷静的态度。

2.1 宏观政策环境长期利好，针对环保产业投融资政策目标更加清晰

从整体宏观政策的形势观察，环保产业作为生态文明建设的实践主体，将在未来长期发挥重要作用。预计 2019 年以及今后一段时期，针对环保产业的政策利好仍将不断释放，针对环保产业投融资的总量仍将保持增长态势。

更为重要的是，中央针对环保产业投融资的政策目标更加清晰，在金融供给侧改革过程中，为绿色发展体系提供精准的金融服务。近期，国家发展和改革委员会、中国人民银行等共同发布了《绿色产业指导目录（2019 年版）》，为落实构建绿色发展体系的目标提供了较为清晰的产业标准。国家发展和改革委员会、科学技术部发布了《关于构建市场导向的绿色技术创新体系的指导意见》，为形成绿色产业以高技术为导向，长期提升自身发展竞争力的局面提供了规范性文件。总体而言，当前中央针对环保产业的未来发展，提供了较为清晰的标准化政策依循，为环保产业的投融资提供了较为清晰的标的。未来通过金融供给侧改革支持绿色发展体系的宏观政策有望精准传导至环保产业中。

2.2 环保产业自身发展的创新变革仍为赢得资本信任的核心要素

2018 年中国环保产业面临较大规模的投融资困境，是当前环保产业自身长期面临的问题，如在生产和供求关系上面临的劳动生产率、创新能力、核心技术拥有、高端产业占比等问题，以及经营模式、融资模式、订单获取方式等问题，加之整体宏观经济金融形势加速变化导致的综合问题。资本的逐利性必然导致更多资金从回报率低的行业向回报率高的行业流动，反映在金融为环保产业提供支持的过程中，即出现了金融作为"血脉"在对"肌体"进行支持时流动严重不畅的情况。

从 2019 年第一季报观察，环保产业上市公司整体业绩增长仍然继续放缓，资金方面改观不大。就当前环保产业发展的整体业态而言，如果没有针对行业自身发展的突破，

资本对于环保产业的风险偏好仍然很难改变，而同质化竞争的环保企业经营状况将进一步恶化，融资更加困难。随着先进技术和先进装备愈发成为环保企业未来竞争力的核心要素，在这一趋势下，资本将优先配置到技术和装备领先的环保企业，环保产业投融资的技术创新导向将进一步显现。环保产业自身发展的创新变革，将成为未来赢得资本信任的核心要素。

2.3 支持环保产业发展的金融手段亟待创新

依据前文所述，当前环保投资主要来源于公共财政和银行信贷，资金来源较为单一。环保产业股权、债券等融资形式的使用正在增加，但总体看对于多层次资本市场的运用仍然不足。绿色信贷领域，中国当前已有超过 9 万亿元的绿色信贷存量，但在实际授信的过程中，针对环保产业，特别是民营环保企业的信贷产品仍然较为匮乏，仍以短期流动资金贷款为主，不能完全匹配企业的生产经营和回款周期，短贷长用和频繁转贷的现象较普遍。风险控制工具不足，可以利用的风险分散与风险补偿手段匮乏。而针对中小环保企业，由于规模小、风险高、轻资产、抵质押不足、信用资质不高等问题更加难以达到授信条件。因此，如何通过政策引导和创新金融服务，在不扩大信用风险敞口的基础上，解决环保企业的融资困境，也需要重点研究和考虑。

综上所述，根据宏观政策形势和环保产业长期发展趋势，建议从以下方面进一步加强对环保产业投融资的支持。

2.3.1 各级政府应通过有效手段，规范和引导环保产业高质量发展

推动环保产业自身发展的创新变革，实现环保产业高质量发展是长期解决环保产业投融资问题的关键因素。当前，各级政府既是制定环保政策的主体，又是提供环保产业项目订单的采购主体，具备规范和引导环保产业高质量发展的立场和客观条件。各级政府可从以下几个角度考虑，规范和引导环保产业高质量发展：一是加强对环保产业服务质量的考量，形成对环保产业服务质量的考核标准和体系，形成环保产业服务质量的考核抓手；二是坚持高技术导向，将环保企业是否掌握核心技术作为获取订单的重要考量条件；三是将环境治理的重心由末端迁移至生产的全过程，客观上增加环保产业服务的应用场景；四是严控行业恶性竞争，保持对环保企业获取订单依靠低价，降低服务质量的行政和法律监管刚性。

在环保产业较为常用的 PPP 项目模式上，各级政府应保持支持，并重点加以规范。在多数欧盟国家，60% 左右的环保费用由企业和居民支付。截至 2018 年 8 月，中国生态建设和环境保护类 PPP 项目投资额仅 1.09 万亿元，因此，需要进一步吸引社会资本，实现环保投融资主体的多元化。私营部门与公共部门的优化组合，不但可以扩大资金来

源、减轻负担，还能提高投资和管理效率。在开展公私合作的同时也要吸取前期 PPP 清库的教训，将项目合规和商业可持续作为主要前提重点考量。

2.3.2 继续加大环保的资金投入，通过创新模式撬动社会资本进入

建议中央财政继续加大环保资金投入，逐年增加大气、水、土壤污染防治专项资金规模。通过规划目标考核、环保投资信息公开等方式倒逼地方政府环保资金投入。园林绿化、产业结构调整补助等资金不宜再纳入环保投资统计。

此外，可根据不同特点，建立生态环保专项基金，撬动社会资本的有效进入。一是可以由中央财政出资，针对"生态效益高、回报低甚至没有回报"的公益性生态保护项目，建立"生态环境保护超级基金"；二是由国有开发性金融机构，依照《中华人民共和国公司法》分别发起设立准公益性基金，主要投资于"有生态效益、有合理回报、不产生挤出效应"的准公益性生态保护项目；三是由中央和各级政府有关部门联系市场化机构设立"生态保护修复投资基金"撬动社会资本，市场化运作、专业化管理，用于支持市场化生态保护修复项目以及其他适合以市场化手段开展的各类生态保护项目等。

2.3.3 针对环保产业，提升对货币政策和财税政策综合运用的强度

建议继续针对环保企业、民营企业等领域实施减税降费，对环保产业当前 15% 的税收标准，参照金融业 6% 的税收政策酌情降低税赋。同时，由中国人民银行等金融监管部门对关键领域和相关领域实施定向降准，并综合运用中期借贷便利、常备借贷便利等货币政策工具和配套政策工具，保持资本市场支持环保产业发展充裕的流动性。此外，针对新增贷款"一二五"目标，拖欠企业账款问题等配套政策工具的使用也应同步快速落实。

2.3.4 综合利用多层次资本市场，从监管层面鼓励针对环保产业的金融创新，不盲目进行信用扩张

环保产业高质量发展，需要金融服务更加精准化、多元化、综合化。建议鼓励高端制造业、掌握核心技术的高精尖端企业，在 A 股、科创板上市或转板，通过发行股票的方式募集资金；在鼓励和推动股权市场融资政策出台的同时，一些债券市场的政策也应同步研究更新。其中诸如债券市场的信用评级体系完善等关键核心问题，以及一些民营企业债务融资必须解决的信用担保、债项增级问题，政府有关部门也应具体出台相应政策，予以扶持和解决。建议在现有的宏观审慎和微观审慎金融监管体系中，增加引导金融产品创新支持绿色发展及相关环保产业的条目。如在传统信贷层面，鼓励商业银行以未来收益权、政府补贴奖励资金开发信贷产品。同时，把控住环保企业的信用风险的敞口，不盲目进行信用扩张，保证资金的流动性松紧适度。

2.3.5 进一步推动绿色金融创新和落实

发挥绿色金融的作用，绿色金融对于培育新的更加绿色的经济增长点、引导环保产业高质量发展具有积极作用。从短期来看，一些绿色金融领域创新的举措，可以有效疏解环保产业的融资问题：一是降低商业银行配置绿色债券、绿色信贷资产的风险权重，已有较为可行的先决条件。根据清华大学的一项初步估算，如果将绿色信贷的风险权重从 100% 降低至 50%，就可将中国所有绿色信贷支持项目的融资成本平均降低 50 个基点（即 0.5 个百分点）。这项措施估计可将全国绿色项目的融资成本平均降低 0.4～0.5 个百分点。二是在推动促进绿色债券发行等方面，可以适当拓宽募集资金的使用，综合协调财政资金、税收等政策工具的使用。三是宣传、引导环保企业通过绿色保险、碳交易、环境权益交易等绿色金融工具，降低经营风险，增加环境收益。

此外，一些如环境、社会和公司治理（ESG）等在国际社会已较为通用的确保金融支持高质量发展的理念，也应从监管层面进行推广，一方面推进 ESG 相关信息披露在资本市场中广泛运用，另一方面提升金融机构和企业双向对 ESG 理念的理解程度，把环境、社会和企业自身治理、创新的水平进行指标化衡量和引导，通过金融手段支持和引导环保企业的创新和转型，提升金融资源配置效率及畅通金融与实体经济的良性循环，实现金融对于环保产业高质量发展的有效支持。